"十三五"国家重点出版物出版规划项目

现代机械工程系列精品教材

机械制图习题集

第 4 版

主　编　张绍群　王翠琴

副主编　郭克希　邝　艺

参　编　张春雨　马大国　王桂香

机 械 工 业 出 版 社

本习题集是郭克希、王翠琴主编的《机械制图》第 4 版的配套教材，其各章节顺序、内容与配套教材基本一致。内容主要包括：制图的基本知识和技能，投影理论基础，点、直线、平面的投影，投影变换，立体的投影，组合体，轴测图，构形设计基础，机件的常用表达方法，标准件、齿轮、弹簧，零件图，装配图，表面展开图与焊接图。

本习题集可供高等院校工科类各专业使用，也可供职工大学、函授大学、电视大学等学校有关专业选用。

图书在版编目（CIP）数据

机械制图习题集/张绍群，王翠琴主编. —4 版. —北京：机械工业出版社，2019. 12（2025.6 重印）
"十三五"国家重点出版物出版规划项目　现代机械工程系列精品教材
ISBN 978-7-111-63758-5

Ⅰ. ①机… 　Ⅱ. ①张… 　②王… 　Ⅲ. ①机械制图-高等学校-习题集 　Ⅳ. ①TH126-44

中国版本图书馆 CIP 数据核字（2019）第 205774 号

机械工业出版社（北京市百万庄大街 22 号　邮政编码 100037）
策划编辑：刘小慧　责任编辑：刘小慧　王勇哲　舒　恬
责任校对：李　婷　封面设计：张　静
责任印制：任维东
北京联兴盛业印刷股份有限公司印刷
2025 年 6 月第 4 版第 11 次印刷
370mm×260mm · 13. 5 印张 · 324 千字
标准书号：ISBN 978-7-111-63758-5
定价：36. 00 元

电话服务　　　　　　　　　网络服务
客服电话：010-88361066　　机 工 官 网：www.cmpbook.com
　　　　　010-88379833　　机 工 官 博：weibo.com/cmp1952
　　　　　010-68326294　　金 书 网：www.golden-book.com
封底无防伪标均为盗版　机工教育服务网：www.cmpedu.com

前　言

　　本习题集是郭克希、王翠琴主编的《机械制图》第4版配套的教材，其各章节顺序、内容与配套教材基本一致。本习题集遵照教育部工程图学课程教学指导委员会制定的《普通高等院校工程图学课程教学基本要求（2019年修订版）》，在前三版的基础上，由国内六所院校具有丰富教学经验的教师联合编写而成。编写中涉及的标准全部采用现行的国家标准。本习题集延续了前三版"应用型教材"的特点和风格，并在此基础上，对各章节的习题做了适当的修改、调整和补充，使其更加丰富、严谨、完善，贴近生产实际。

　　本习题集由张绍群、王翠琴任主编，郭克希、邝艺任副主编，张绍群统稿。参加编写的人员还有：张春雨、马大国、王桂香。各章节编写分工如下：第1章、第2章由安徽科技学院张春雨编写；第3章、第4章由河北大学王桂香编写；第5章、第8章由长沙理工大学郭克希编写；第6章、第7章由中南林业科技大学邝艺编写；第9章由东北林业大学张绍群编写；第10章由东北林业大学马大国编写；第11章、第12章、第13章由河北农业大学王翠琴编写。

　　在本习题集编写过程中，编者参考了国内许多习题集，在此向相关作者表示由衷的感谢。

　　由于编者水平有限，加之时间仓促，书中不妥之处在所难免，衷心希望广大读者批评指正。

编　者

目　　录

1.1　字体练习

班级　　　　　姓名　　　　　学号

1.1-1　中文字体练习（按照以下字例书写长仿宋体字）。

国	家	标	准	机	械	制	图	校	核	比	例	材	料	件

计	工	科	技	电	汽	车	数	控	自	动	化	食	品	壳

体	端	盖	其	余	未	注	圆	角	螺	钉	弹	簧	连	接

键	标	题	栏	装	配	剖	视	斜	放	大	铸	铁	铜	钢

1.1-2　阿拉伯数字及拉丁字母练习。

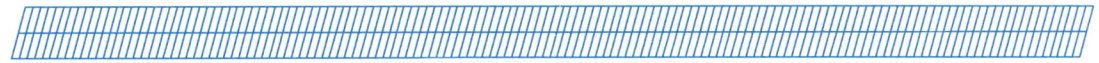

1.2 线型及标注尺寸练习

1.2－1　在指定位置处，抄画各种图线和图形。

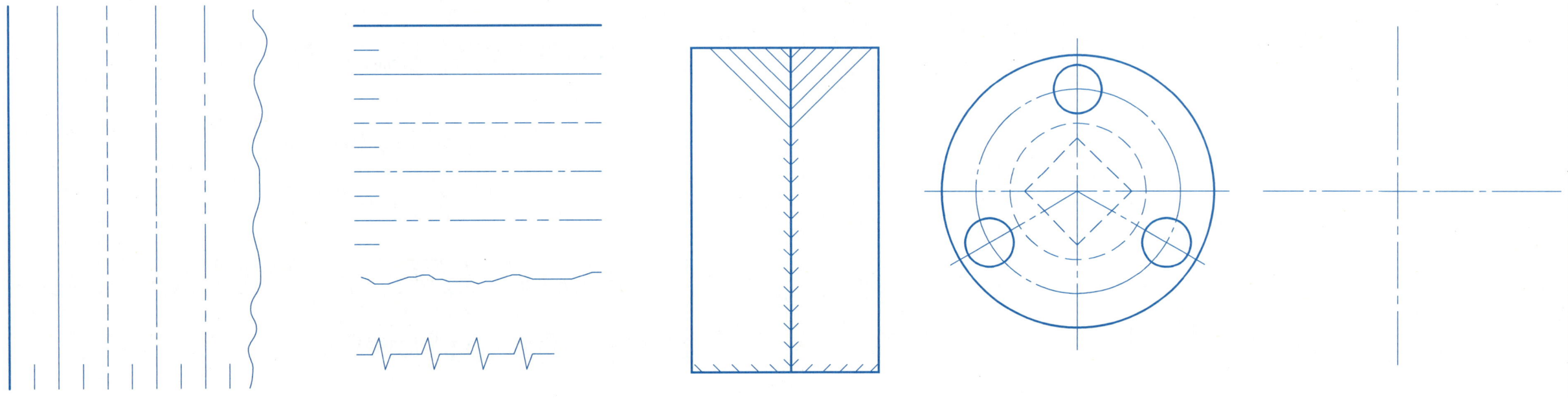

1.2－2　注写尺寸：在给定的尺寸线上画出箭头，并填写线性尺寸或角度尺寸（尺寸数值按 1∶1 的比例从图中量取并取整数）。

（1）标注线性尺寸。　　　　　　　　　　　（2）标注角度尺寸。

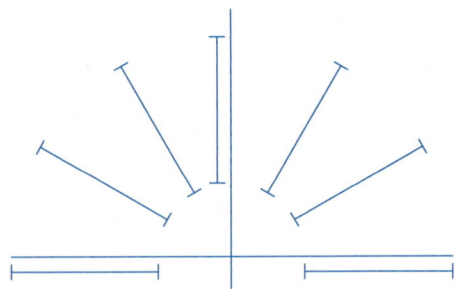

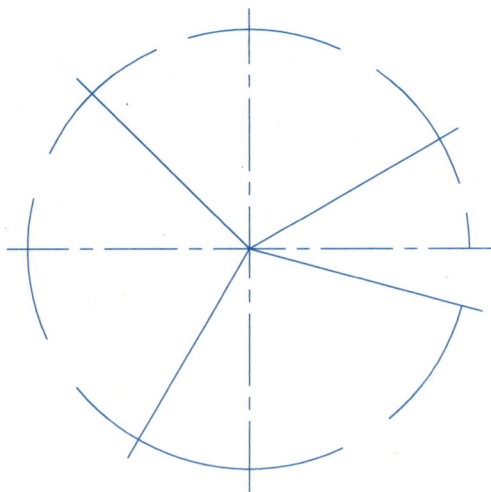

1.2－3　在下列图形中标注尺寸（尺寸数值按 1∶1 的比例从图中量取并取整数）。

（1）标注圆弧半径。　　　　　　　　　　　（2）标注小间距尺寸。

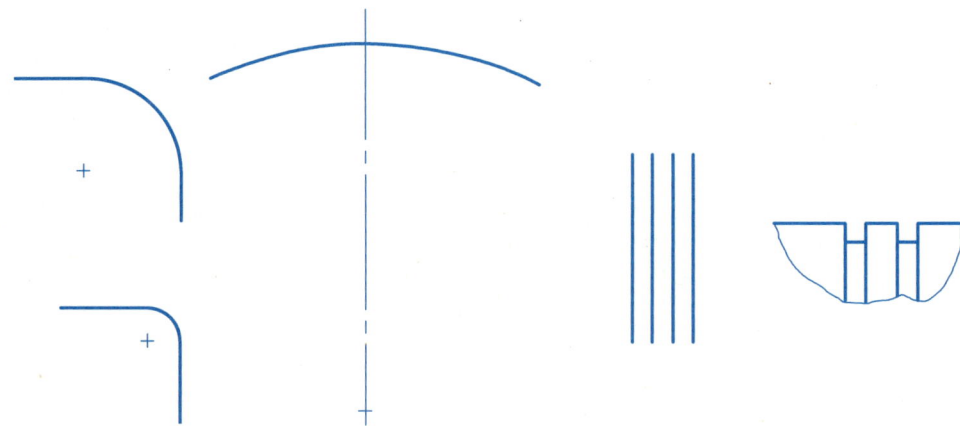

1.3　几何作图练习	班级	姓名	学号

1.3-1　用 1:2 的比例在指定位置处抄画图形。

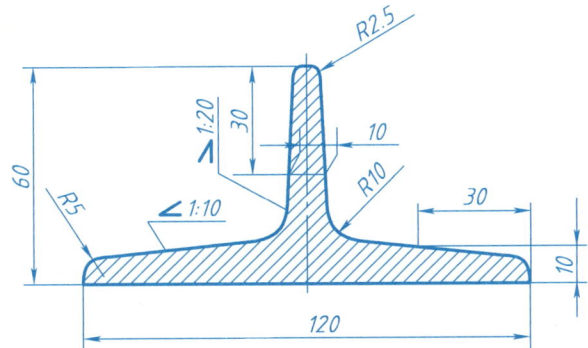

R2.5
1:20
30
10
69
R5
1:10
R10
30
120
10

1.3-2　已知椭圆长轴长度为 80mm，短轴长度为 55mm，用四心近似法按 1:1 的比例画出该椭圆。

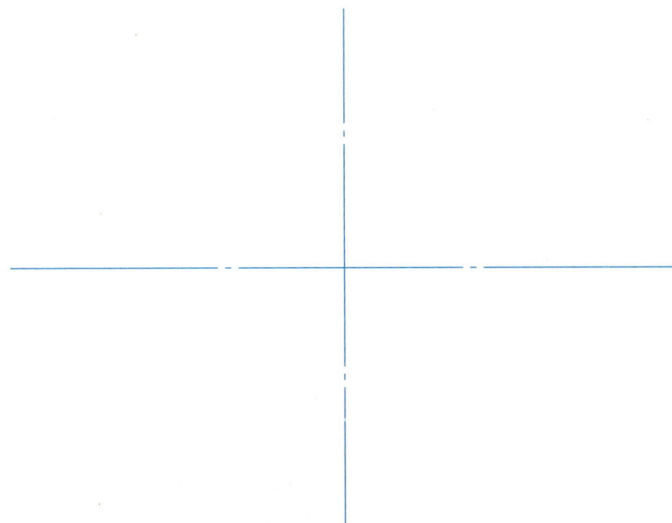

1.3-3　用 1:1 的比例在指定位置处抄画图形。

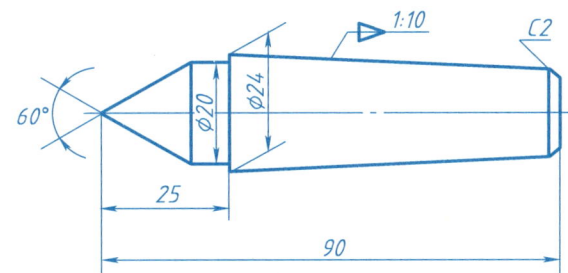

1:10
C2
60°
Φ20
Φ24
25
90

1.3-4　用 1:2 的比例在右边指定位置处抄画图形。

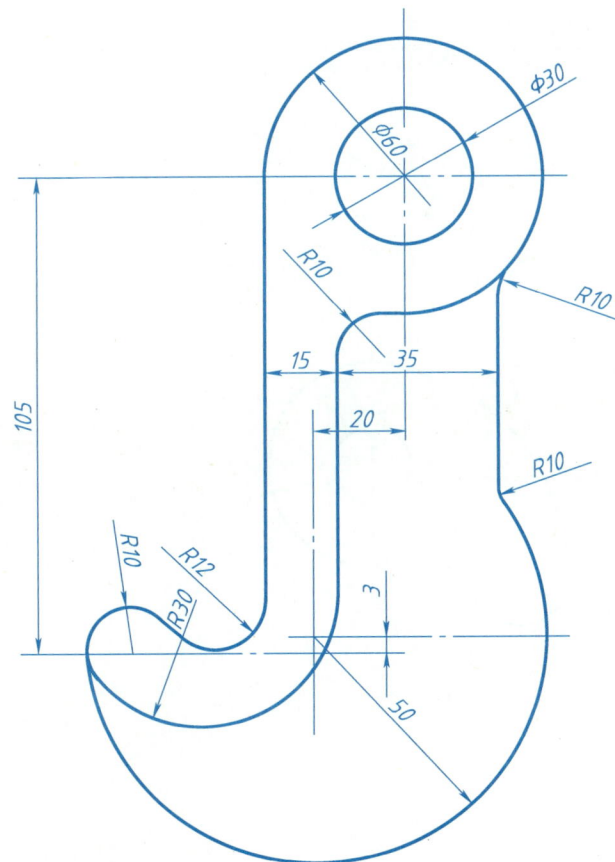

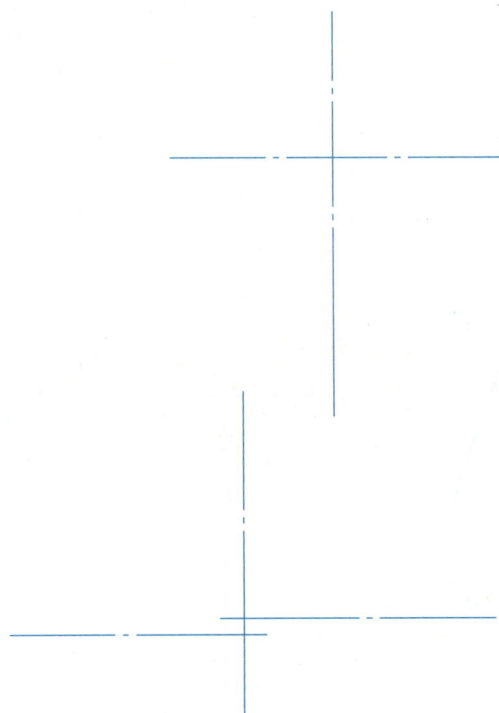

Φ30
Φ60
R10
R10
15
35
20
105
R10
R10
R12
R30
3
50

1.3-5　用 1:2 的比例在右边指定位置处抄画图形。

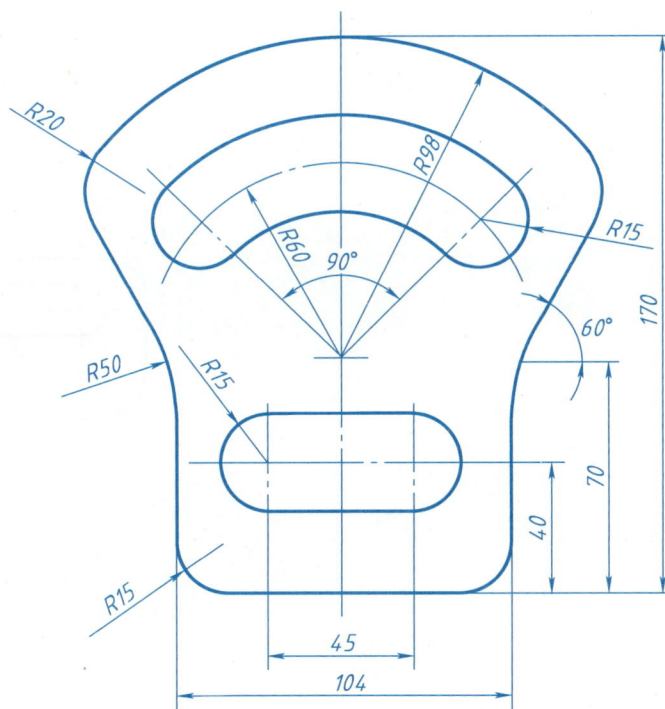

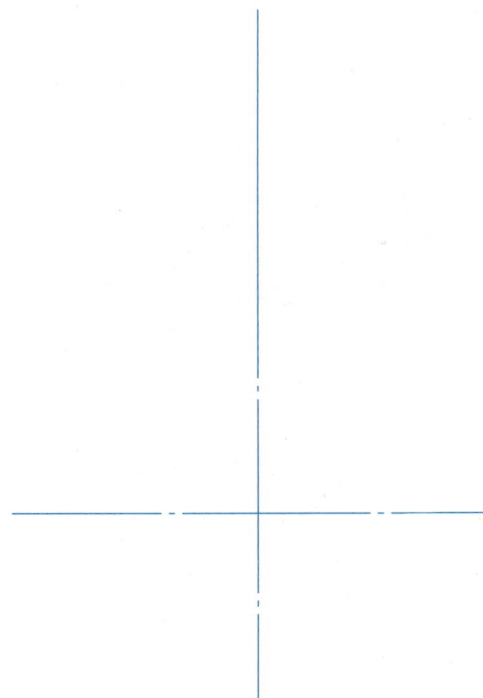

R20
R98
R60
90°
R15
R15
R50
R15
60°
170
70
40
R15
45
104

1.4　平面图形尺寸标注练习	班级	姓名	学号

1.4-1　在下列图形中标注箭头和尺寸（尺寸数值按 1∶1 的比例从图中量取并取整数）。

1.4-2　补画图中所缺尺寸（尺寸数值按 1∶1 的比例从图中量取并取整数）。

（1）

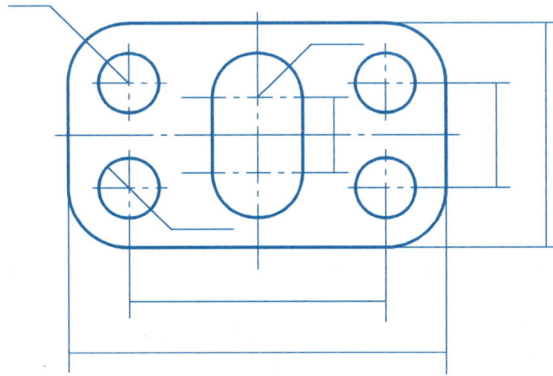

（2）

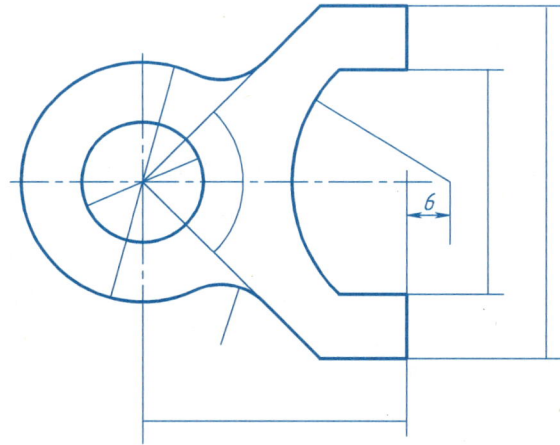

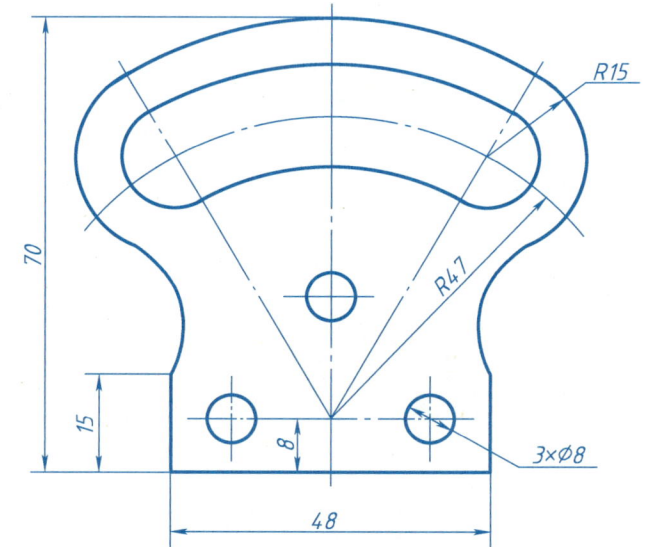

1.4-3　标注下列平面图形的尺寸（尺寸数值按 1∶1 的比例从图中量取并取整数）。

（1）

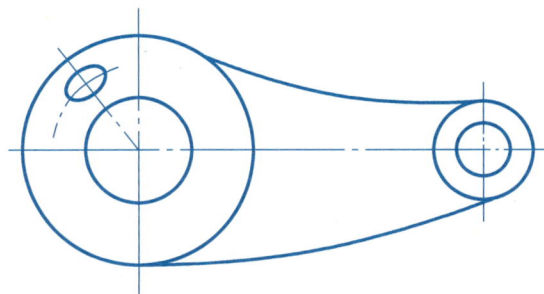

（2）

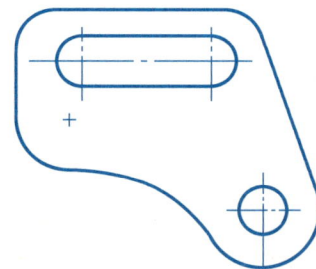

（3）

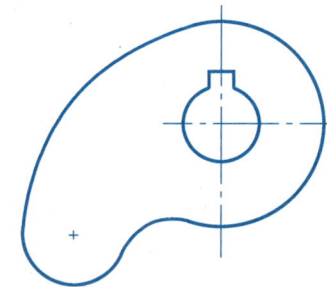

第 1 次制图大作业——线型练习及几何作图　　　　班级　　　　姓名　　　　学号

作业指示

1. 图名、图幅与比例

（1）图名：线型练习及几何作图。

（2）图幅：A3。

（3）比例：1:1。

2. 目的、内容与要求

（1）目的：学会并初步掌握绘图仪器和工具的使用方法以及绘图步骤，掌握圆弧连接和平面图形的画法，初步掌握国家标准《技术制图》的有关内容。初步体验工程绘图的实践，培养工程文化素养。

（2）内容：

1）抄画线型（不标注尺寸）。

2）从零件轮廓图中任选一个图形，抄画并标注尺寸。

（3）要求：作图准确，布局适当，线型规范，连接光顺，过渡自然，字体工整，符合国标，图面整洁。

3. 绘图步骤及注意事项

（1）绘图前应仔细分析研究，精心布置图形，确定正确的作图步骤。在图面布置时还应考虑预留标注尺寸的位置。

（2）绘制零件轮廓图时，必须正确作出圆弧连接的各切点及圆心位置。

（3）线型：粗实线宽度为 0.5 或 0.7mm；虚线及细实线等细线宽度为粗实线宽度的 1/2；虚线中线段长度约为 4mm，间隙约为 1mm；点画线中画的长度约为 15～20mm，间隙及点的长度共约为 3mm。

（4）字体：图中的汉字均写成长仿宋体，标题栏内图名及图号为 10 号字，校名为 7 号字，姓名写在"制图"栏内，用 5 号字。

（5）箭头：宽度约为 0.7～0.9mm，长为宽的 6 倍以上。

（6）完成底稿后，经仔细校核方可加深图线。

加深时应注意：先加深圆弧线，再加深直线；加深直线时，先加深水平线，再加深竖直线，最后加深倾斜线；加深水平线时，应自左向右加深；加深竖直线时，应自上而下加深。

线型

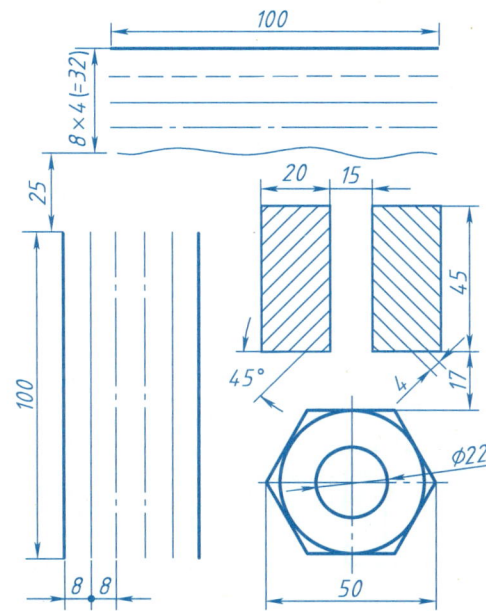

零件 1

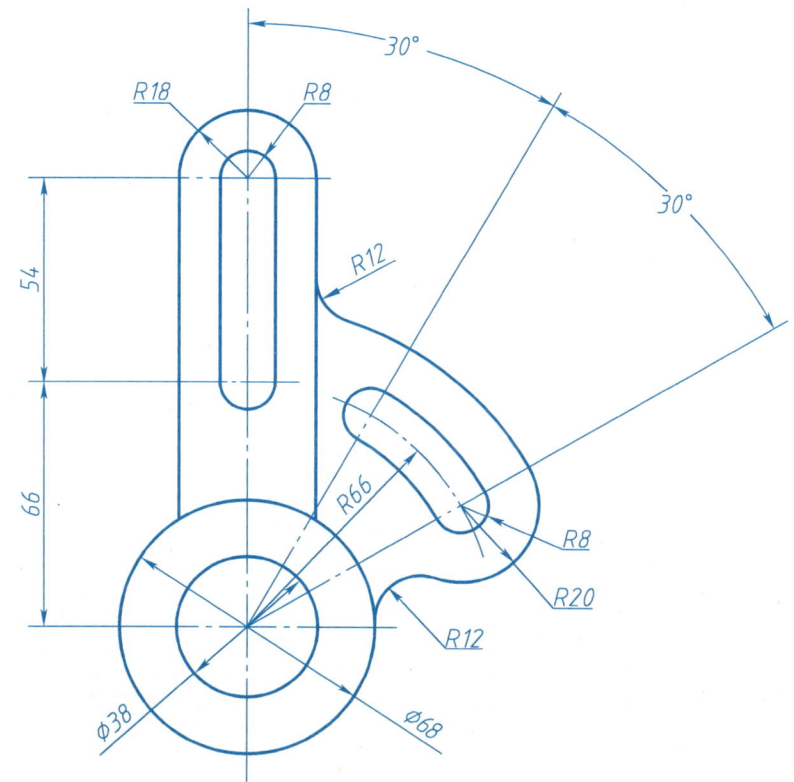

零件 2

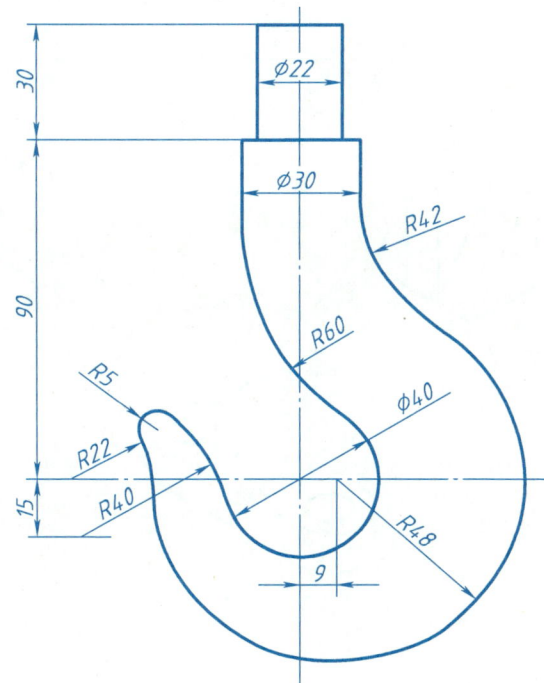

零件 3

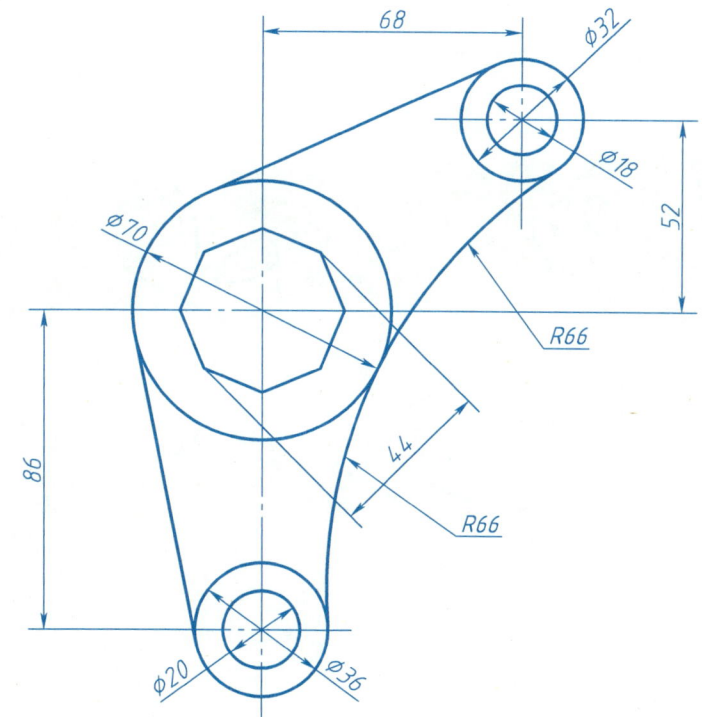

由物体的三视图找出相应的立体图			班级　　　　　姓名　　　　　学号

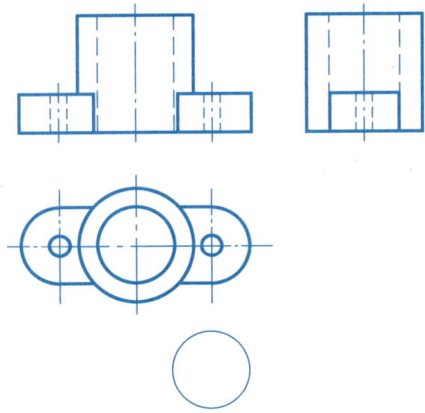 ○

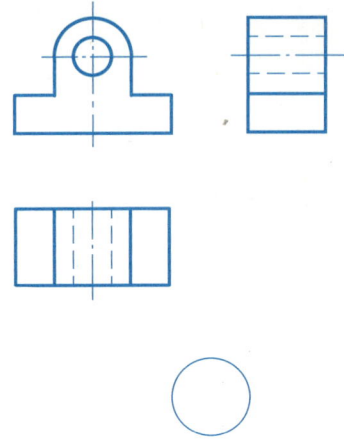 ○

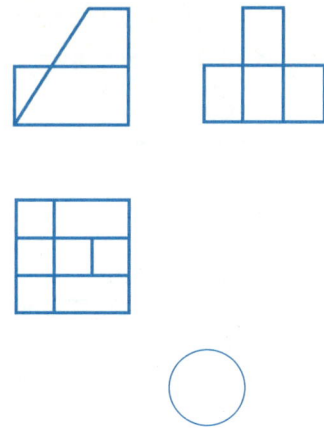 ○

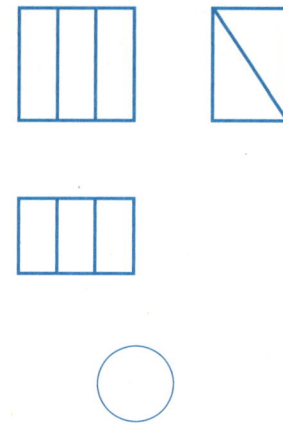 ○

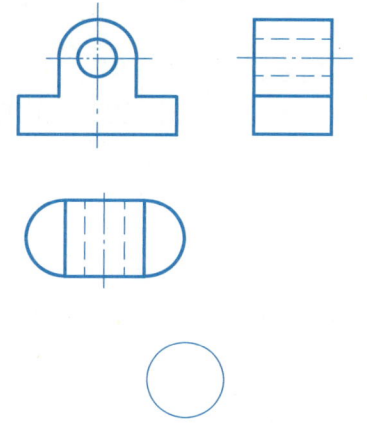 ○

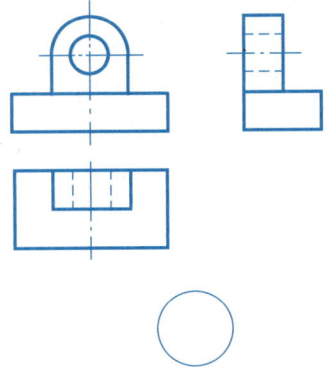 ○

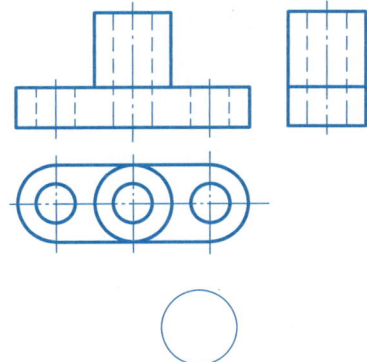 ○

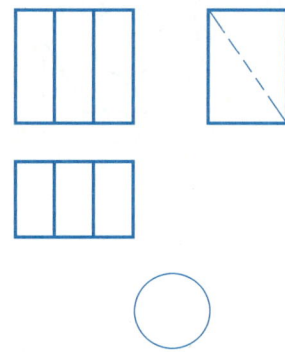 ○

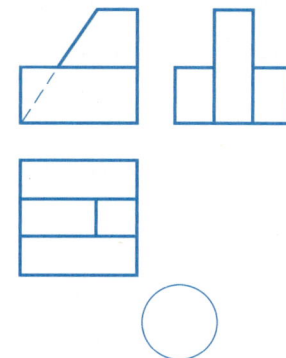 ○

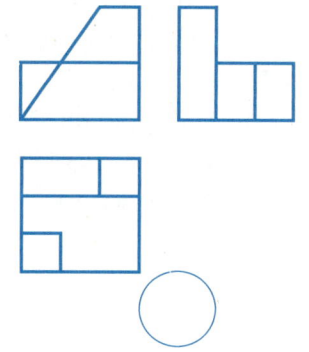 ○

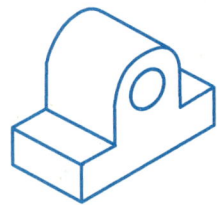
①

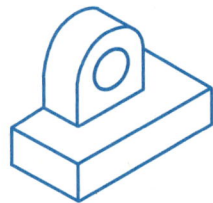
②

③

④

⑤

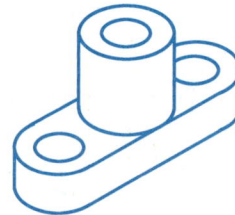
⑥

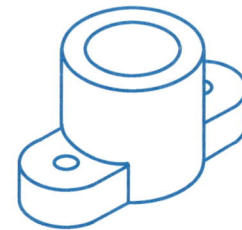
⑦

⑧

⑨

⑩

3.1 点的投影	班级	姓名	学号

3.1-1 根据 A、B、C 三点到投影面的距离，作出它们的三面投影和立体图。

(单位：mm)

点	距 V 面	距 H 面	距 W 面
A	20	10	25
B	10	30	0
C	15	15	10

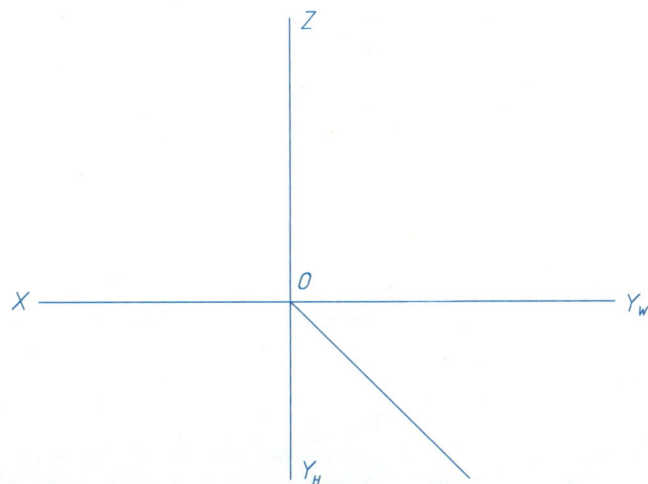

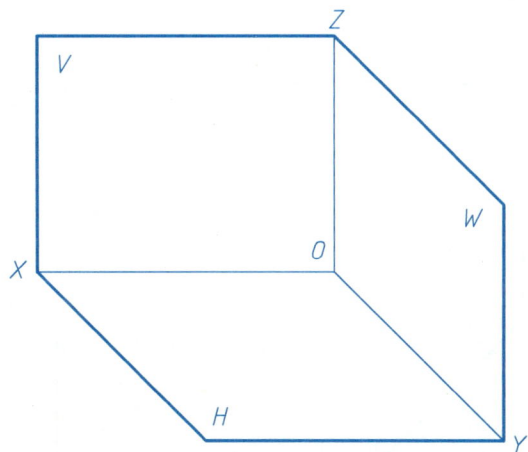

3.1-2 在立体的三面投影图中，标出 A、B 两点的投影，并判断点 A 相对于点 B 的位置（指出上下、左右、前后方向）。

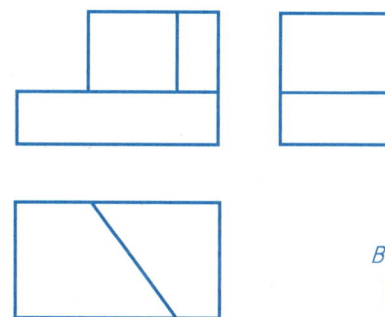

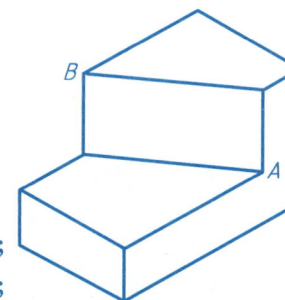

点A在点B的__方(上、下)；
点A在点B的__方(左、右)；
点A在点B的__方(前、后)。

3.1-3 已知 A、B、C 三点的两面投影，作出它们的第三投影。

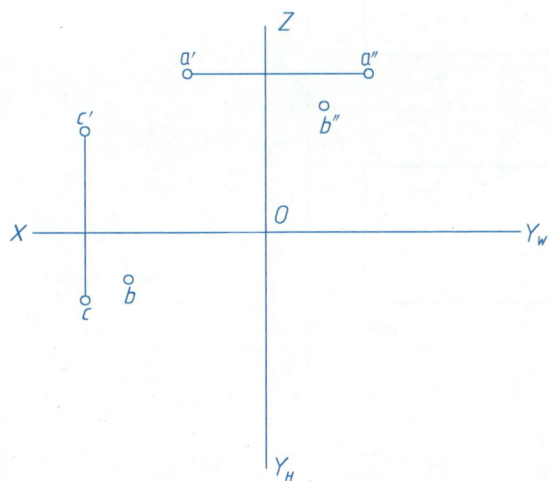

3.1-4 已知 A、B、D 三点等高，点 C 在点 A 的正下方，补画各点的投影，并标明其可见性。

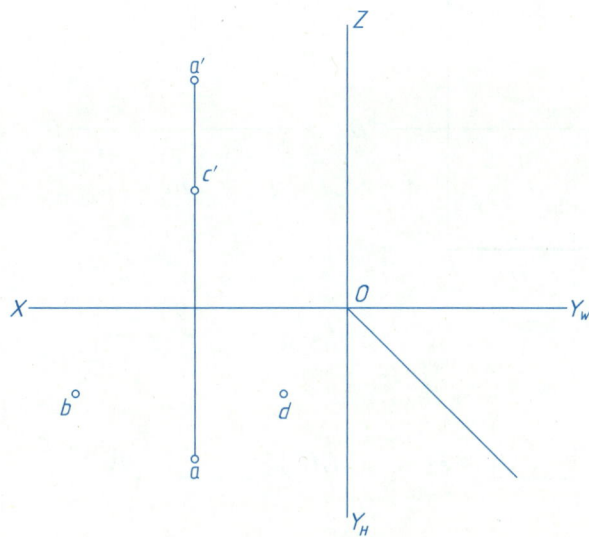

3.1-5 已知点 B 在点 A 的正上方 15mm 处，点 C 与点 B 等高，且在点 B 的前方 10mm、左方 20mm，试作出 A、B、C 三点的三面投影。

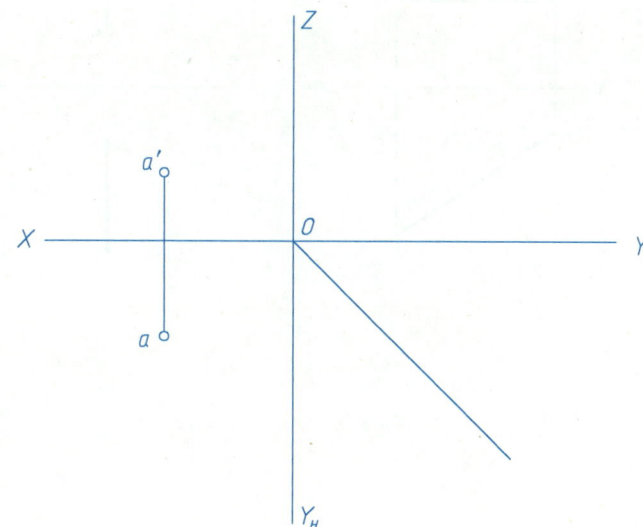

| 3.2　直线的投影（1） | 班级 | 姓名 | 学号 |

3.2-1 已知线段 AB 的两端点为 A（20，15，8）、B（5，20，20），试作出线段 AB 的三面投影及直观图（只画出 ab 和 AB）。

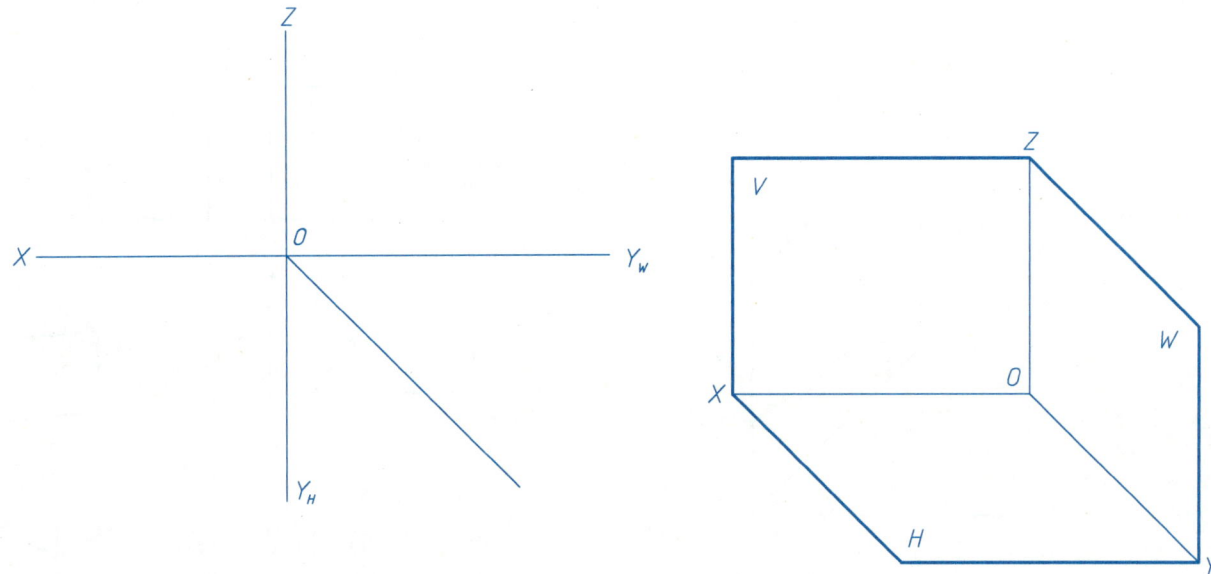

3.2-2 对照立体图，在三面投影图中标出线段 AB、BC、CD、DE 的投影，并分别说明它们是何种位置直线。

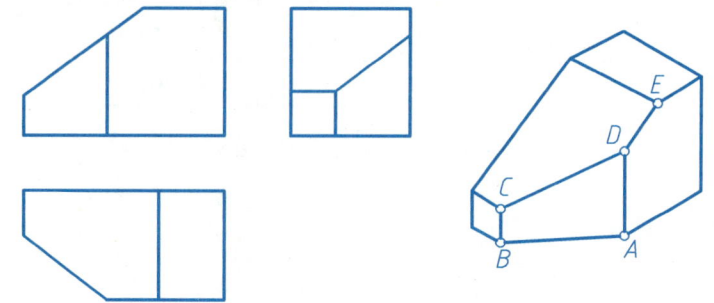

AB 是_____线；　　　BC 是_____线；

CD 是_____线；　　　DE 是_____线。

3.2-3 判断下列直线与投影面的相对位置，并填空，标注其对投影面的倾角，在反映实长的投影旁注出"实长"二字。

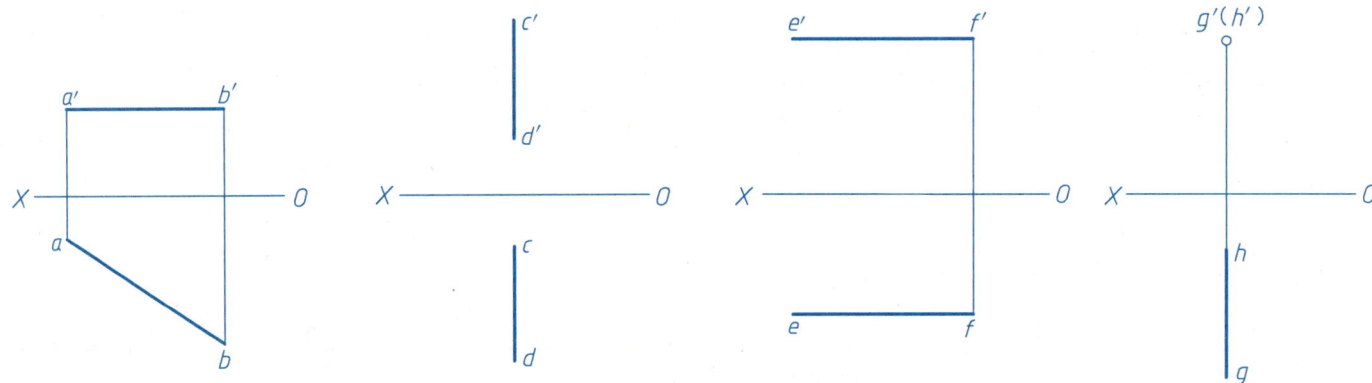

AB 是_____线；　　CD 是_____线；　　EF 是_____线；　　GH 是_____线。

3.2-4 判断下列直线与投影面的相对位置，并画出第三面投影。

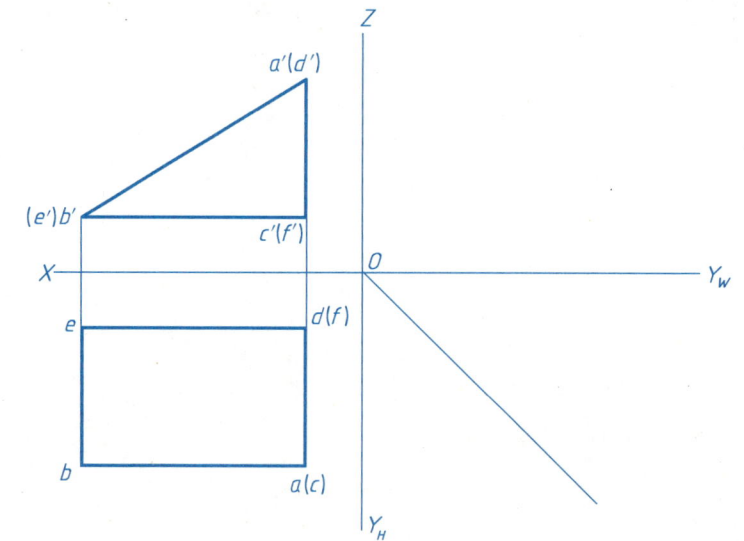

AB 是_____线；　　　AC 是_____线；

AD 是_____线；　　　BC 是_____线。

| 3.2 直线的投影（2） | 班级 | 姓名 | 学号 |

3.2－5 已知水平线 AB 在 H 面的上方 25mm，求作它的其余两面投影，并在该投影上取一点 K，使 AK＝20mm。

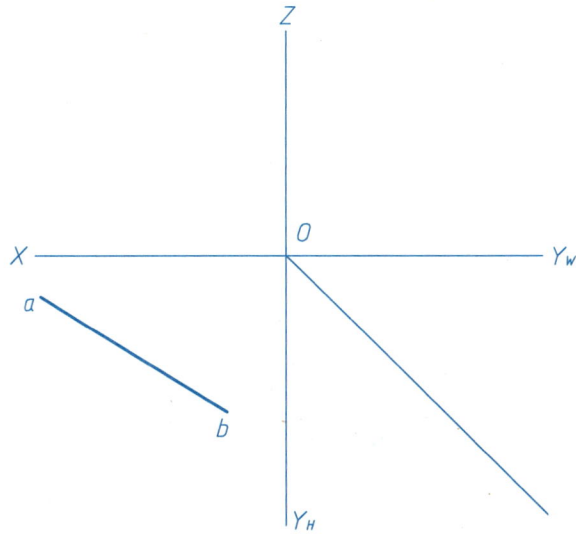

3.2－6 过点 A（a，a′）作一条正平线，使其对 H 面的倾角为 30°（只求一解）。

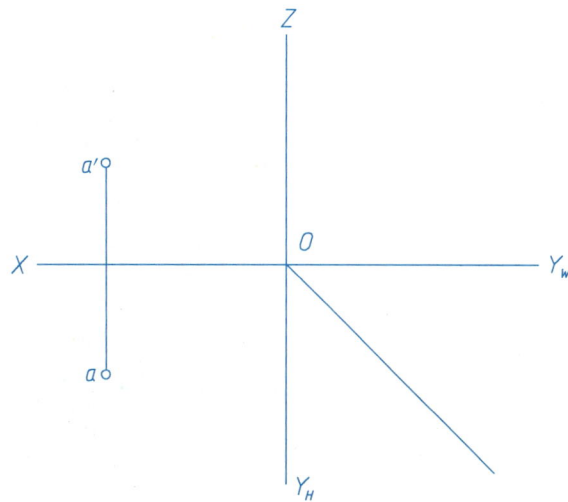

3.2－7 用作图的方法判断点 K 是否在线段 AB 上。

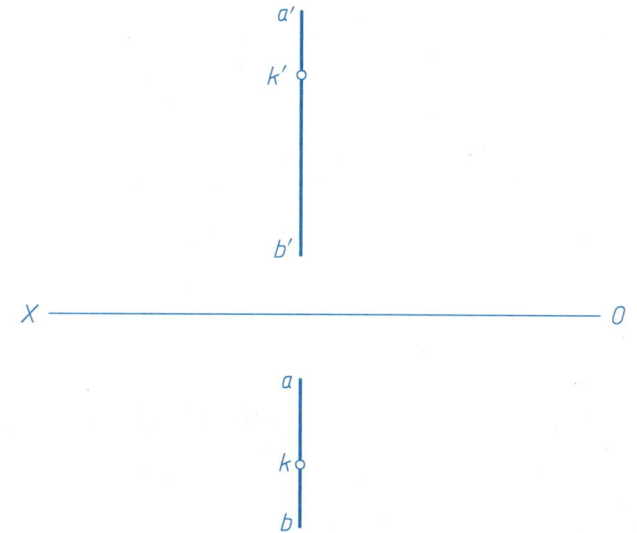

3.2－8 用直角三角形法求线段 AB 的实长及其对 H 面、V 面的倾角 α、β。

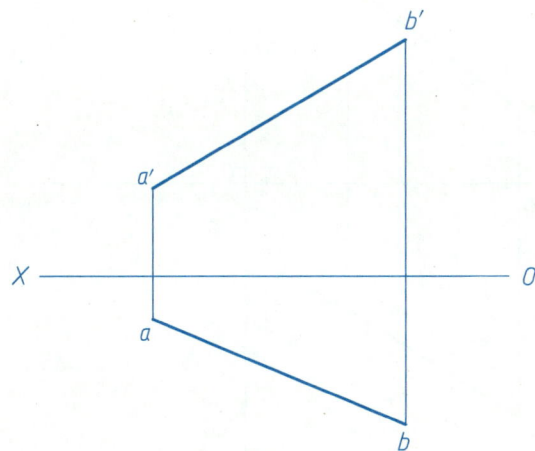

3.2－9 已知线段 EF 的水平投影 ef 及点 E 的正面投影 e′，且 EF＝42mm，求 EF 的正面投影 e′f′。

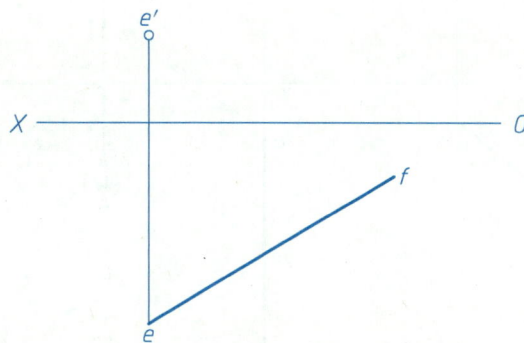

3.2－10 由点 A 作直线 AB 与直线 CD 相交，并使交点 B 距 H 面 20mm。

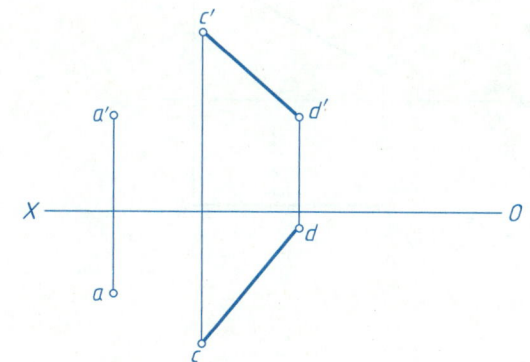

3.2　直线的投影（3）	班级	姓名	学号

3.2-11　判断直线 *AB* 和 *CD* 的相对位置（平行、相交或交叉），并填写在下面的横线上。

（1）　　　　　　　　　　（2）　　　　　　　　　　（3）　　　　　　　　　　（4）

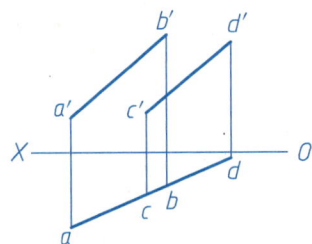 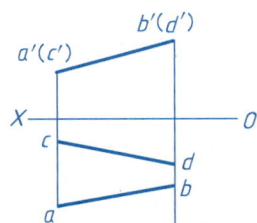 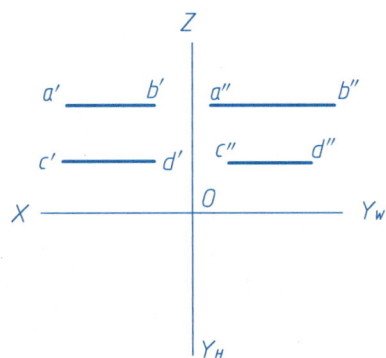 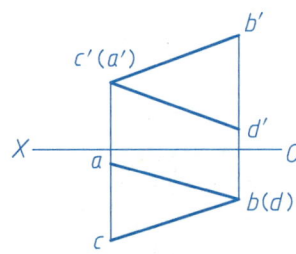

直线 *AB* 和 *CD* _____。　　直线 *AB* 和 *CD* _____。　　直线 *AB* 和 *CD* _____。　　直线 *AB* 和 *CD* _____。

3.2-12　已知直线 *CD* 与 *AB* 垂直相交，试补画 *CD* 的投影。

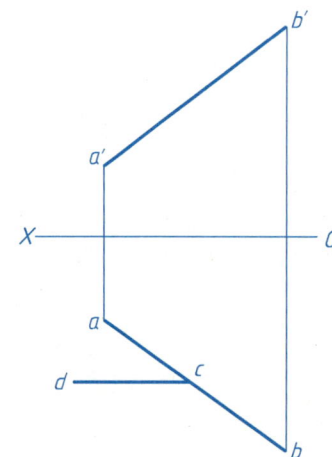 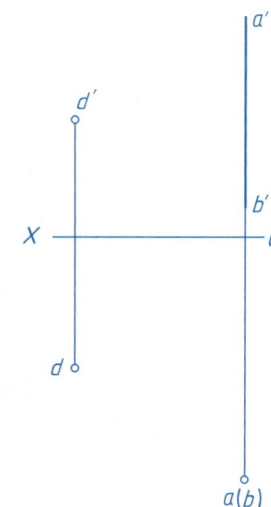

3.2-13　已知正方形的一边 *AB* 的投影及 *AD* 的水平投影方向，试画出正方形的两面投影。

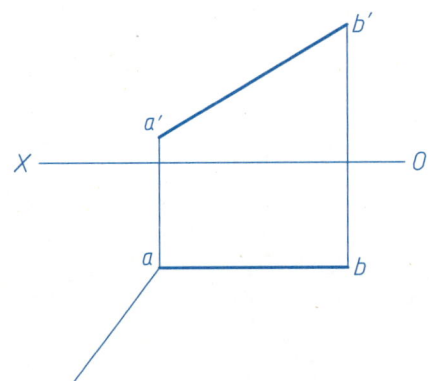

3.2-14　作一直线 *MN*，使 *MN*∥*AB*，且与直线 *CD*、*EF* 相交。

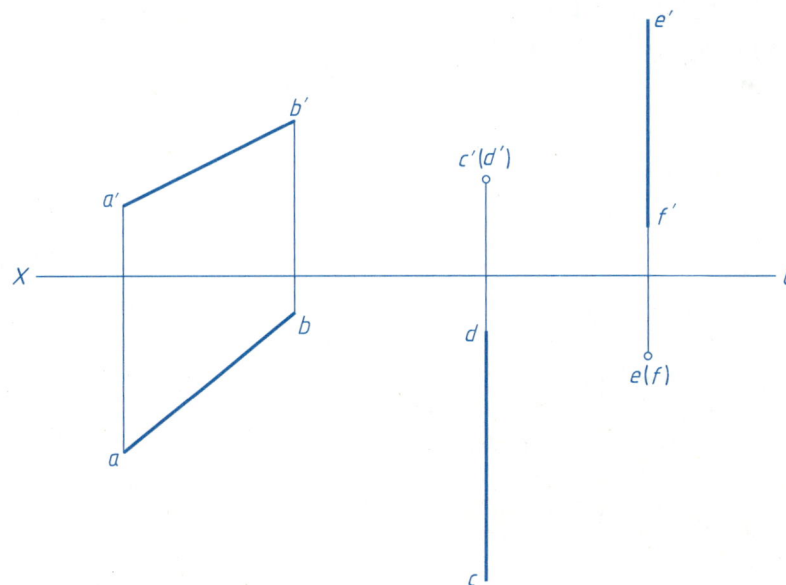

3.2-15　过点 *C* 引直线与 *AB* 相交，且使交点 *K* 与 *V* 面、*H* 面等距。

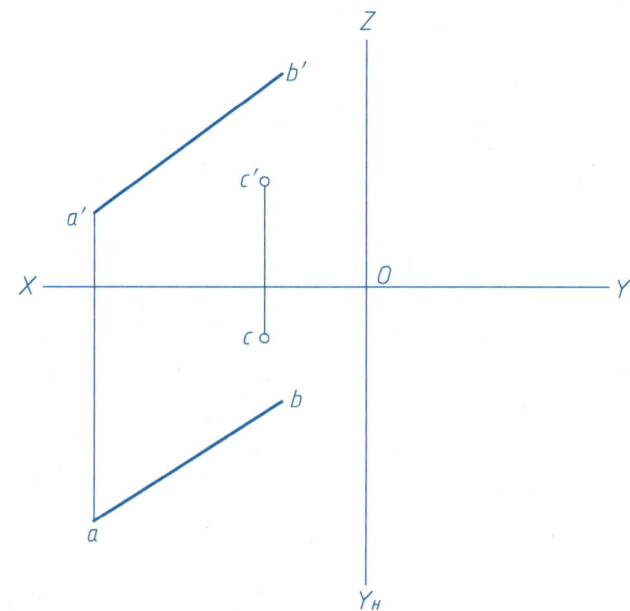

3.3　平面的投影（1）	班级	姓名	学号

3.3-1　补画平面的第三投影，并判断平面所处的空间位置。

（1）

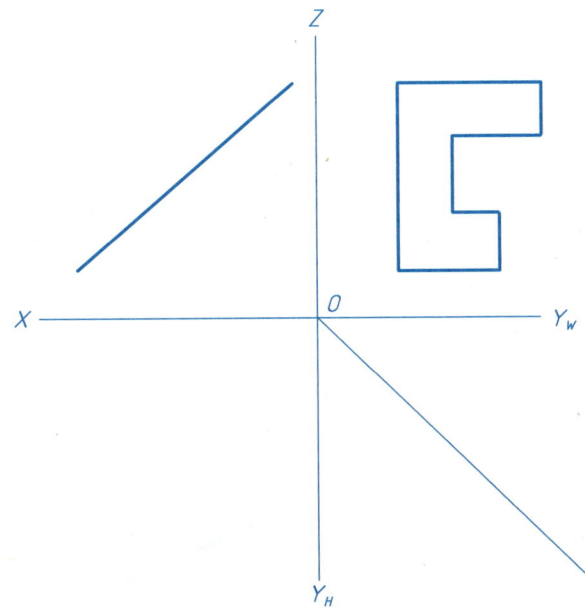

平面为_____面。

（2）

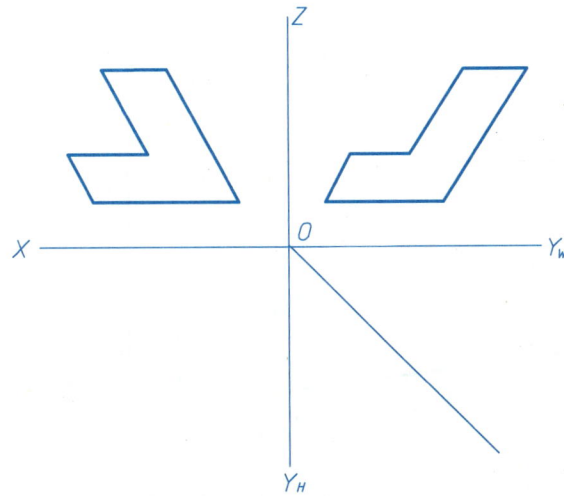

平面为_____面。

3.3-2　过点 A 作一边长为 18mm 的正方形 ABCD，使其垂直于 H 面且与 V 面的夹角为 30°（按 1∶1 的比例作图）。

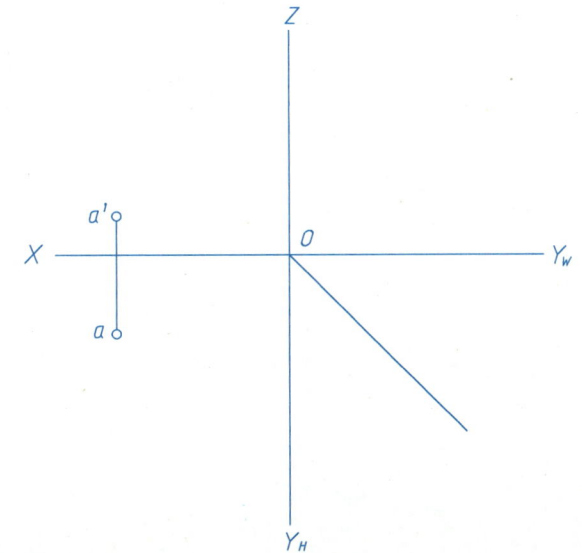

3.3-3　根据立体图，在三面投影图中标出 A、B、C、D 四个面的三面投影，并说明其空间位置。

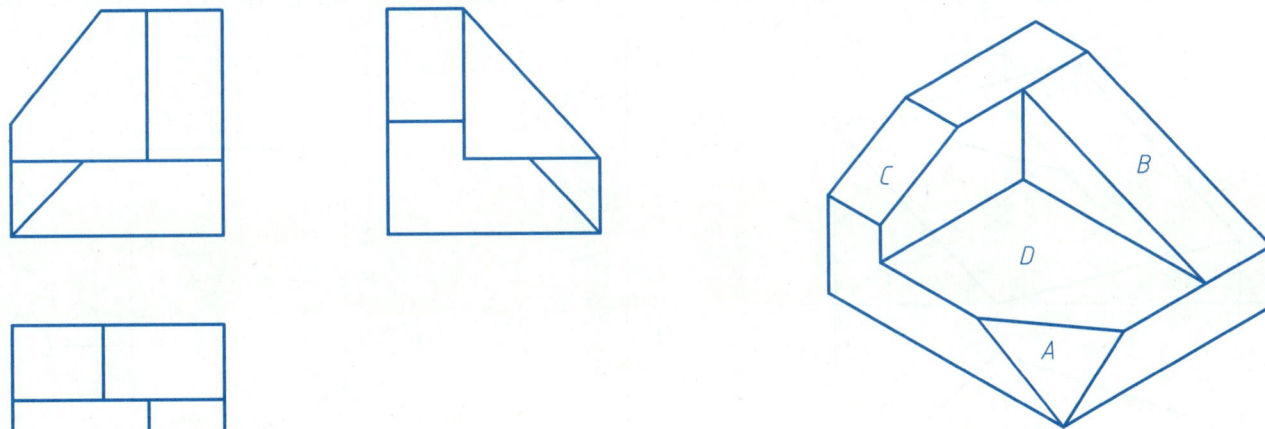

A 面是_____面；B 面是_____面；C 面是_____面；D 面是_____面。

3.3-4　已知五边形 ABCDE 的一边 BC∥V 面，试完成其水平投影。

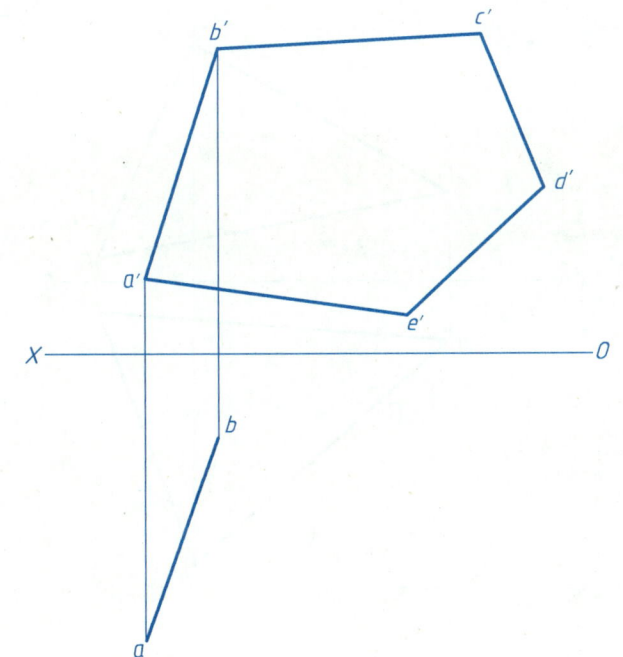

| 3.3　平面的投影（2） | 班级 | 姓名 | 学号 |

3.3-5　在平面 ABC 内确定一点 K，使点 K 距 H 面 10mm，距 V 面 25mm。

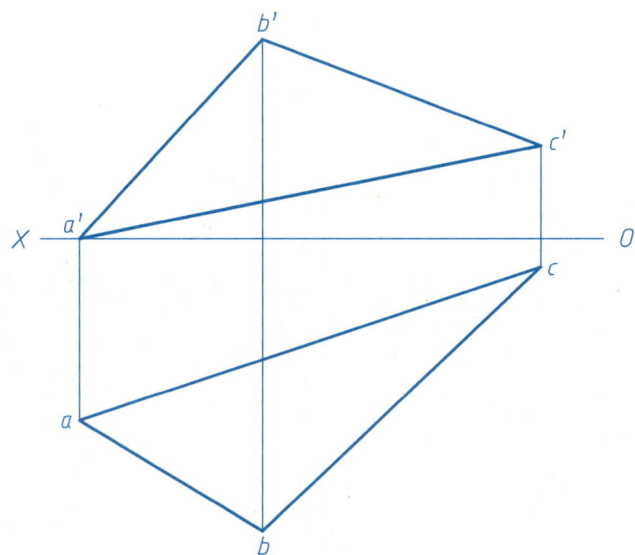

3.3-6　已知点 D、E、F 在平面 ABC 上，求它们的另一面投影。

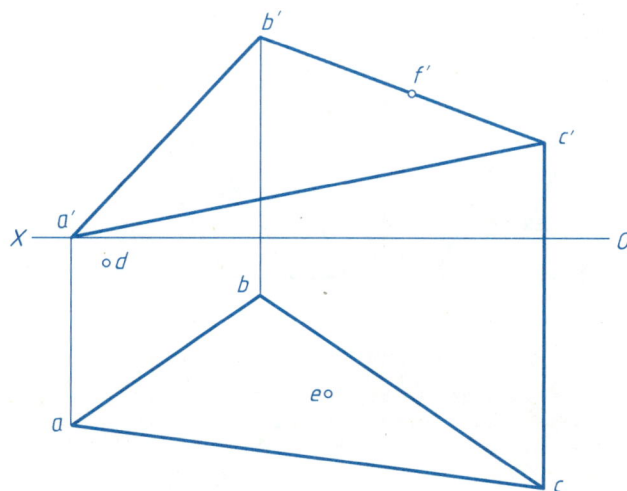

3.3-7　已知平面 ABCD 的 AB 边平行于 V 面，试补全平面 ABCD 的 H 面投影。

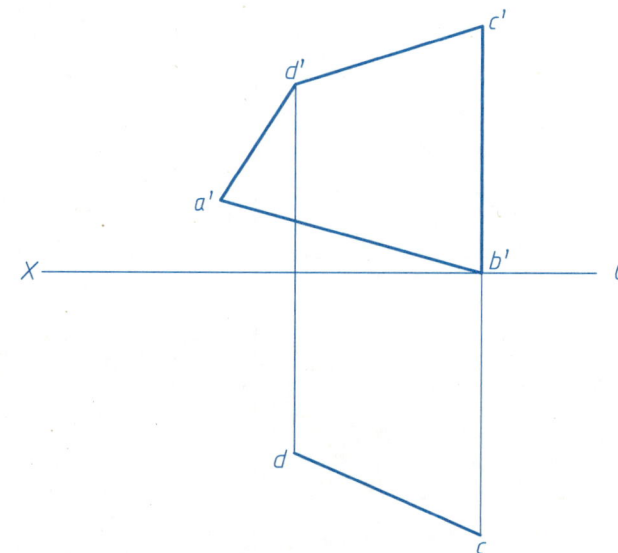

3.3-8　在平面 ABC 内作一条正平线，使该线距 V 面 10mm；再作一条水平线，使该线距 H 面 20mm。

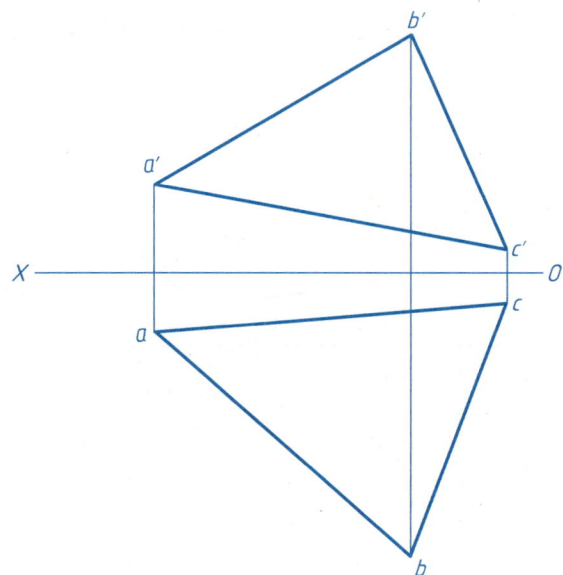

3.3-9　已知平行四边形 ABCD 上有"K 字"的 V 面投影，求"K 字"的 H 面投影。

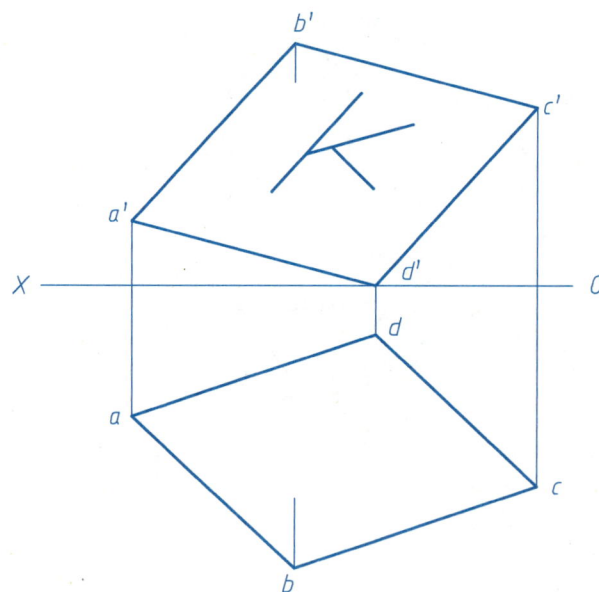

3.3-10　已知正方形 ABCD 的 AB 边的投影，CD 边在 AB 边下方 20mm，试完成此正方形的两面投影。

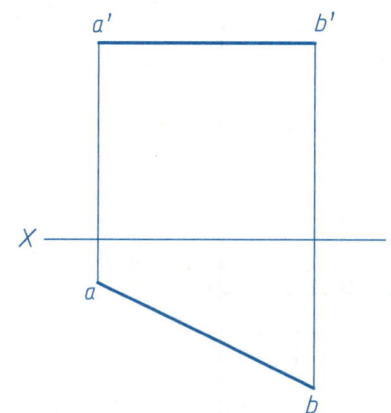

| 3.4　直线与平面、平面与平面的相对位置（1） | 班级 | 姓名 | 学号 |

3.4-1　已知直线 DE 平行于平面 ABC，作出其水平投影 de。

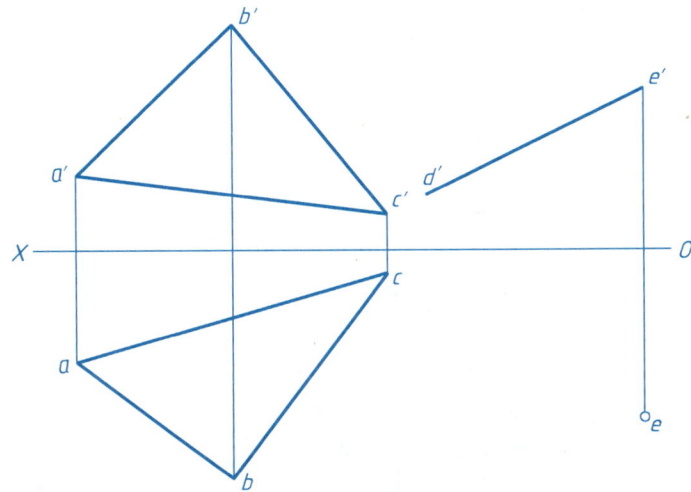

3.4-2　过点 D 作直线 DE，使 DE 同时平行于平面 ABC 和 V 面。

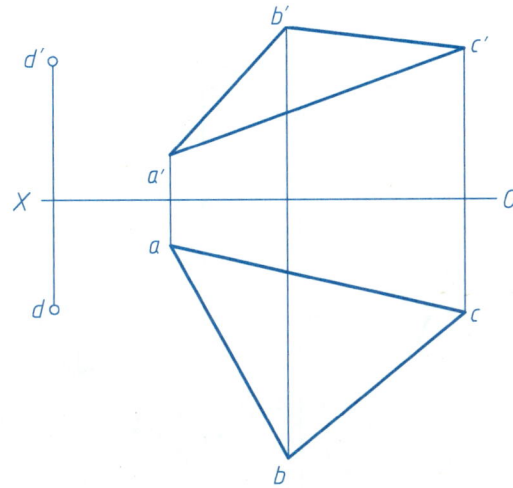

3.4-3　判断平面 ABDC 与平面 FEG 是否平行。

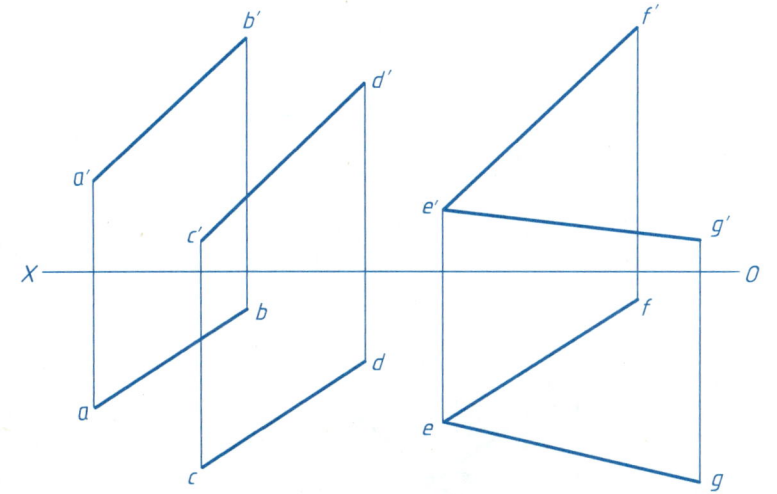

平面 ABDC 与平面 FEG _____。

3.4-4　过点 K 作一直线使其同时平行于平面 ABC 和 EFG。

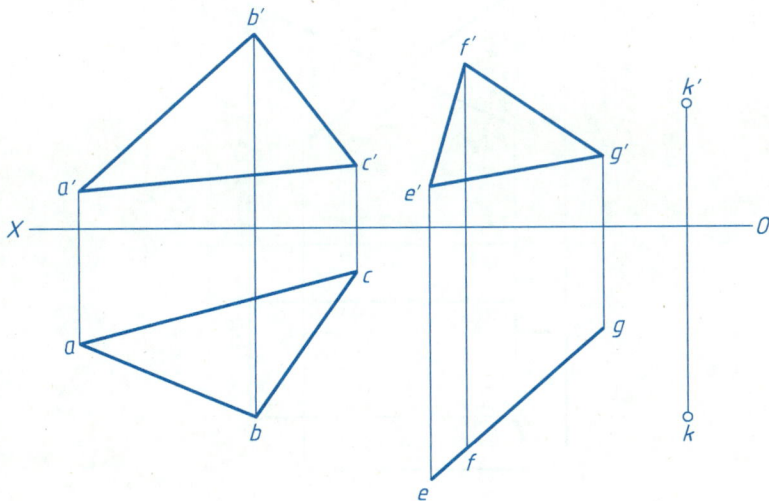

3.4-5　过点 K 作一条正平线，使其平行于由直线 AB 和 CD 所确定的平面。

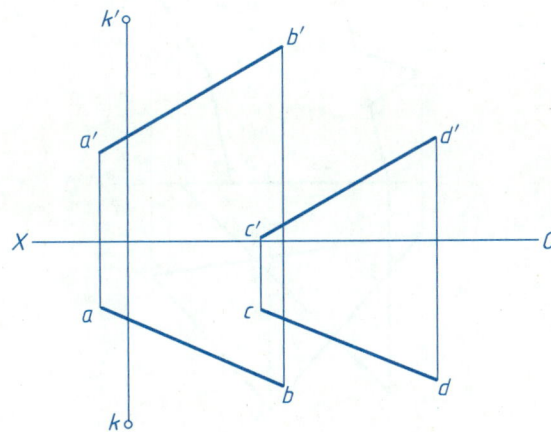

3.4-6　已知直线 MN 平行于平面 ABCD，试求直线 MN 的水平投影。

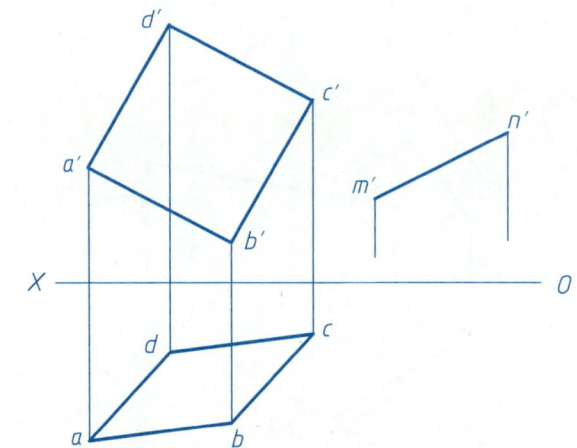

3.4　直线与平面、平面与平面的相对位置（2）	班级　　　　姓名　　　　学号

3.4-7　求直线 CD 与平面 LMN 的交点的投影，并判断可见性。

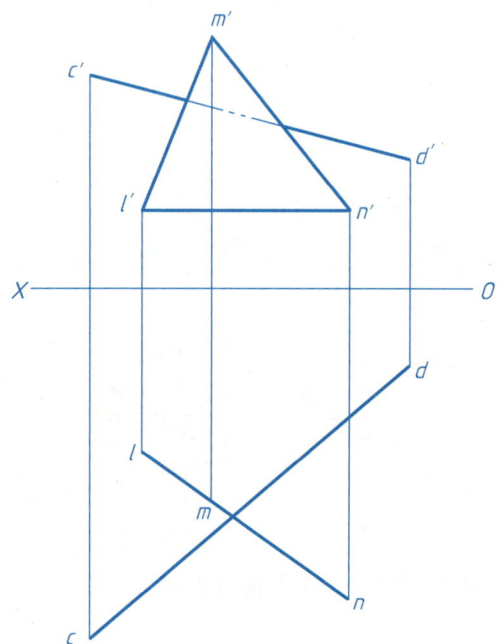

3.4-8　求直线 DE 与平面 ABC 的交点的投影，并判断可见性。

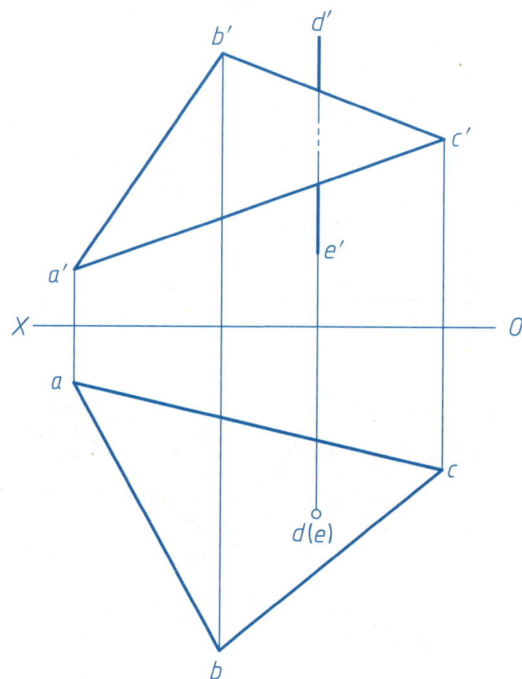

3.4-9　求直线 MN 与平面的交点的投影，并判断可见性。

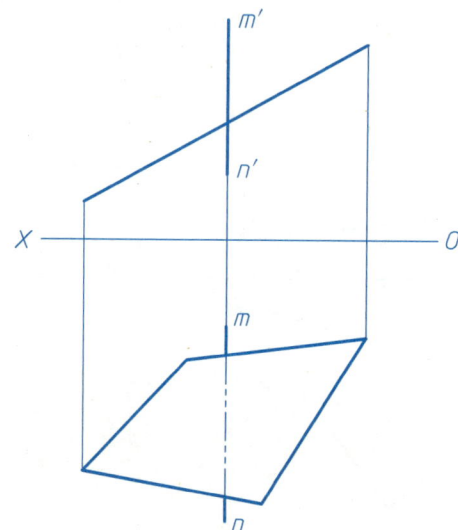

3.4-10　求 ABC 和 DEF 两平面的交线的投影，并判断可见性。

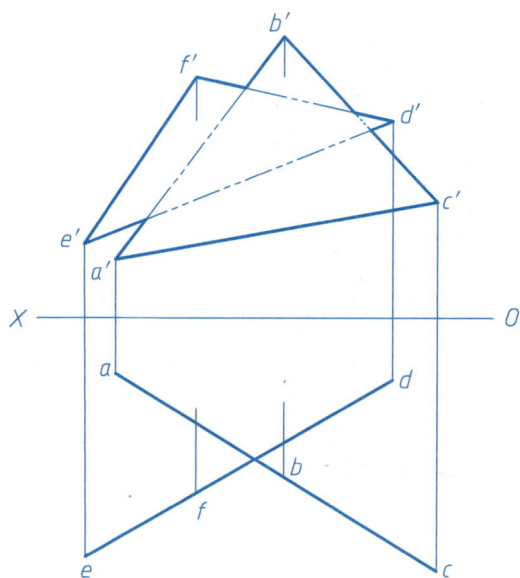

3.4-11　作出平面 P 与平面 ABC 的交线的投影，并判断可见性。

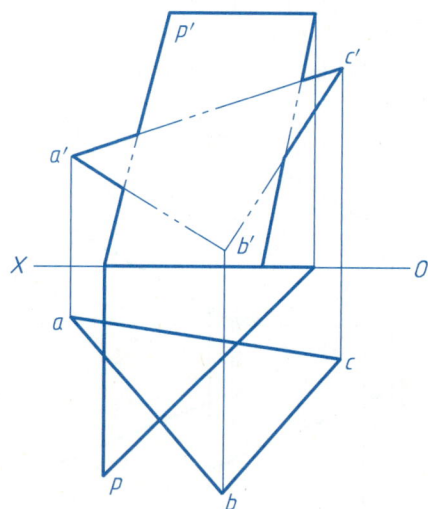

3.4-12　求相交两平面 ABCD 和 EFGH 的交线的投影，并判断可见性。

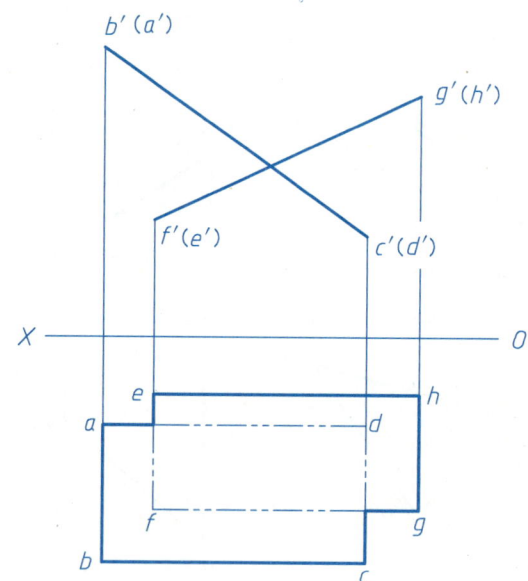

| 3.4 直线与平面、平面与平面的相对位置（3） | 班级 | 姓名 | 学号 |

3.4－13 过点 A 作一平面使其垂直于平面 BCD。

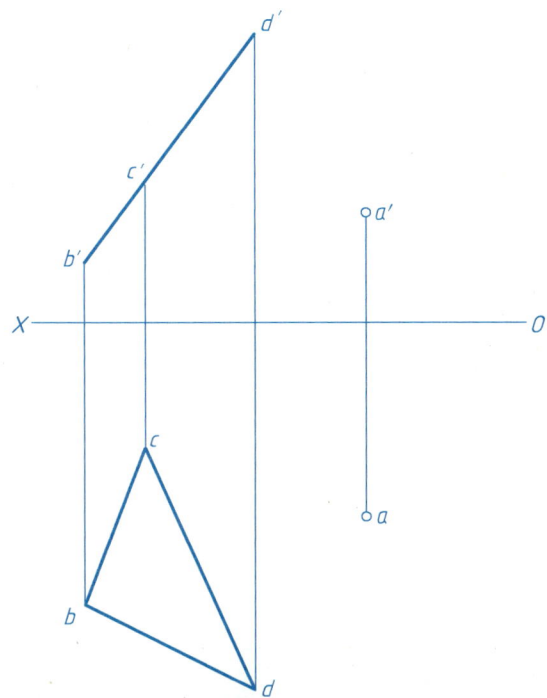

3.4－14 求点 K 到平面 ABC 的距离及投影。

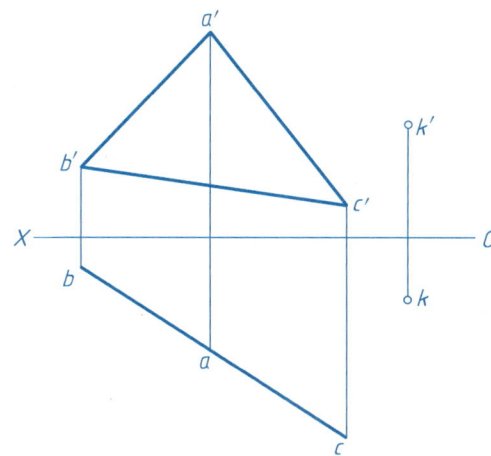

3.4－15 已知点 K 到平面 ABC 的距离为 30mm，并知点 K 的正面投影 k′，求水平投影 k。

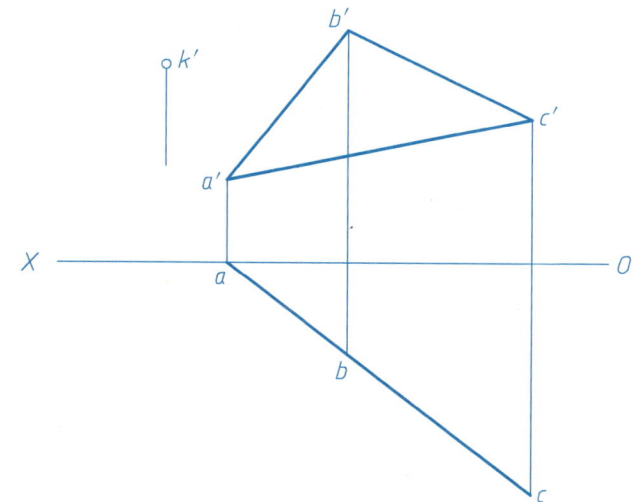

3.4－16 过点 K 作一直线使其与平面 ABCD 垂直。

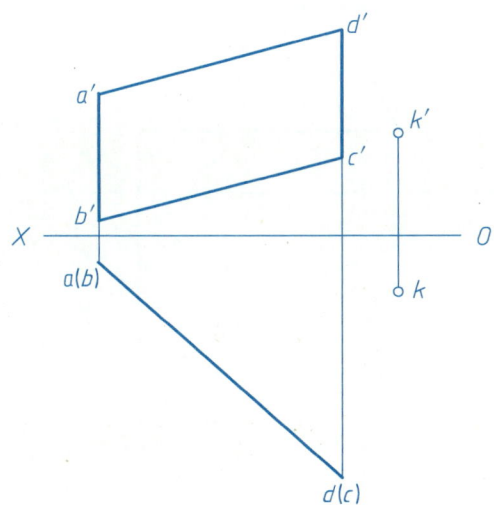

3.4－17 过点 K 作一平面使其平行于直线 EF，且垂直于正方形 ABCD。

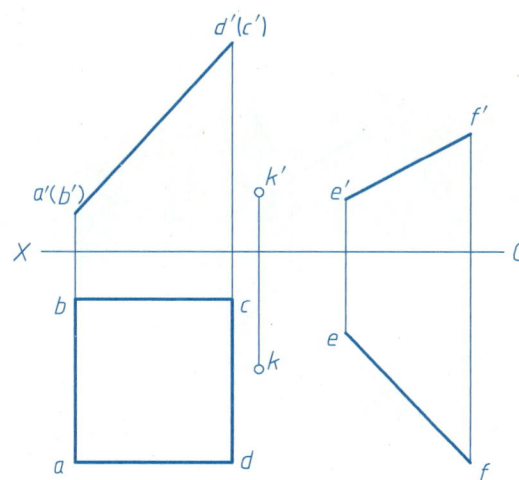

3.4－18 已知等腰△ABC，AB = CD，其底边 AB 在直线 EF 上，三角形的高 CD⊥MN，且点 C 在直线 MN 上，求作等腰△ABC 的投影。

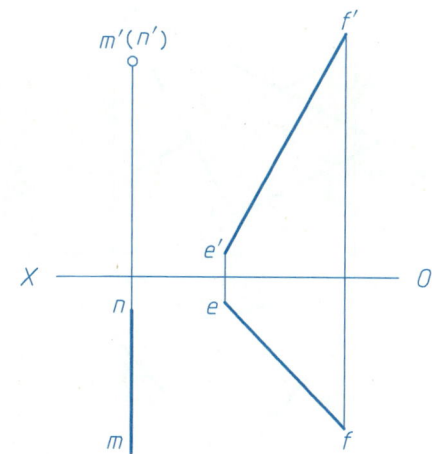

| 4.1 换面法 | 班级 | 姓名 | 学号 |

4.1-1 已知直线 *DE* 上的点 *E* 比点 *D* 高，*DE* = 50mm，试用换面法求作 *d'e'*。

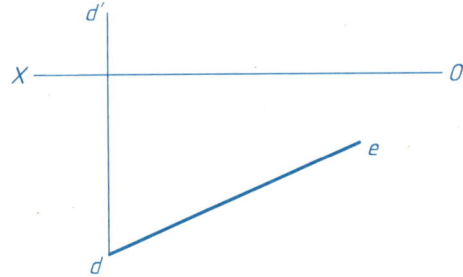

4.1-2 求六棱柱切割面 *ABCDEF* 的实形。

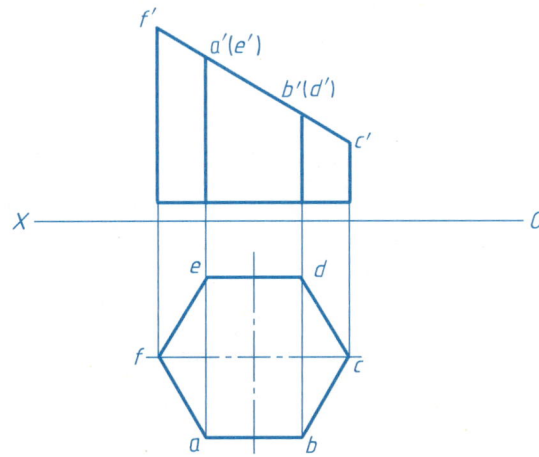

4.1-3 已知直线 *AB* = 30mm，作出其水平投影 *ab*（只求一解）。

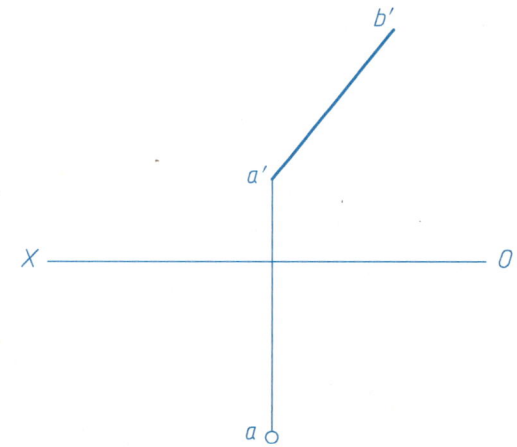

4.1-4 利用换面法求直线 *EF* 与平面 *ABC* 的交点，并判断其可见性。

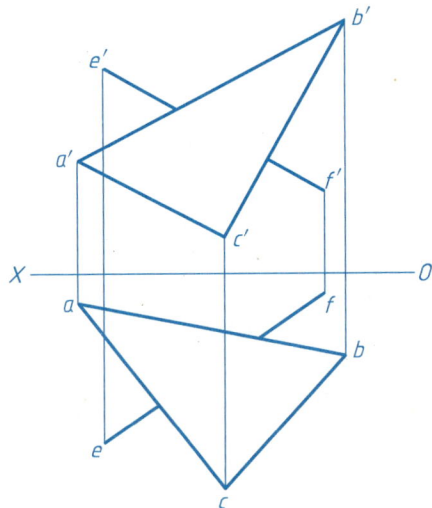

4.1-5 求平面 *ABC* 的实形。

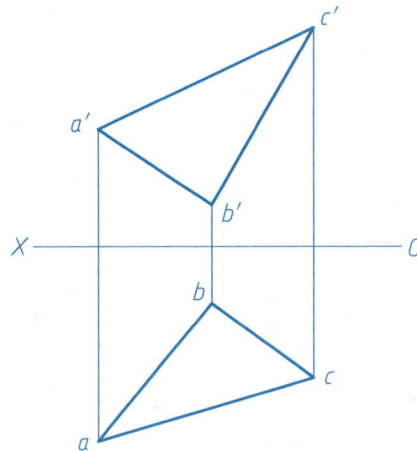

4.1-6 已知平面 *ABC* 对 *H* 面的倾角为60°，试完成平面 *ABC* 的水平投影（只求一解）。

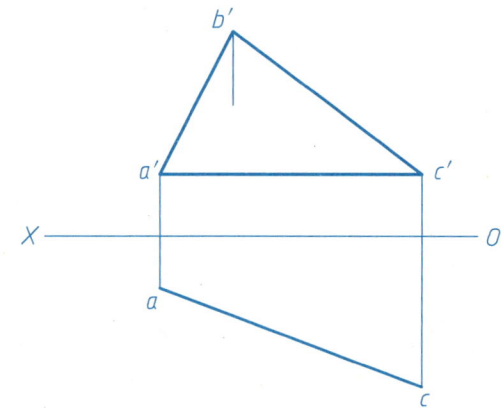

4.2　旋转法	班级　　　　姓名　　　　学号

4.2-1　将点 A 绕铅垂线 BC 旋转到三角形平面内。

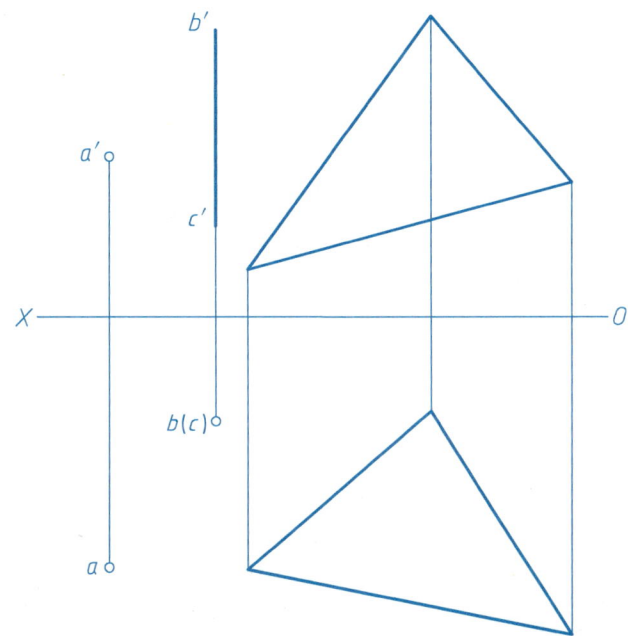

4.2-2　用旋转法求直线 AB 对 V 面的倾角 β 的实角。

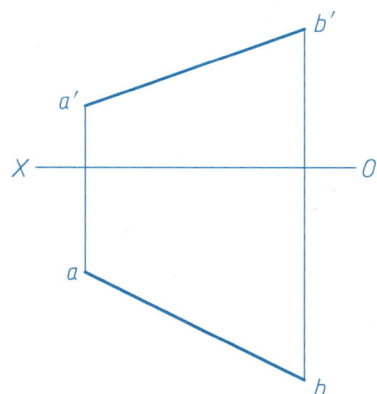

4.2-3　用旋转法把直线 AB 转换为铅垂线。

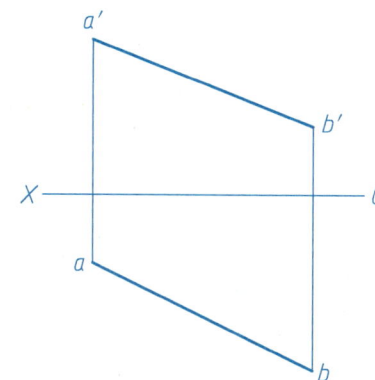

4.2-4　用旋转法求平面 ABC 对 V 面的倾角 β。

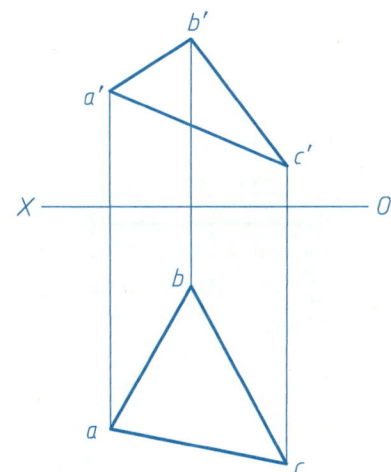

4.2-5　用旋转法求平面 ABC 的实形。

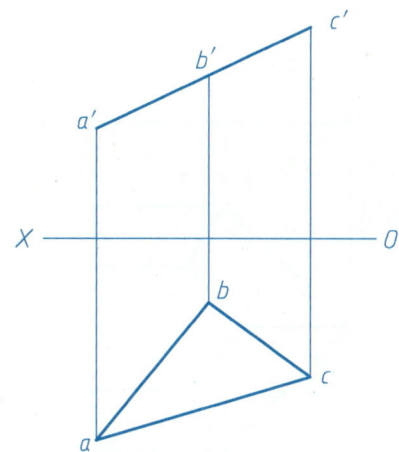

4.2-6　用旋转法求平面 ABC 的实形。

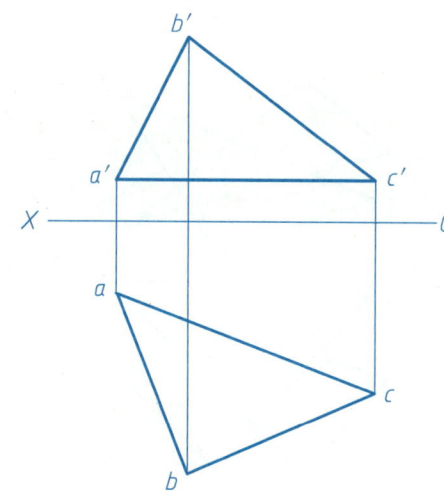

| 4.3　点、线、面综合题 | 班级 | 姓名 | 学号 |

4.3-1　求点 *K* 到直线 *AB* 的距离及其投影。

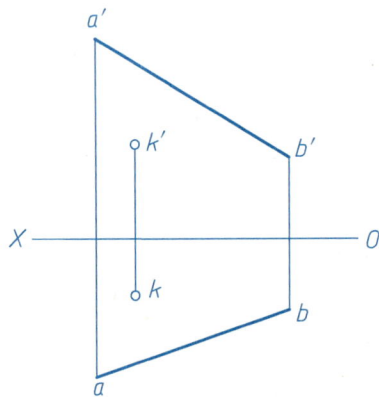

4.3-2　已知直线 *AB∥CD*，且相距 15mm，试作出直线 *CD* 所缺的投影。

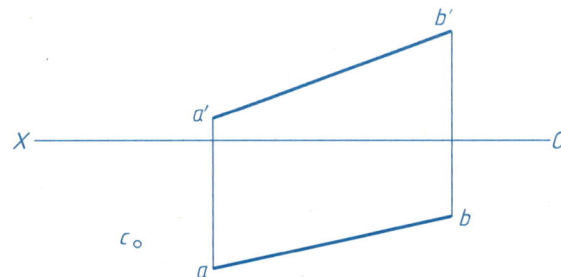

4.3-3　求两交叉直线 *AB*、*CD* 间的最短距离及其投影。

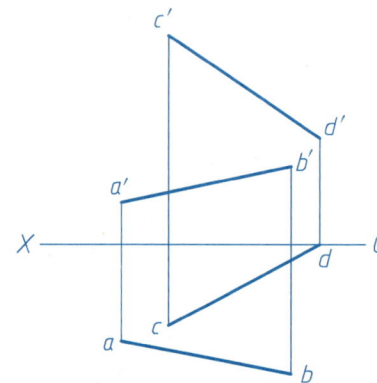

4.3-4　求两相交平面 *ABC* 和 *DEF* 的交线的投影，并判断可见性。

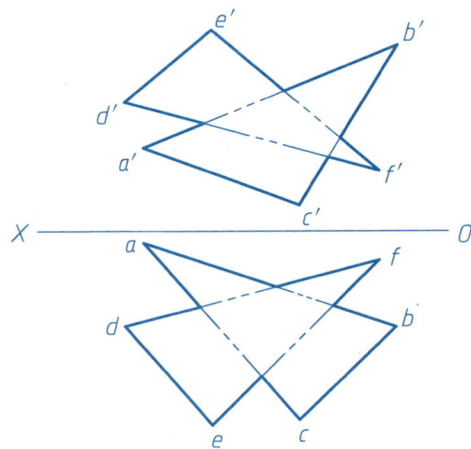

4.3-5　求作飞机挡风屏 *ABCD* 和玻璃面 *CDEF* 的夹角。

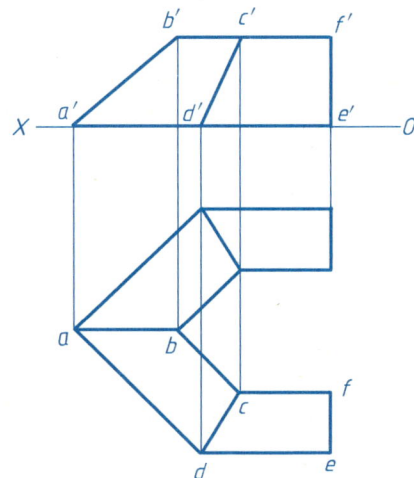

4.3-6　已知 *AB* 边上的高 *CD* 为 18mm，求作平面 *ABC* 的投影（按 1∶1 的比例作图）。

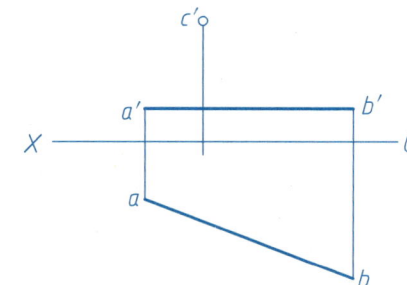

5.1　平面立体及其表面上的点	班级	姓名	学号

已知平面立体表面上点的一面投影，求作点的另两面投影。

（1）

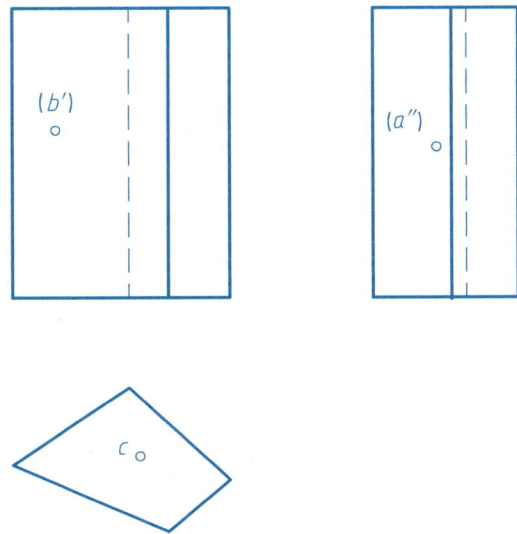

（2）

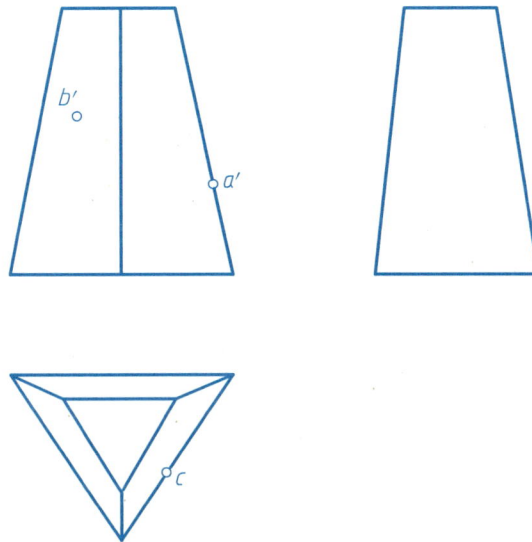

（3）

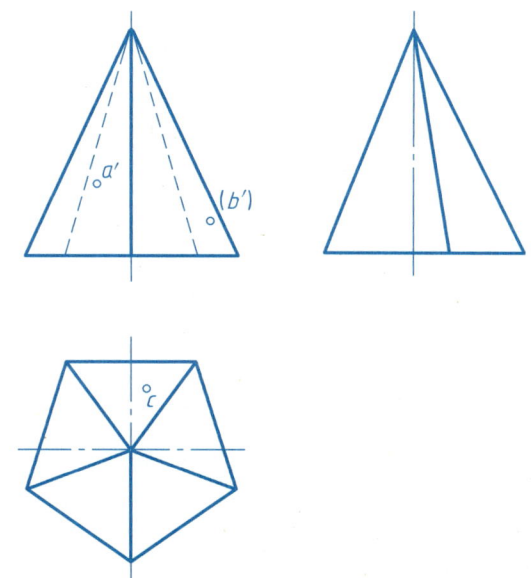

5.2　曲面立体及其表面上的点

已知曲面立体表面上点的一面投影，求作点的另两面投影。

（1）

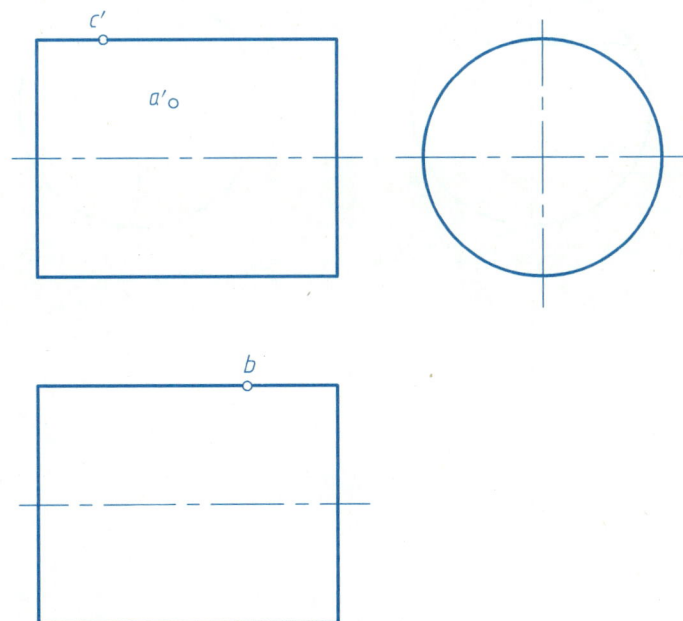

（2）

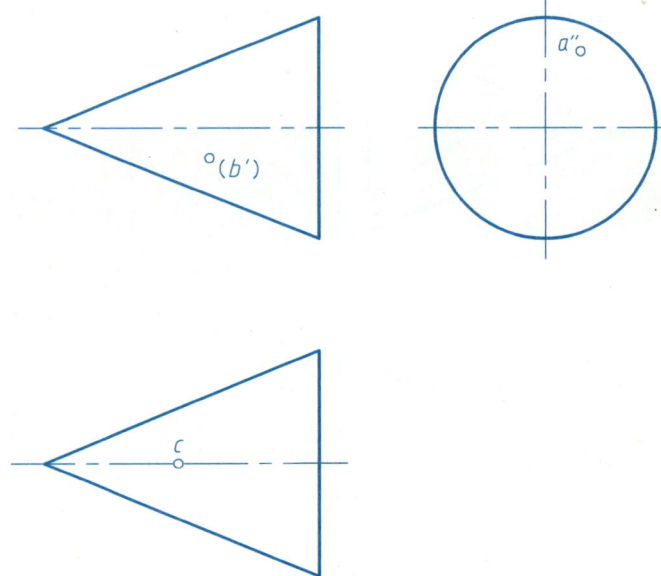

（3）

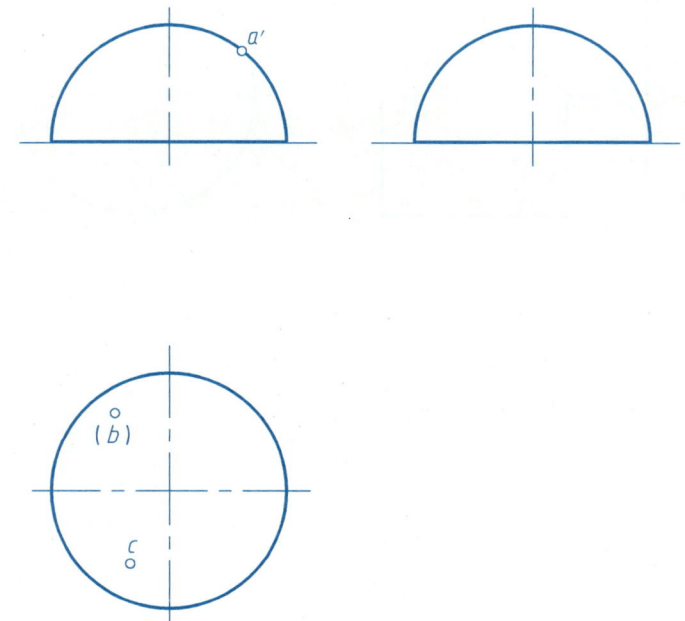

| 5.3　曲面立体投影及其表面上的点、线 | 班级 | 姓名 | 学号 |

已知立体的两面投影，以及立体表面上点或线的一面投影，试补画立体的第三面投影，并作出点或线的另两面投影。

（1）

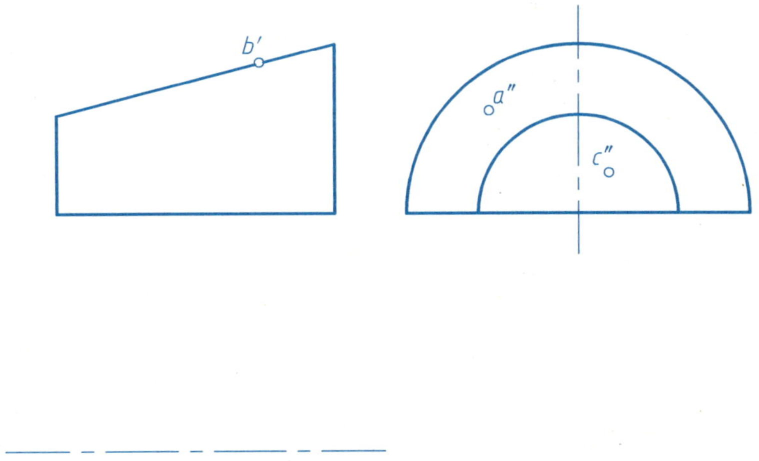

（2）

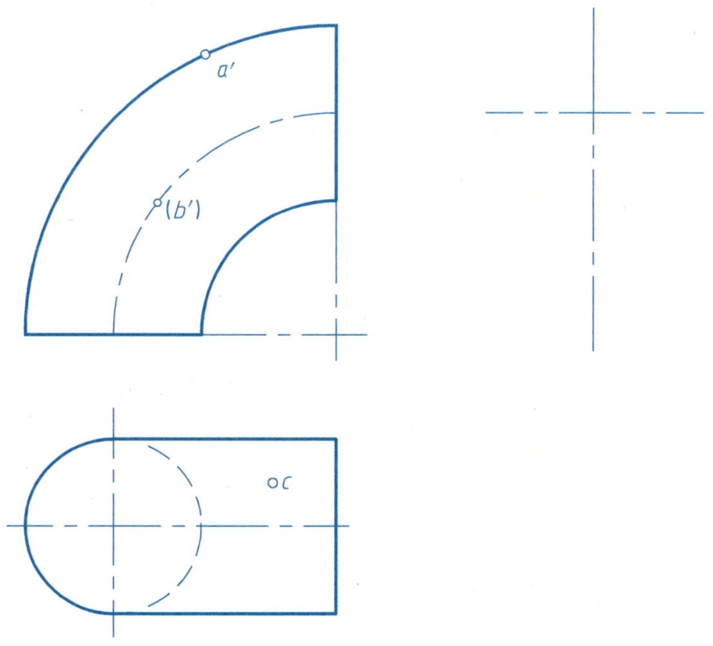

（3）

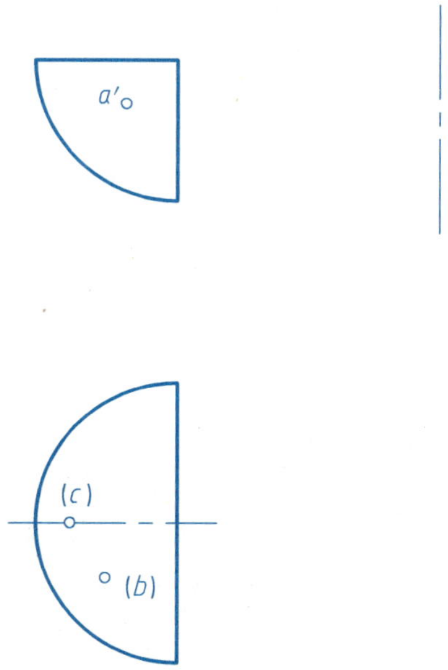

（4）

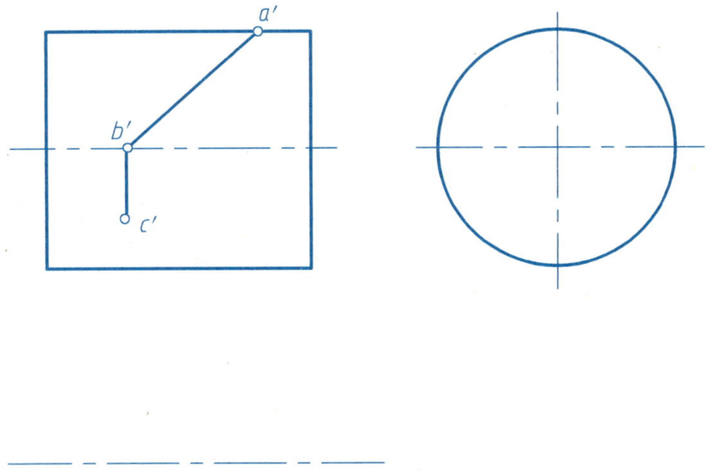

（5）

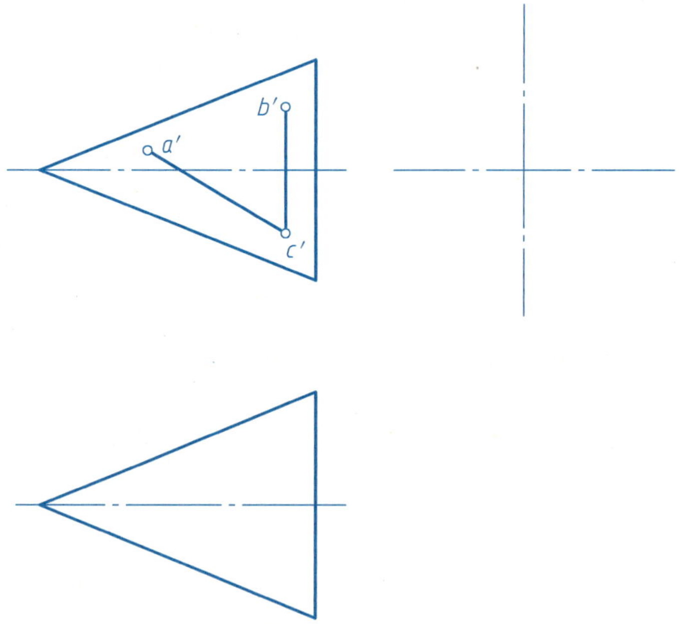

（6）

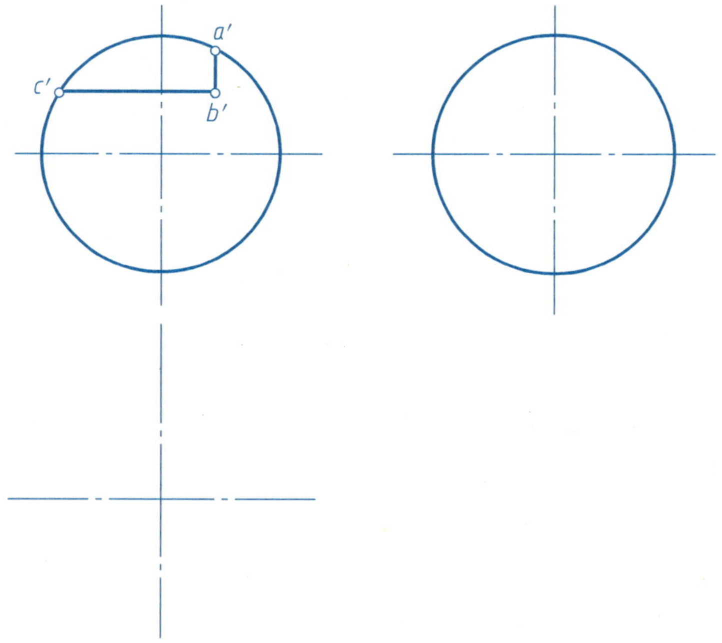

5.4 截交线（1）	班级	姓名	学号

5.4-1 补全下列切割体的投影。

（1）
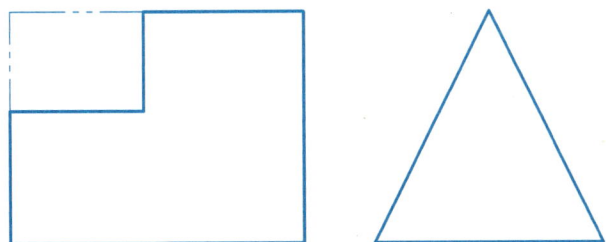

（2）
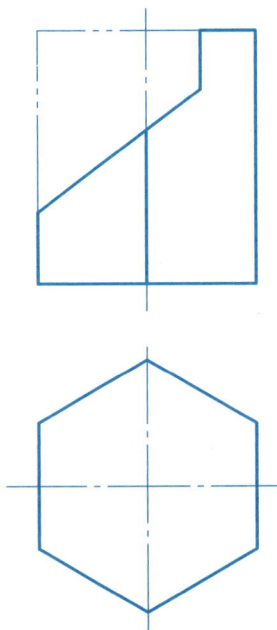

（3）
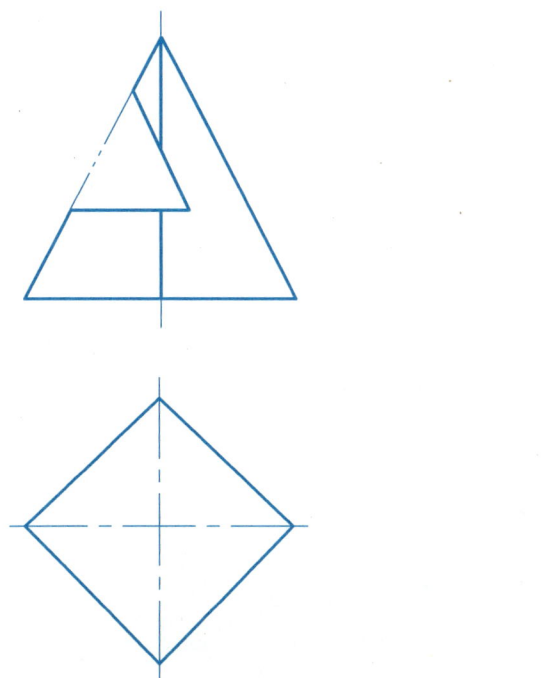

（4）

（5）
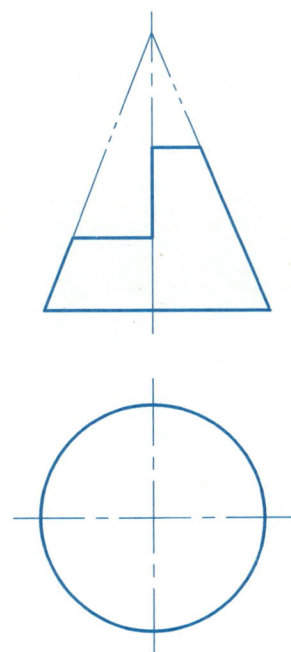

（6）
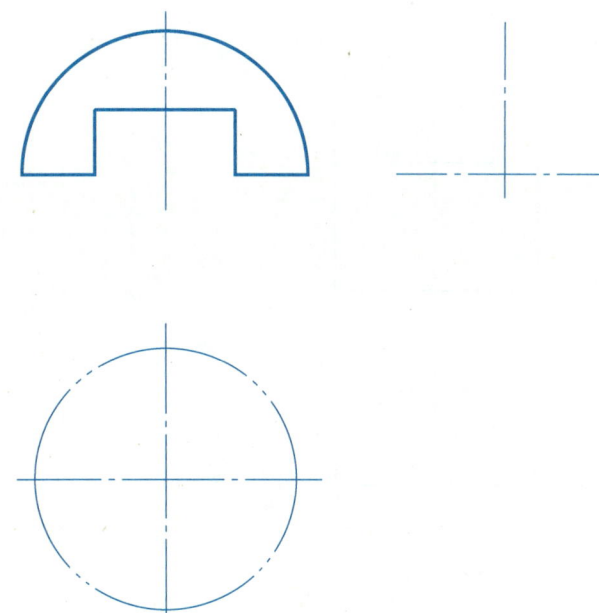

5.4　截交线（2）	班级	姓名	学号

5.4-2　补全下列切割体的投影。

（1）

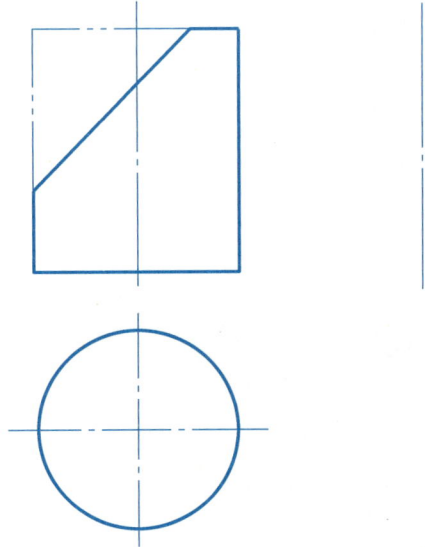

（2）

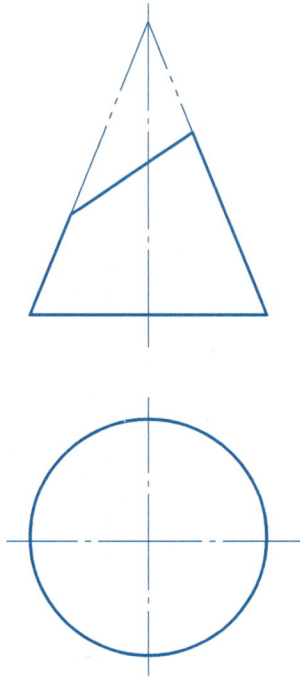

（3）

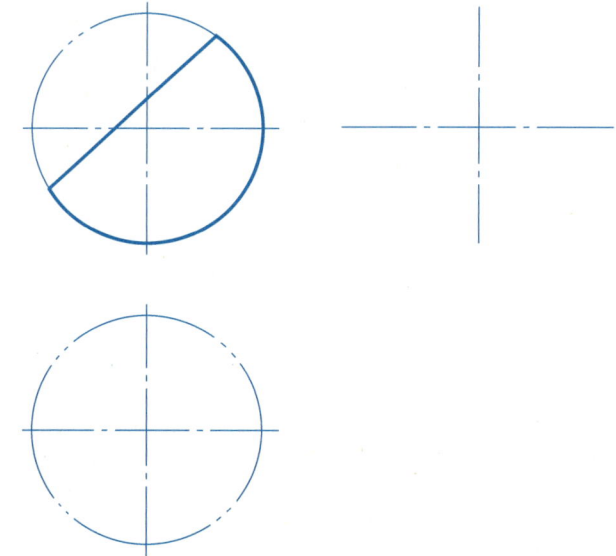

（4）

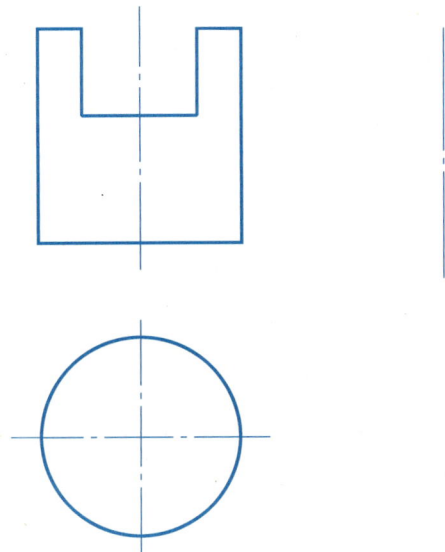

（5）

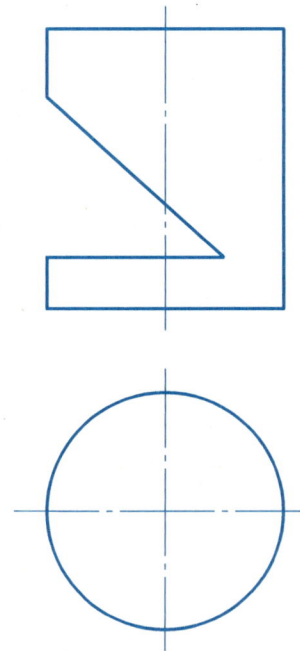

（6）

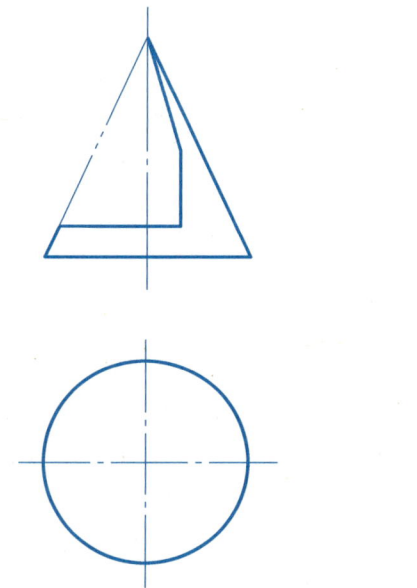

5.4　截交线（3）	班级　　　　　　姓名　　　　　　学号

5.4-3　补全下列切割体的投影或投影图中所缺的图线。

（1）

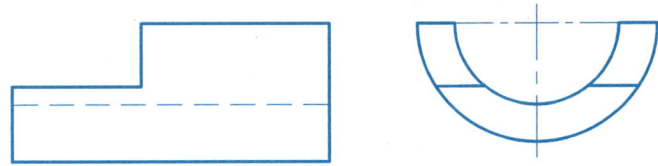

（2）

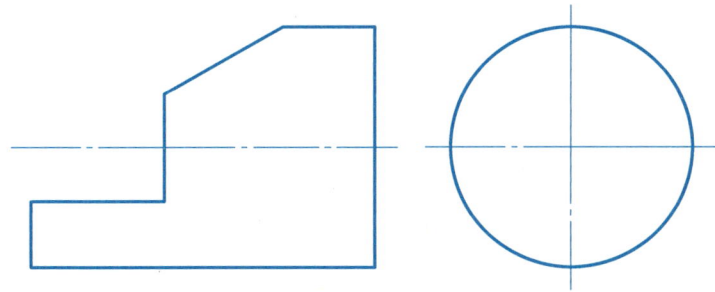

（3）

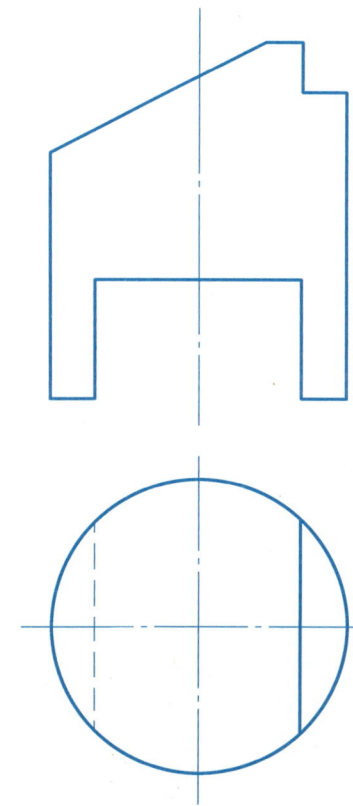

（4）

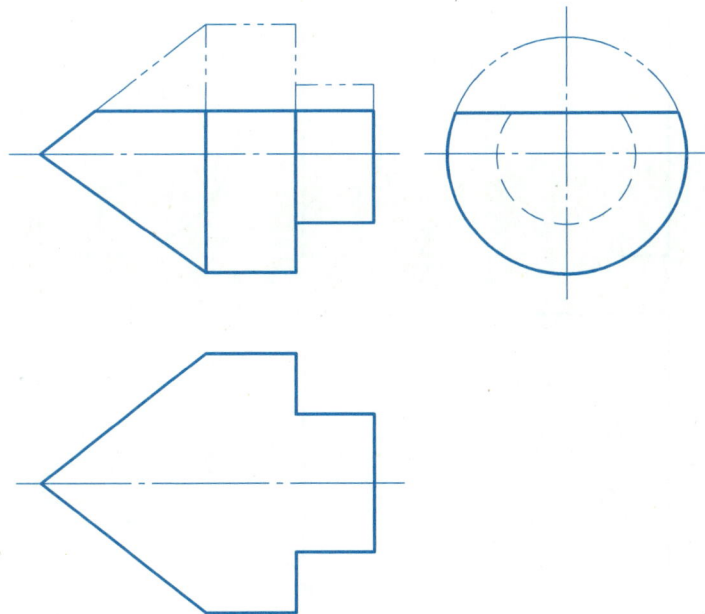

（5）

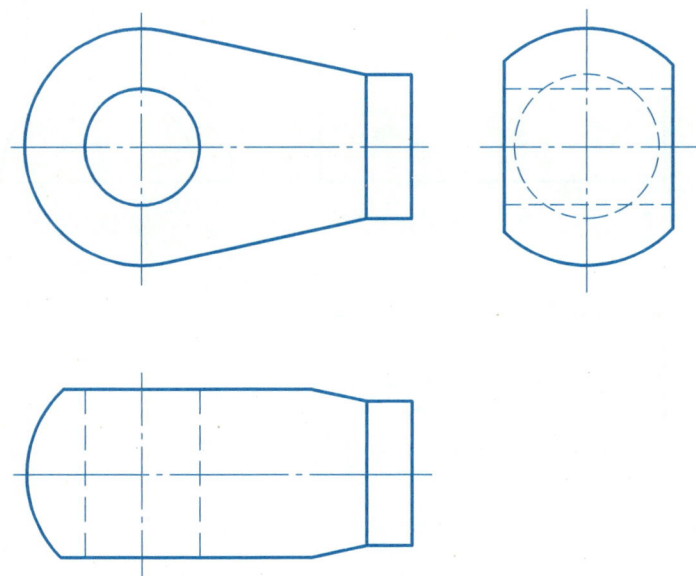

（6）

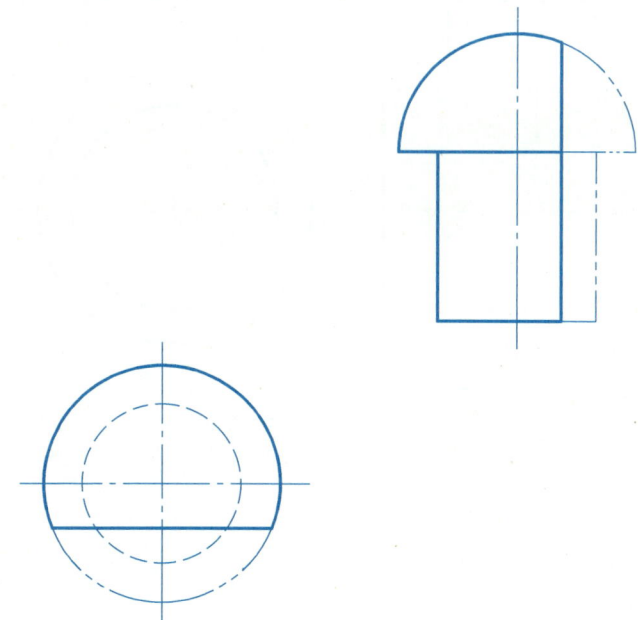

5.5　相贯线（1）	班级　　　　姓名　　　　学号

求下列立体相交的相贯线投影。

（1）
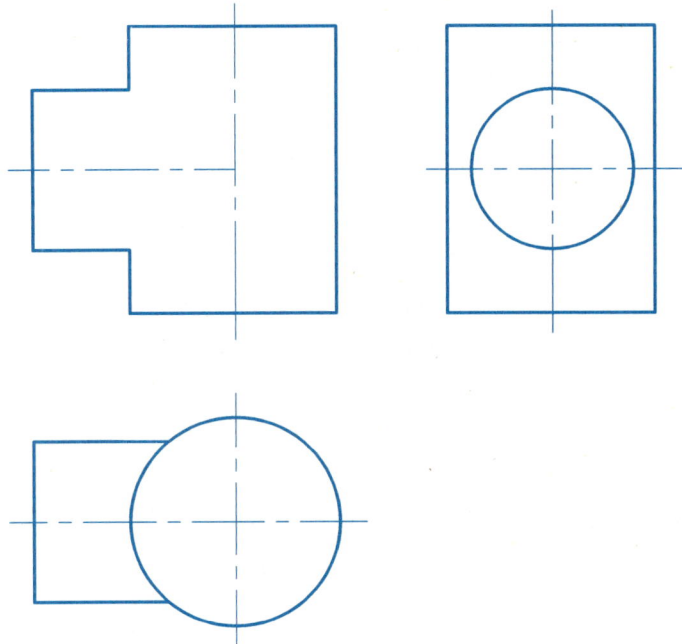

（2）
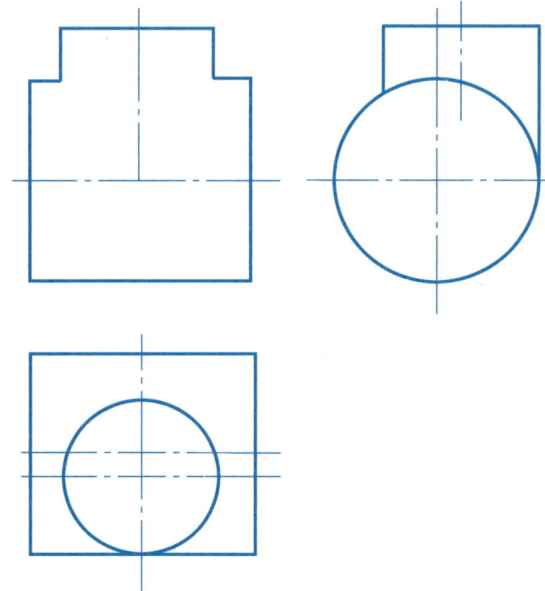

（3）
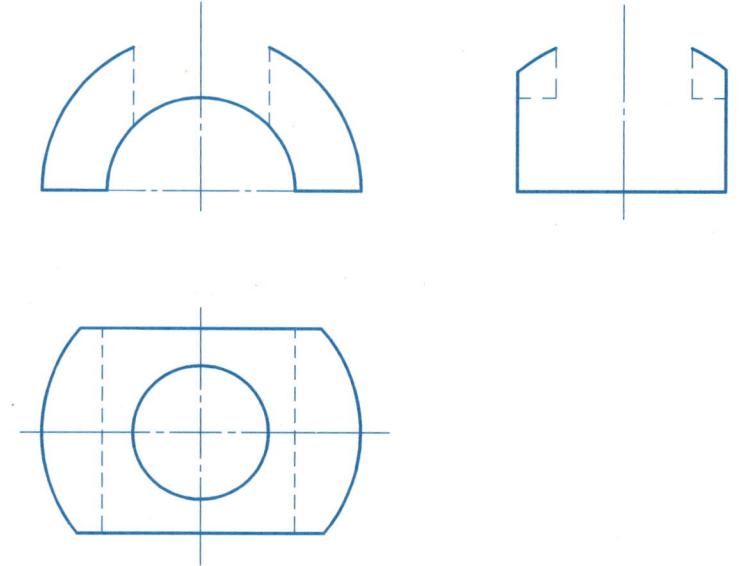

（4）
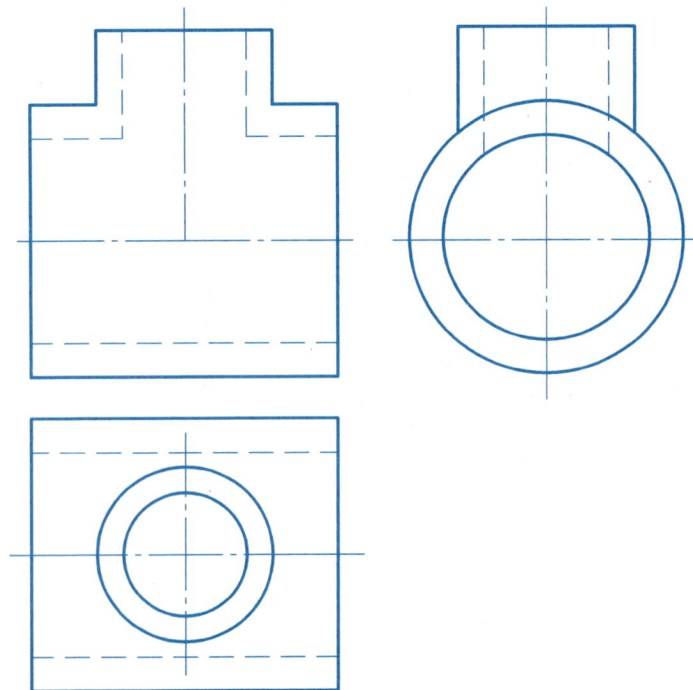

（5）
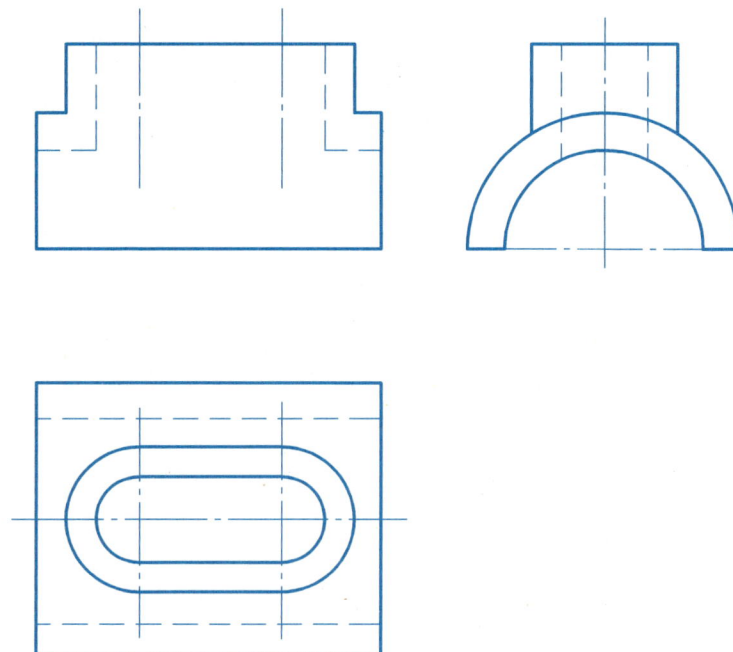

（6）
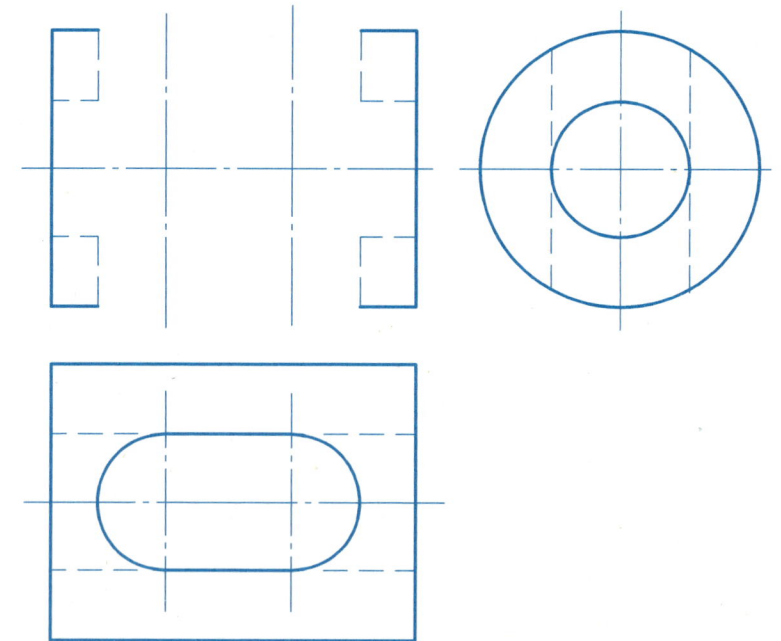

| 5.5 相贯线（2） | 班级 姓名 学号 |

求下列立体相交的相贯线投影。

（7）

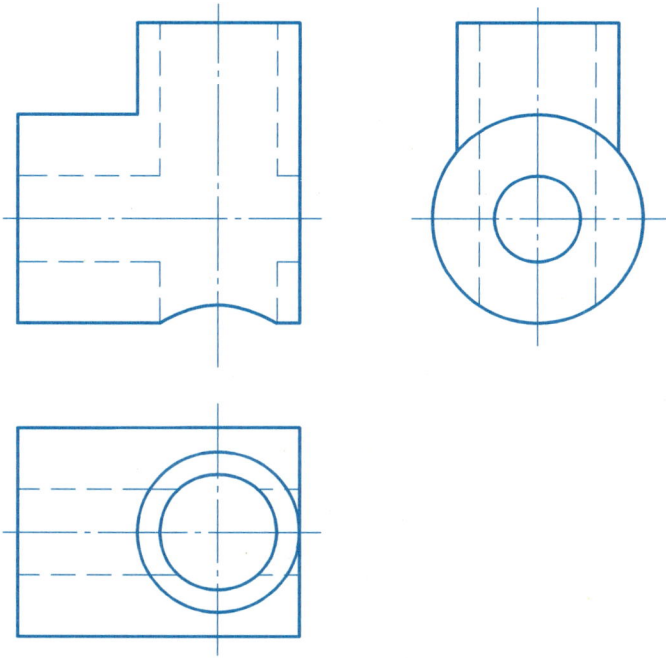

（8）

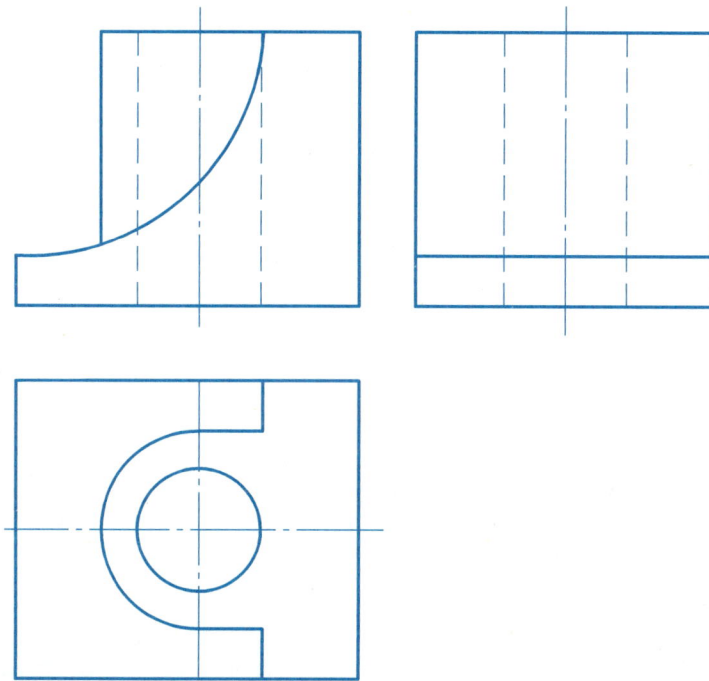

（9）

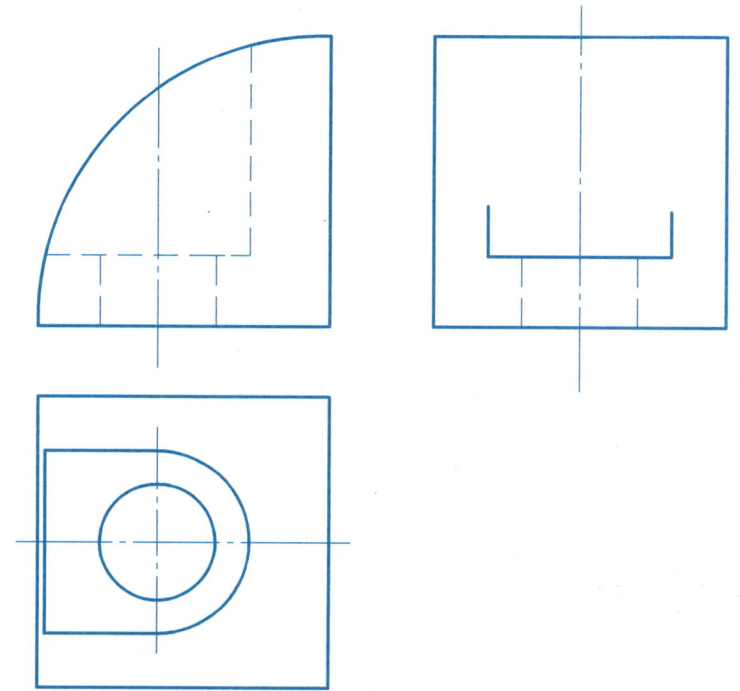

（10）

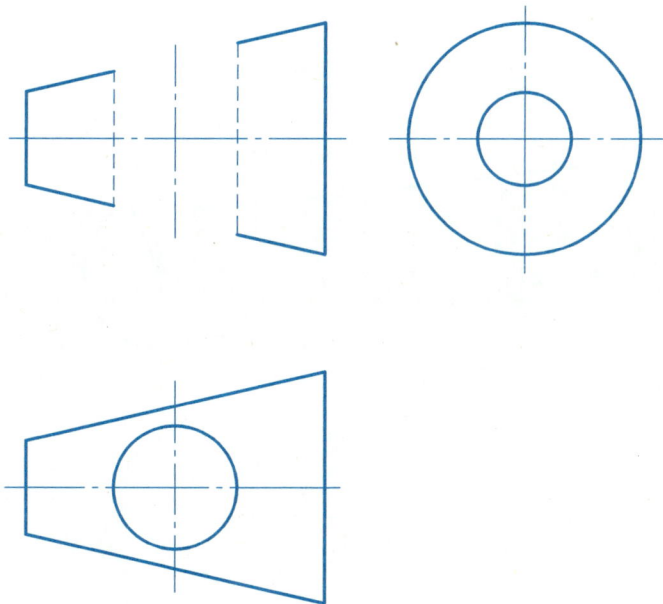

（11）

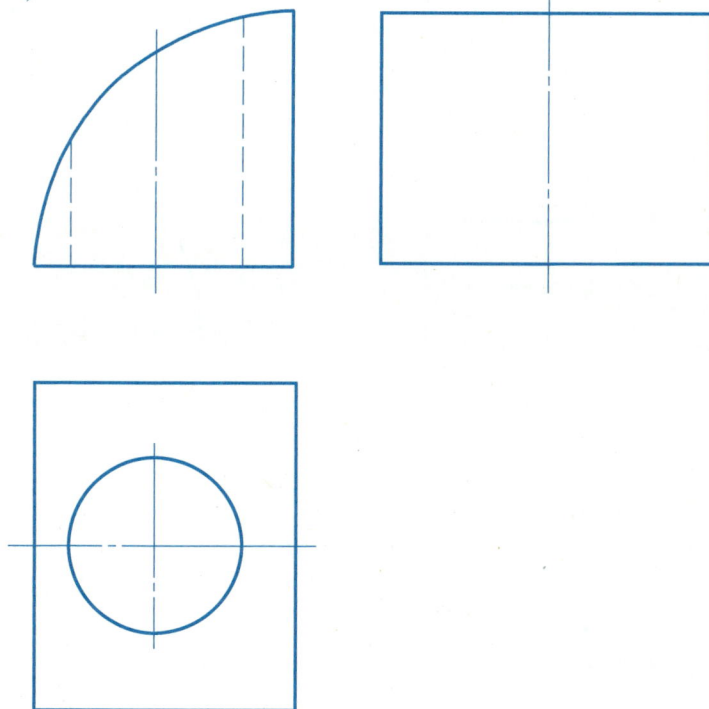

（12）

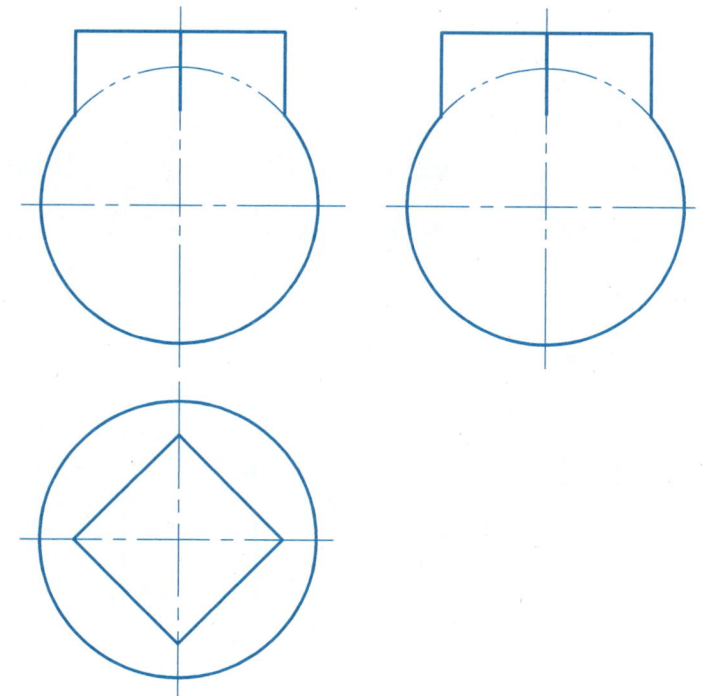

| 5.6 立体表面交线的分析 | 班级　　　　姓名　　　　学号 |

5.6-1　分析三视图，完成相贯线的三面投影。

（1）

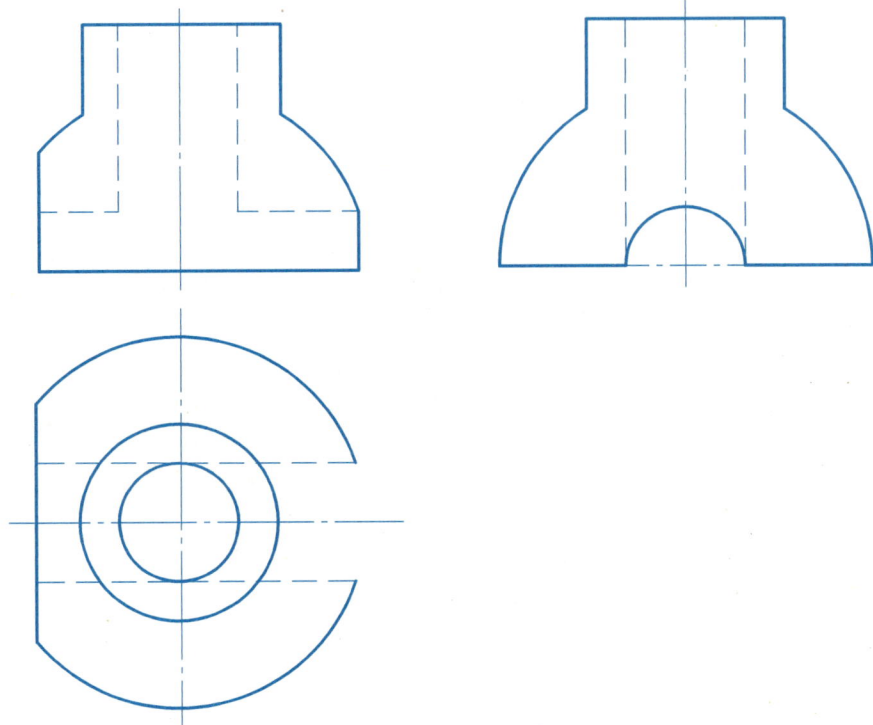

（2）

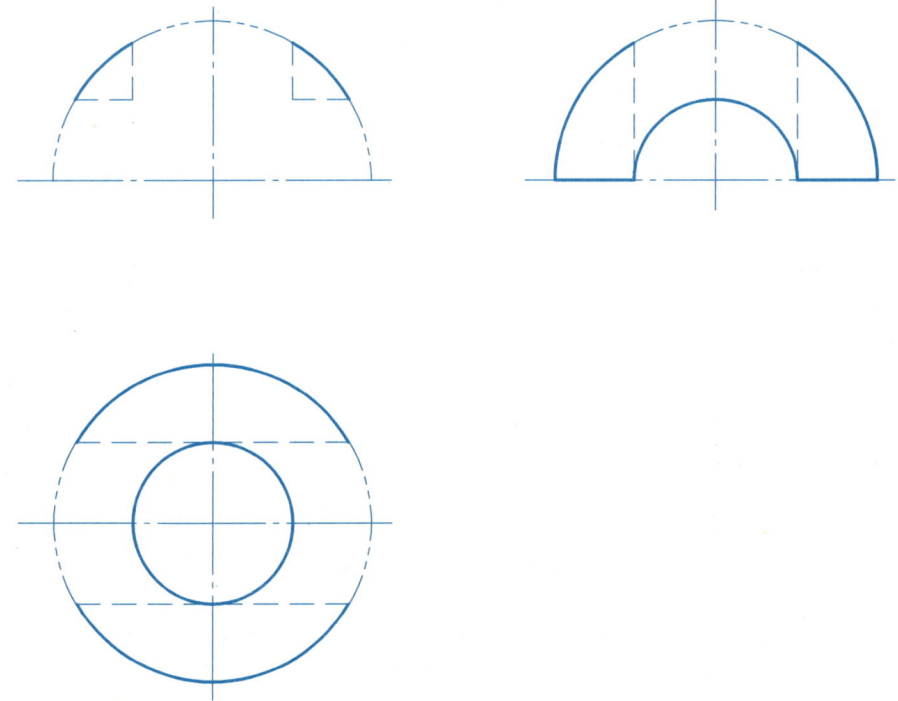

5.6-2　分析视图，完成相贯线的投影。

（1）

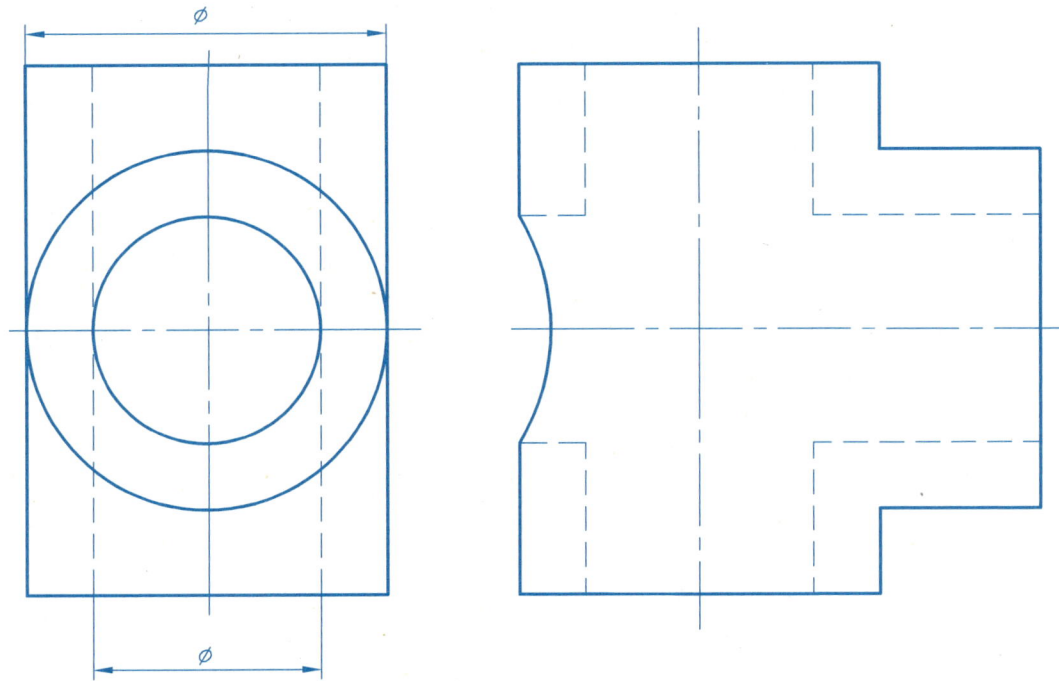

（2）

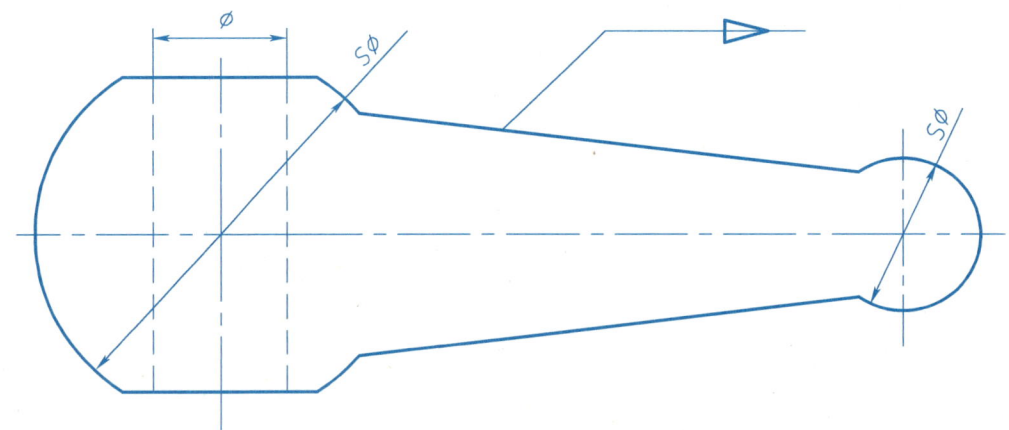

6.1 由立体图画组合体投影图（1）

6.1－1　自定比例，根据立体图徒手画出组合体的三视图（图中槽和孔是通槽和通孔，曲面是圆柱面）。

（1）　　　　　　　　　（2）　　　　　　　　　（3）　　　　　　　　　（4）　　　　　　　　　（5）　　　　　　　　　（6）

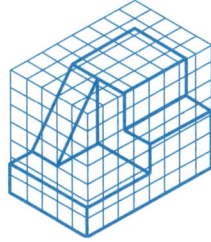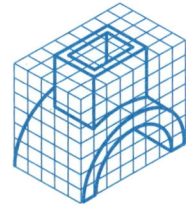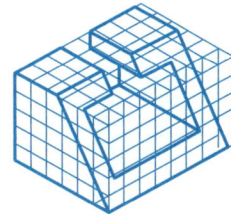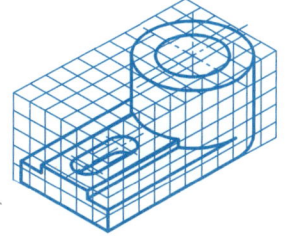

(1)

(2)

(3)

(4)

(5)

(6)

6.1　由立体图画组合体投影图（2）　　班级　　　　姓名　　　　学号

6.1-2　根据立体图补全三视图中所缺的图线。

（1）

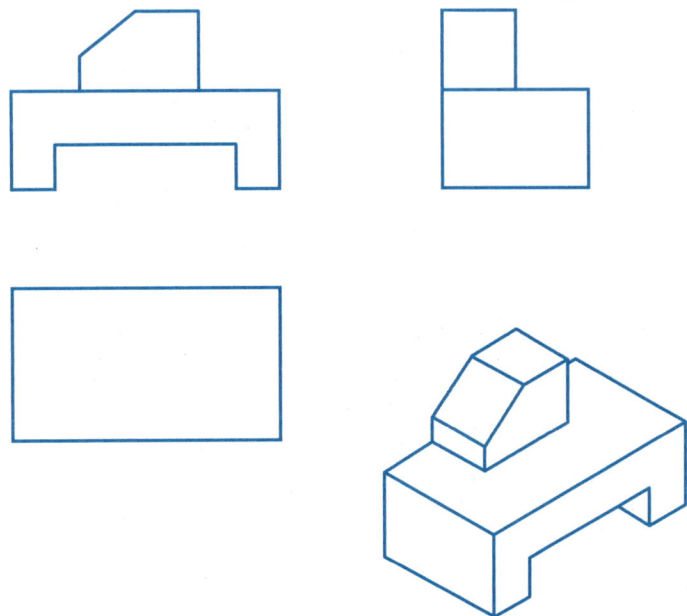

（2）

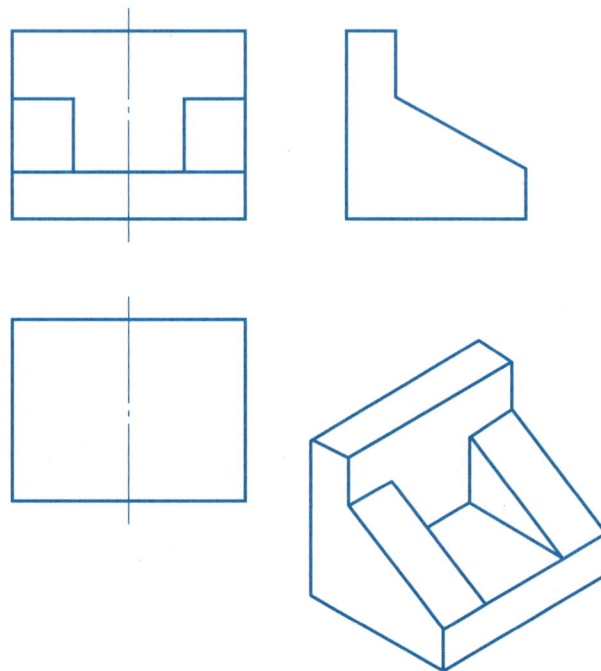

（3）

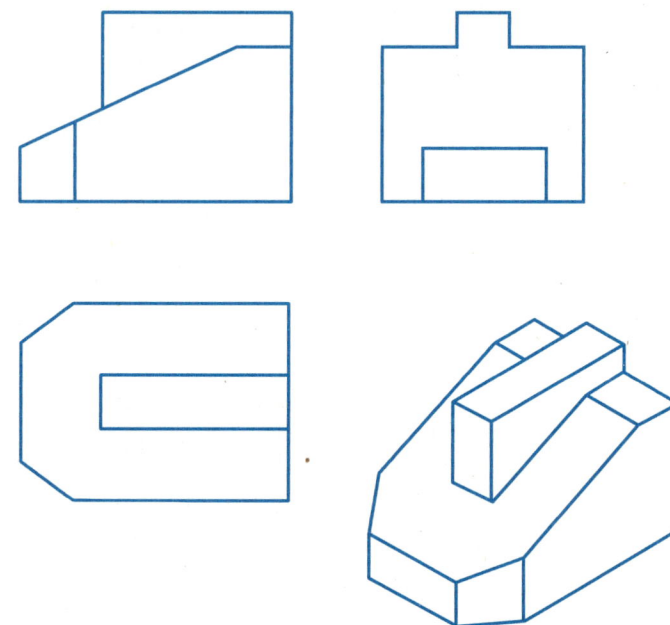

（4）

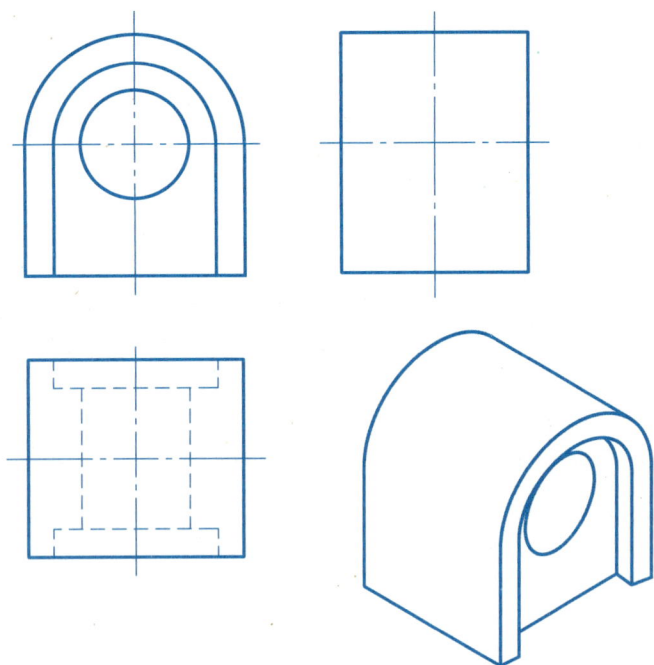

（5）

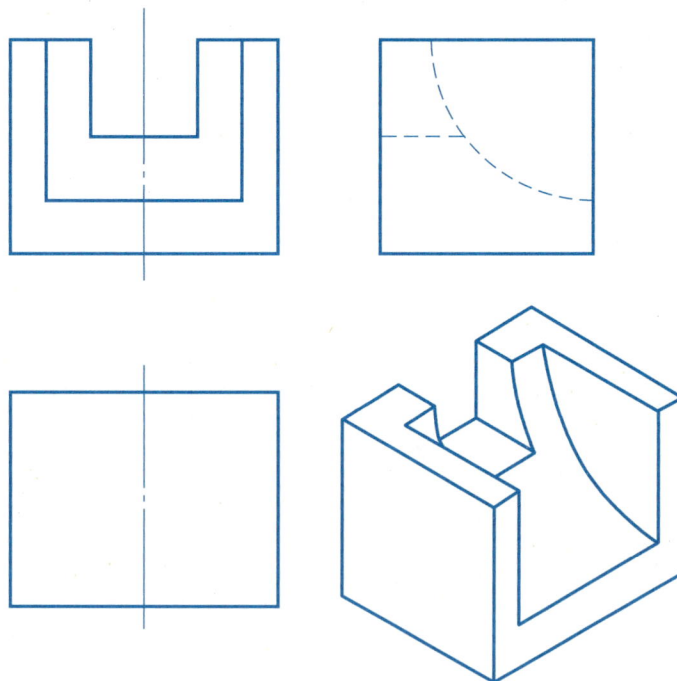

（6）

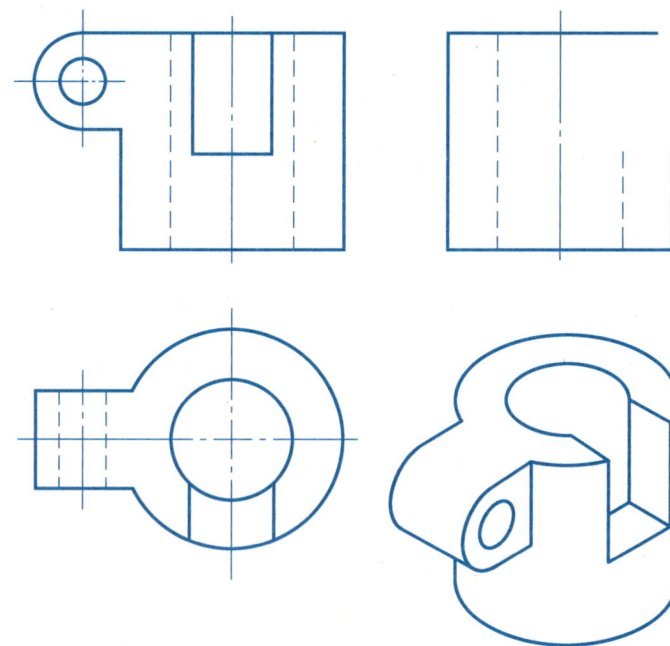

| 6.1　由立体图画组合体投影图（3） | 班级　　　　　姓名　　　　　学号 |

6.1-2　根据立体图补全三视图中所缺的图线。

（7）

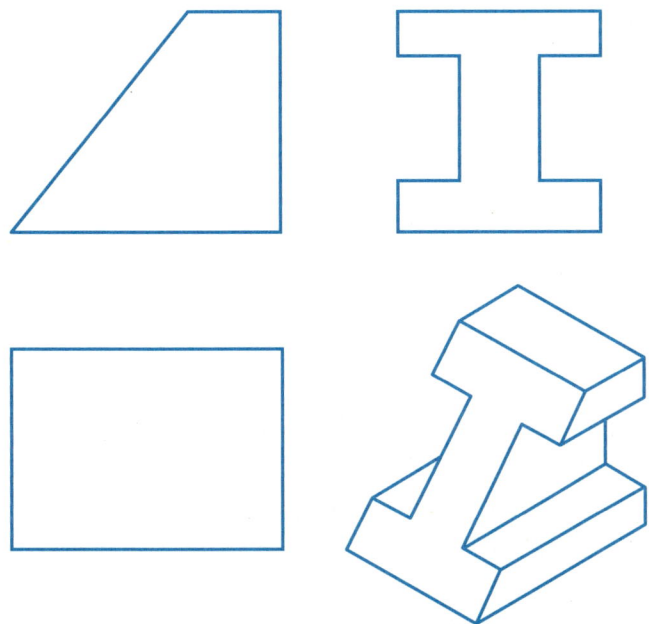

（8）

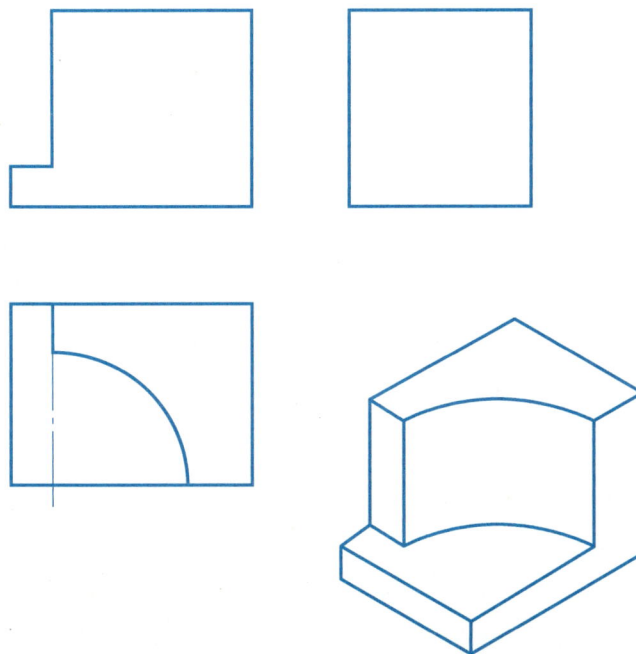

（9）

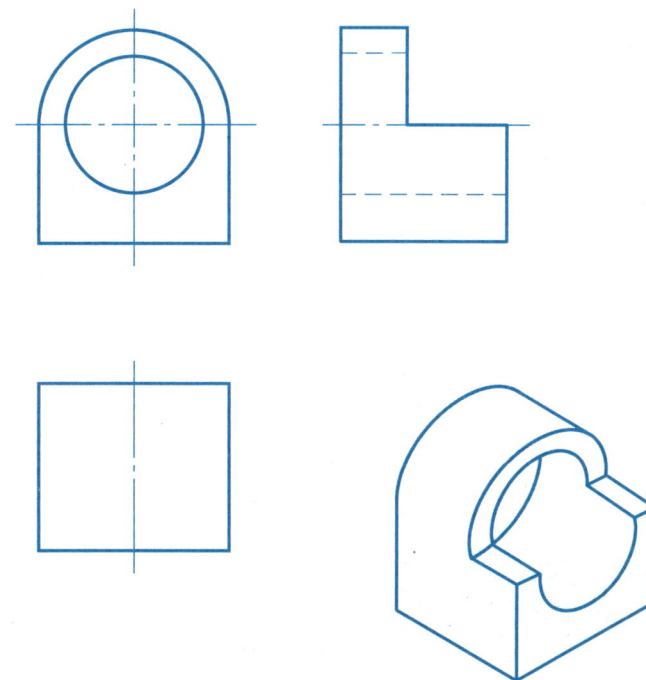

（10）

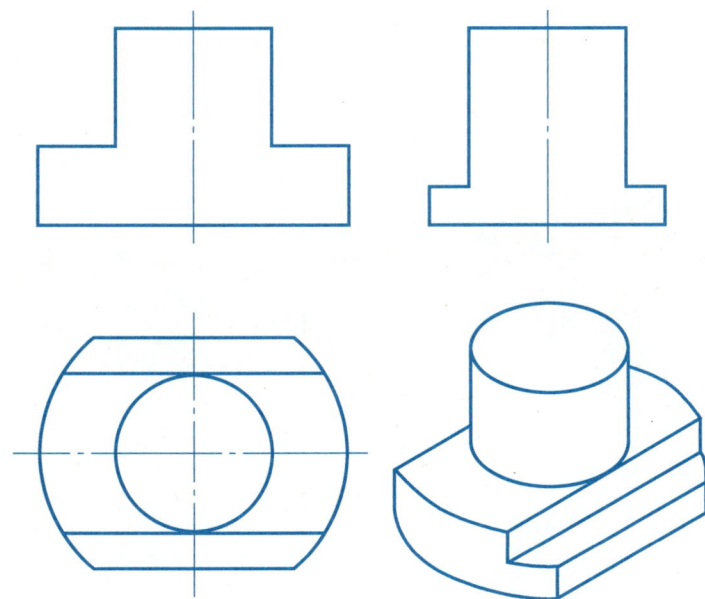

（11）

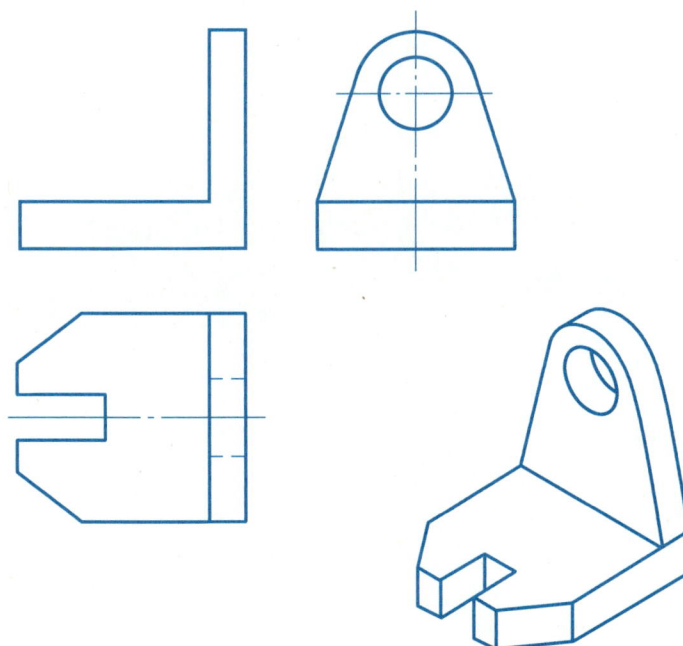

（12）

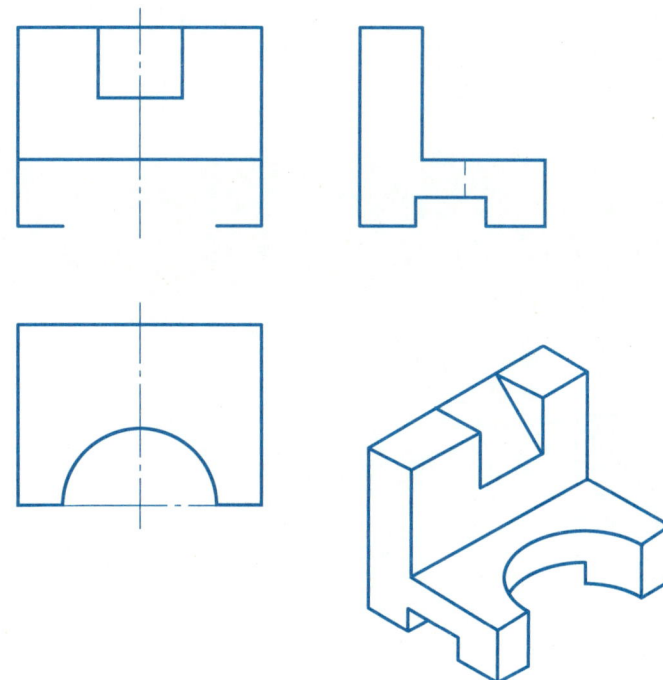

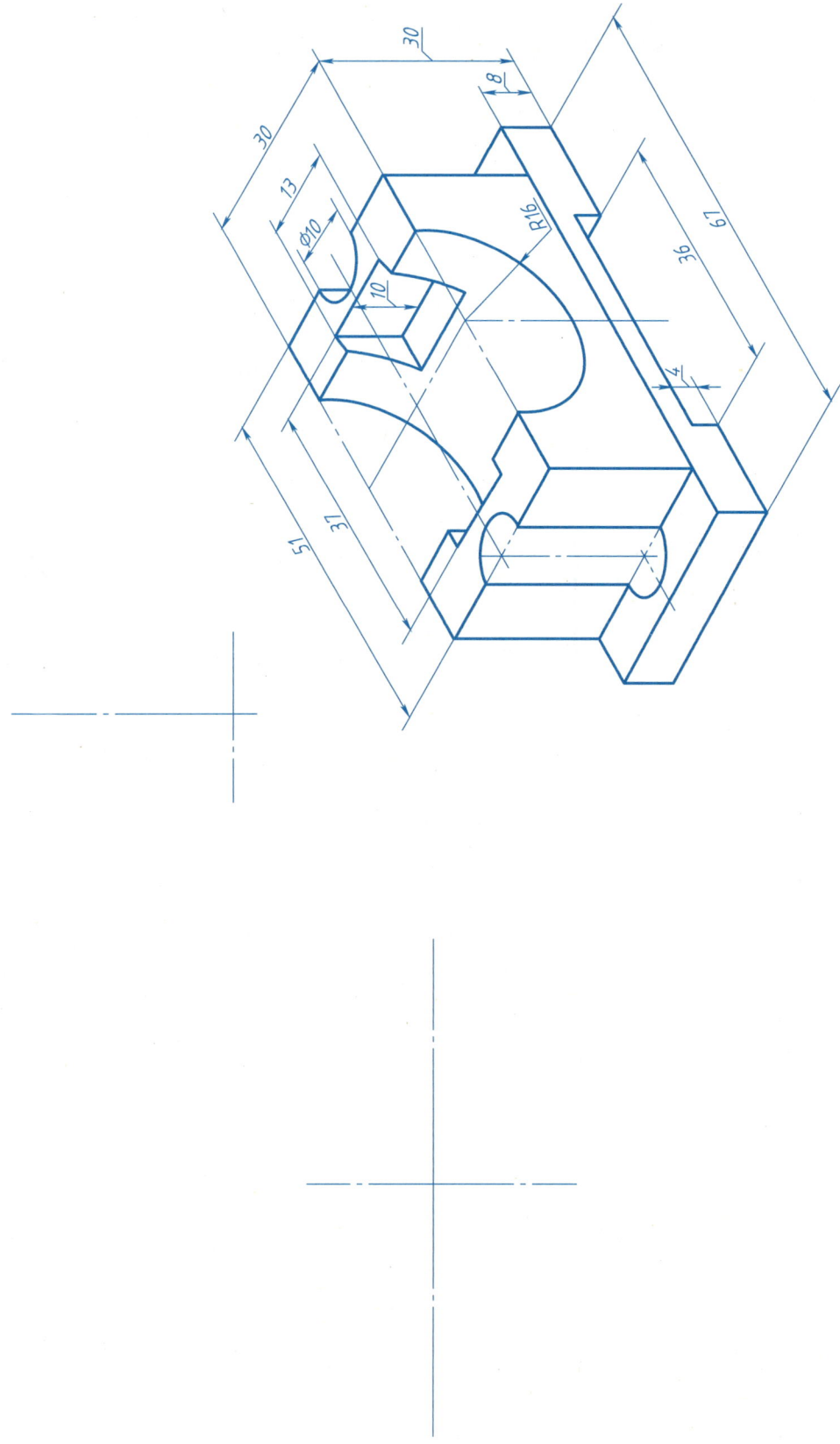

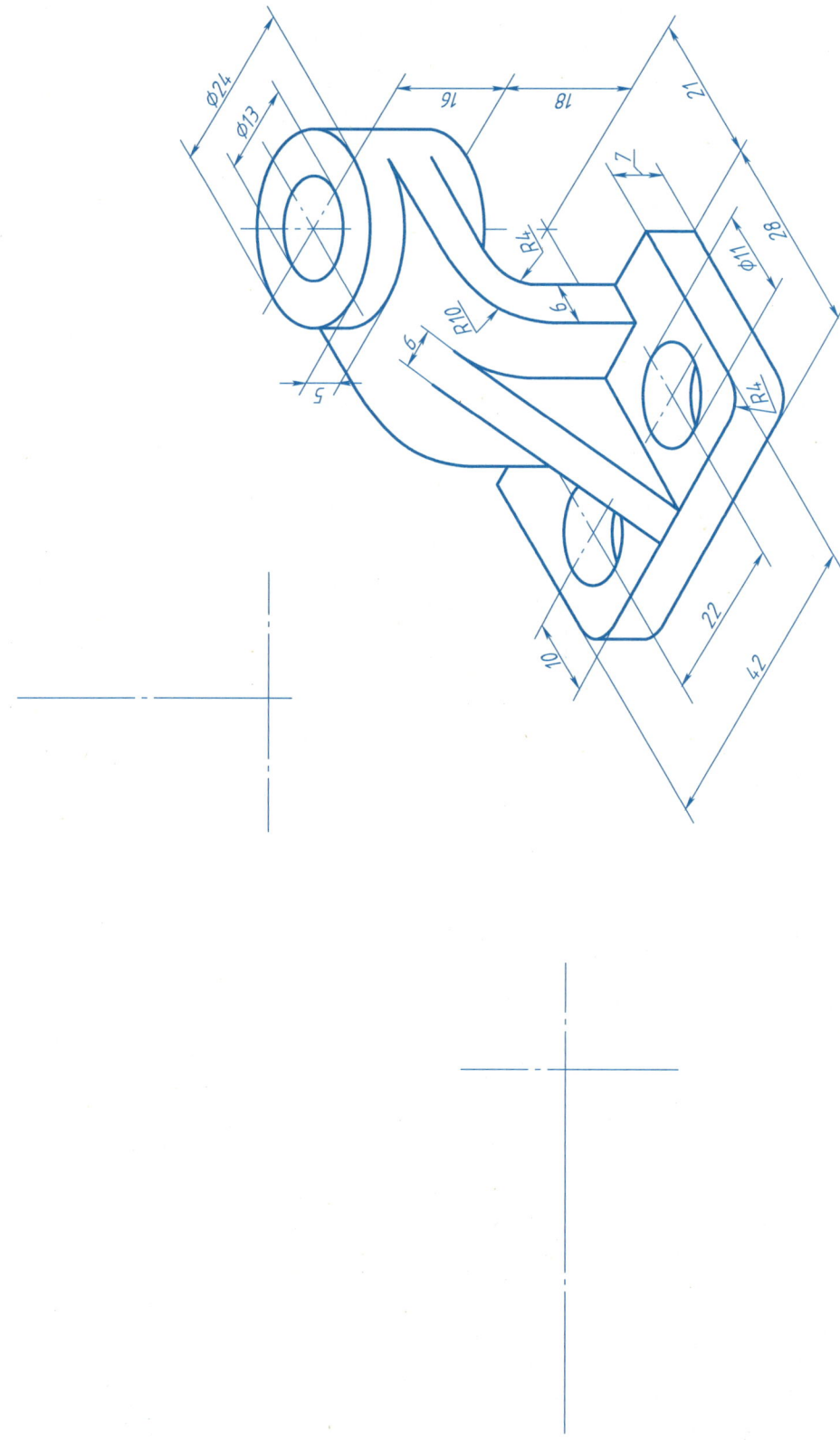

班级　　姓名　　学号

6.1　由立体图画组合体投影图（4）

6.1-3　根据立体图，在指定位置采用 1∶1 的比例画出组合体的三视图。

(1)

(2)

30

6.2　组合体的尺寸标注（1）	班级	姓名	学号

6.2－1　标注组合体的尺寸（尺寸数值按 1∶1 的比例从图中量取并取整数）。

（1）

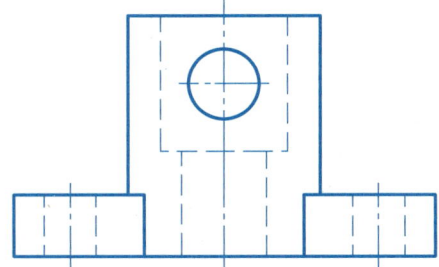

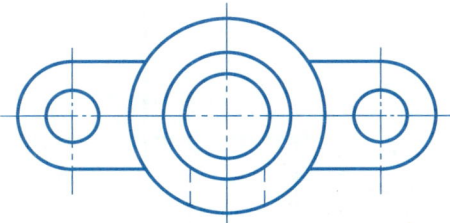

（2）

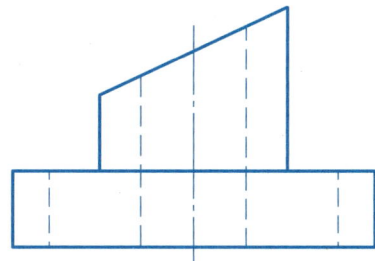

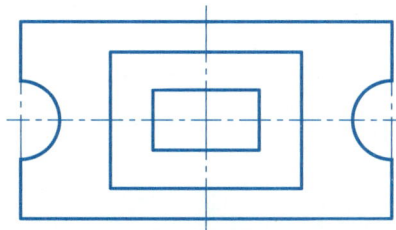

（3）

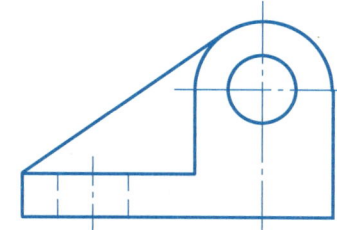

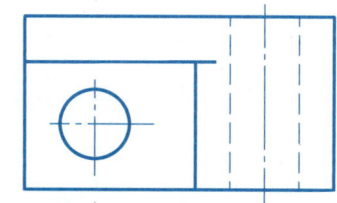

（4）

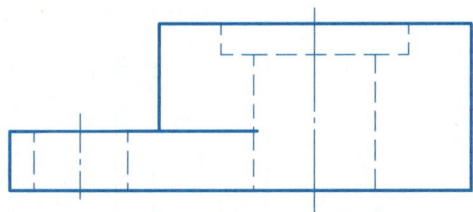

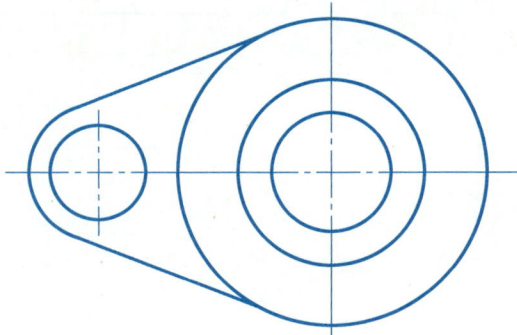

（5）

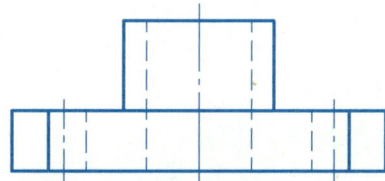

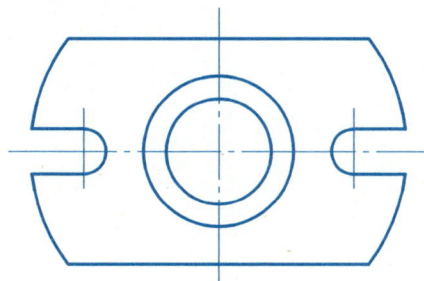

（6）

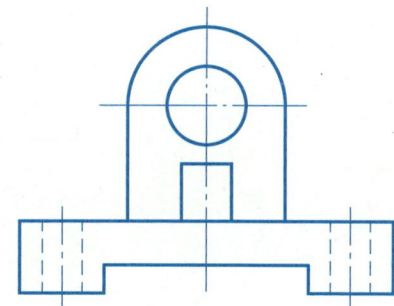
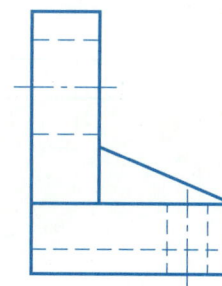

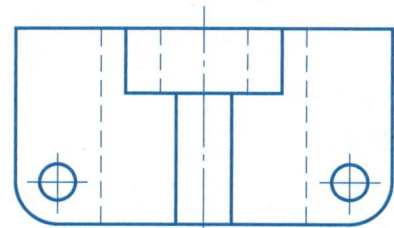

6.2　组合体的尺寸标注（2）	班级　　　　　姓名　　　　　学号

6.2-2　补全组合体视图中所缺的尺寸，并指明长、宽、高三个方向的尺寸基准（尺寸数值按 1:1 的比例从图中量取并取整数）。

（1）
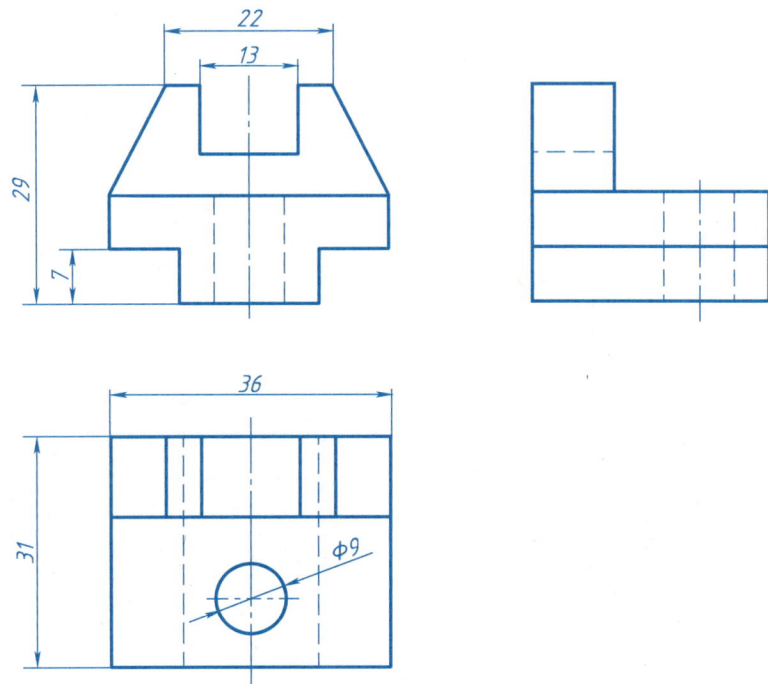

（2）
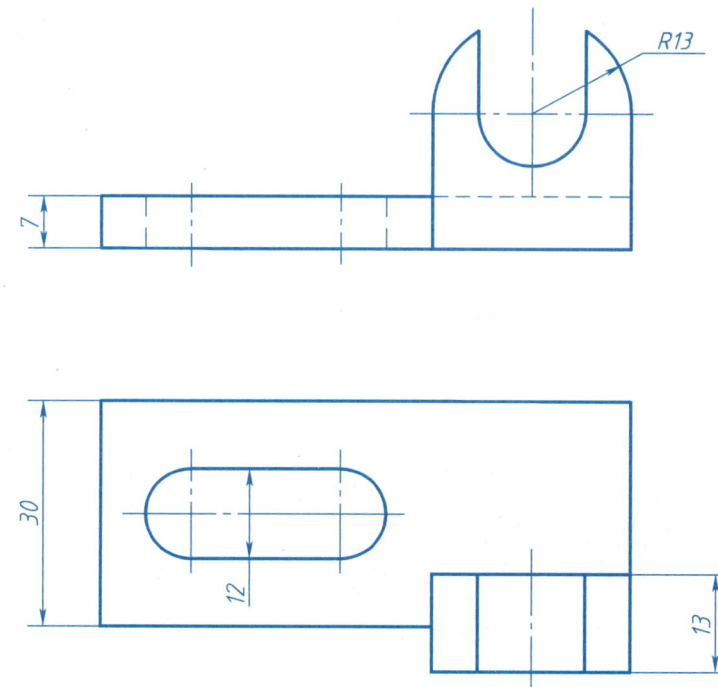

（3）
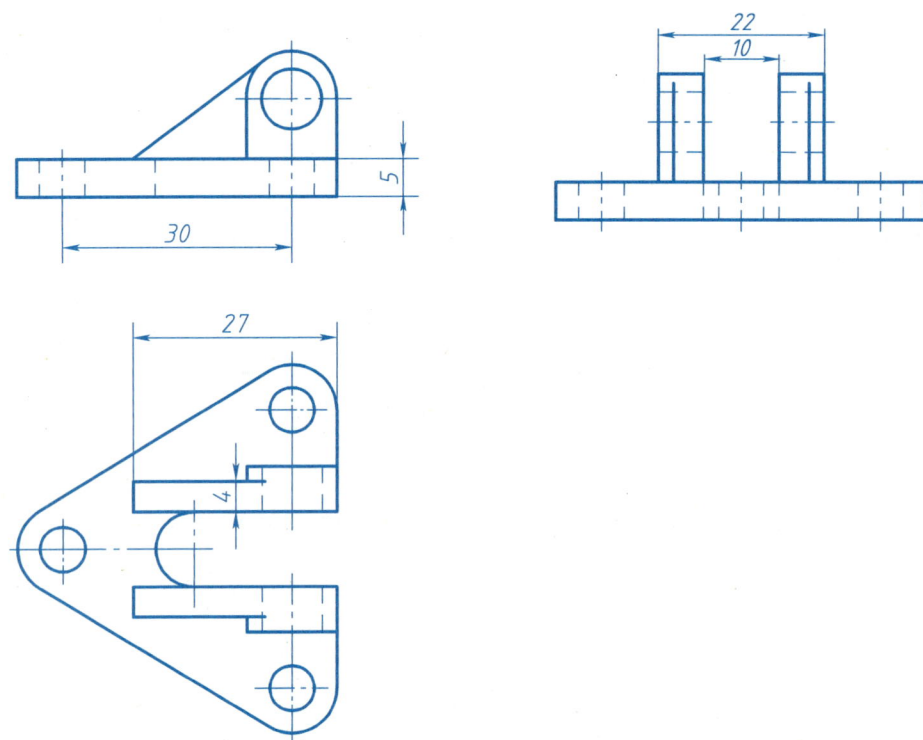

（4）
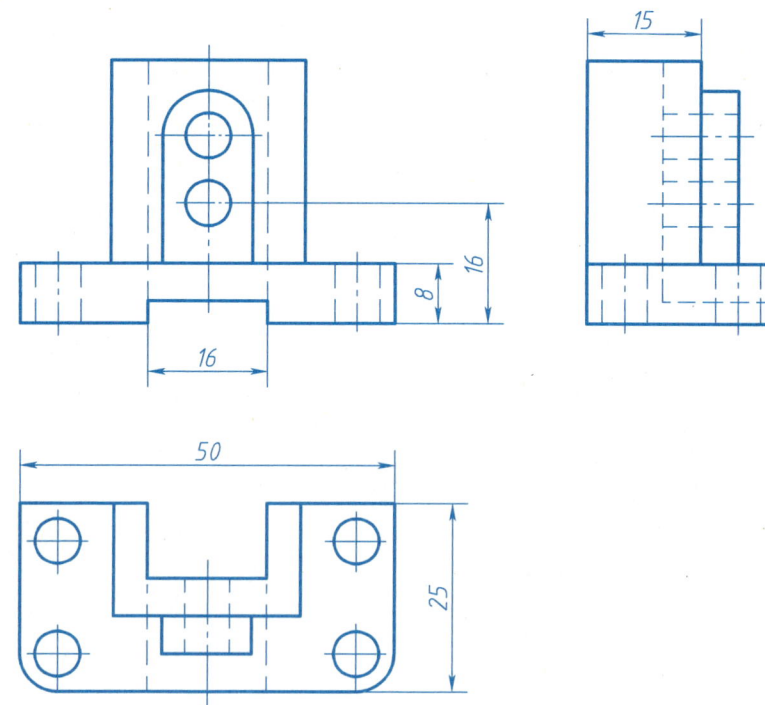

6.3 组合体上线、面的空间位置分析　　　　班级　　　　姓名　　　　学号

在组合体上做线、面分析（标出指定的图线或线框的其他投影，并完成填空）。

（1）

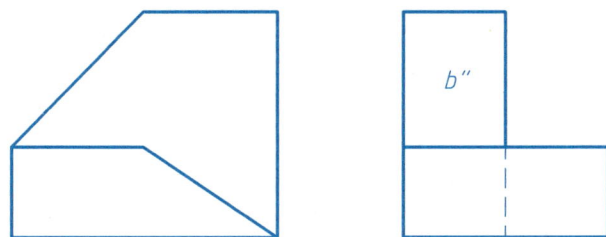

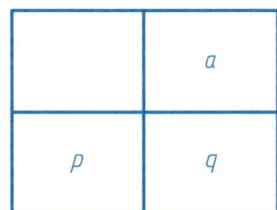

B面是_____面；
Q面是_____面；
A面在P面之____。

（2）

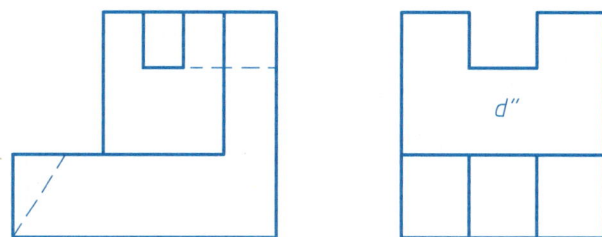

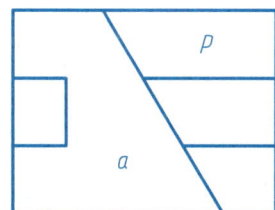

A面是_____面；
D面是_____面；
A面在P面之____。

（3）

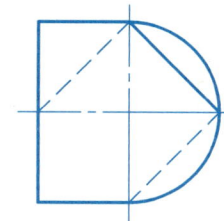

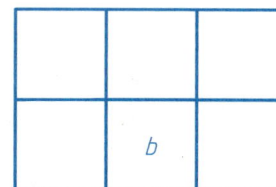

A面是_____面；
B面是_____面；
D面是_____面。

（4）

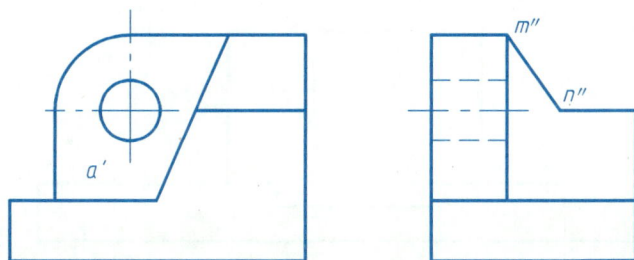

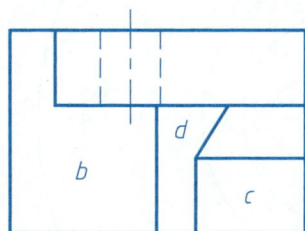

A面是_____面；
D面是_____面；
B面在C面之____。

（5）

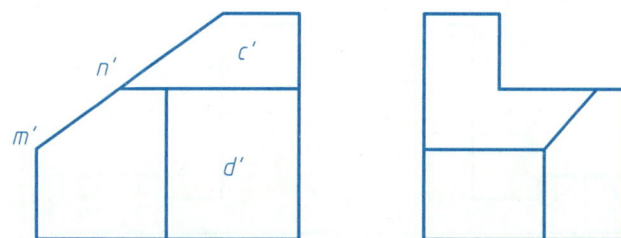

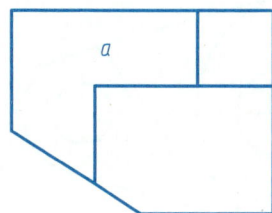

A面是_____面；
MN是_____线；
D面在C面之____。

（6）

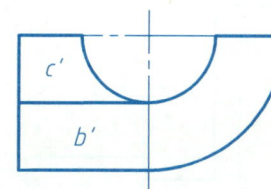

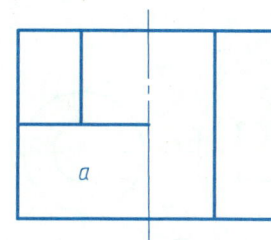

A面是_____面；
B面是_____面；
B面在C面之____。

6.4 读组合体的视图（1）　　　　班级　　　　姓名　　　　学号

6.4－1 补全组合体视图中所缺的图线。

（1）
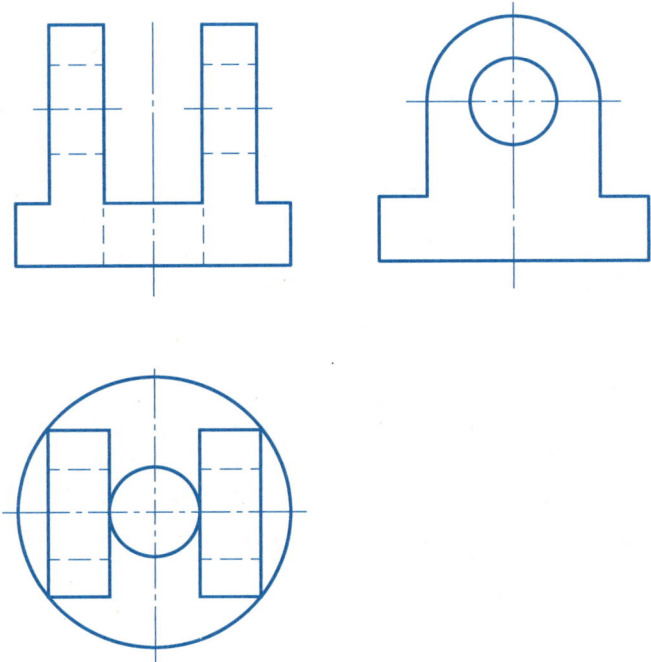

（2）
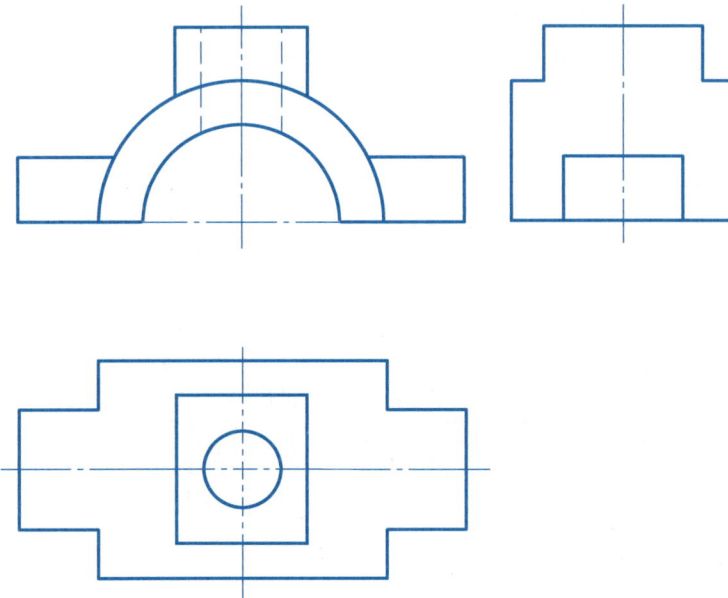

（3）
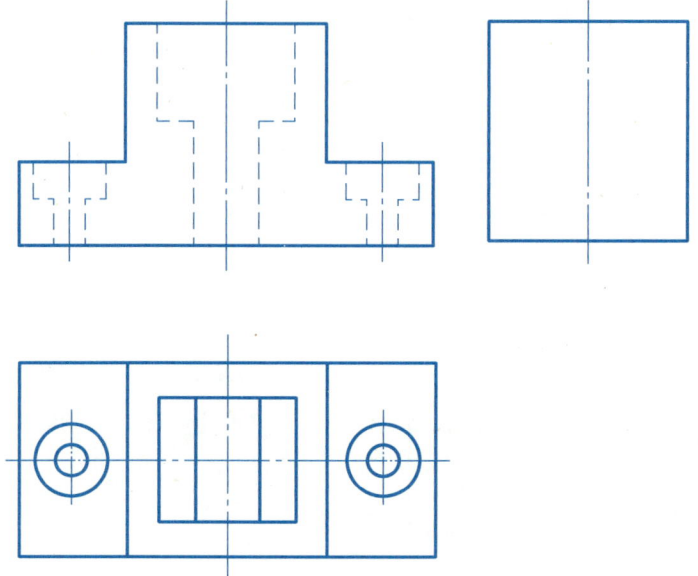

（4）
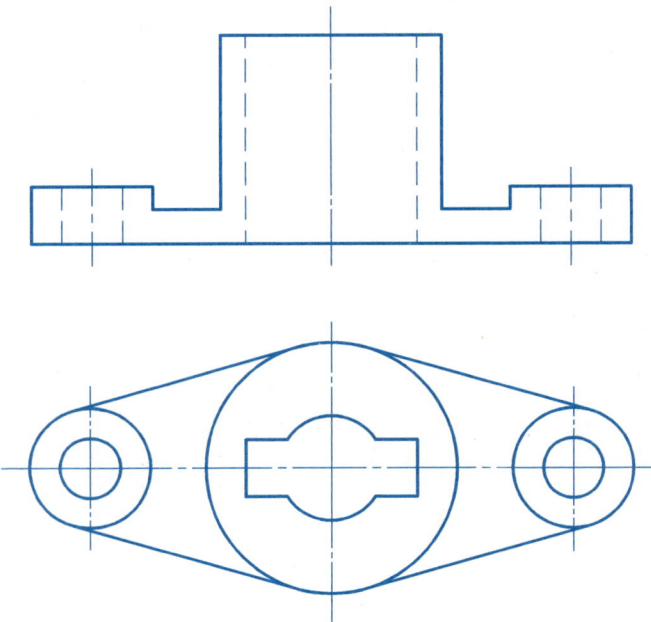

（5）
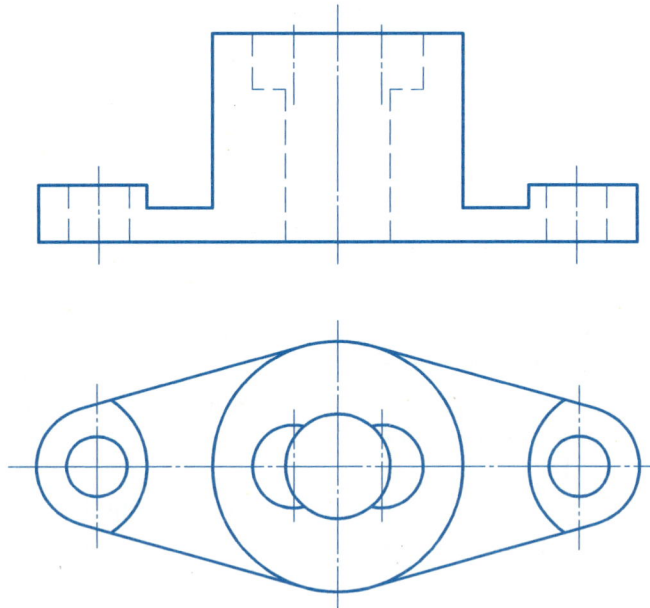

（6）
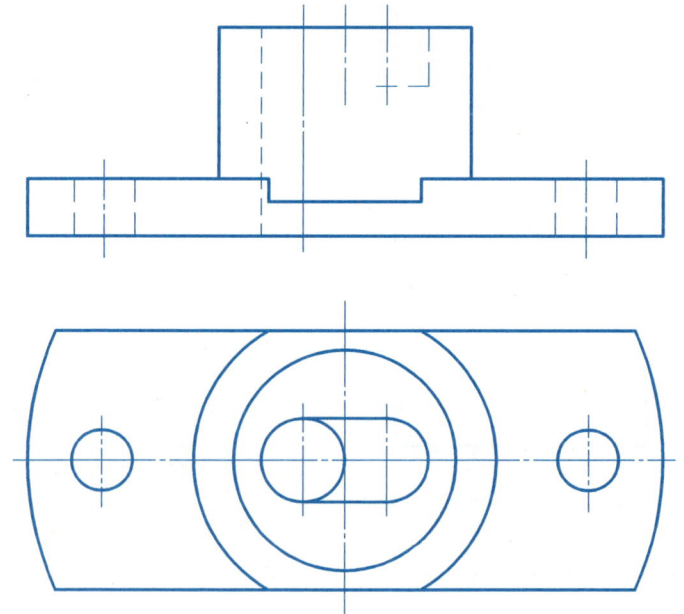

6.4　读组合体的视图（2）	班级　　　　　姓名　　　　　学号

6.4-2　根据已知的两视图，想象出组合体的形状，并选择正确的第三视图。

（1）正确的俯视图是（　　）。

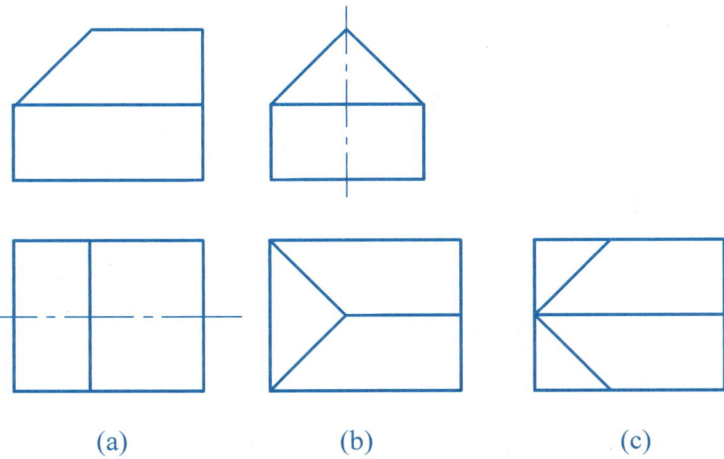

（a）　　　　　（b）　　　　　（c）

（2）正确的左视图是（　　）。

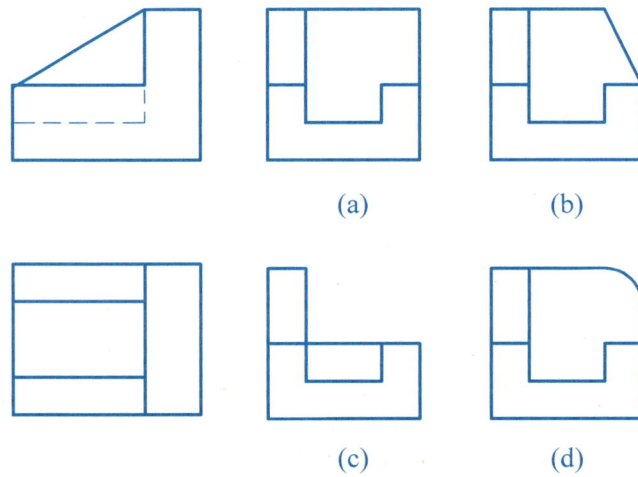

（a）　　　　　（b）

（c）　　　　　（d）

（3）正确的左视图是（　　）。

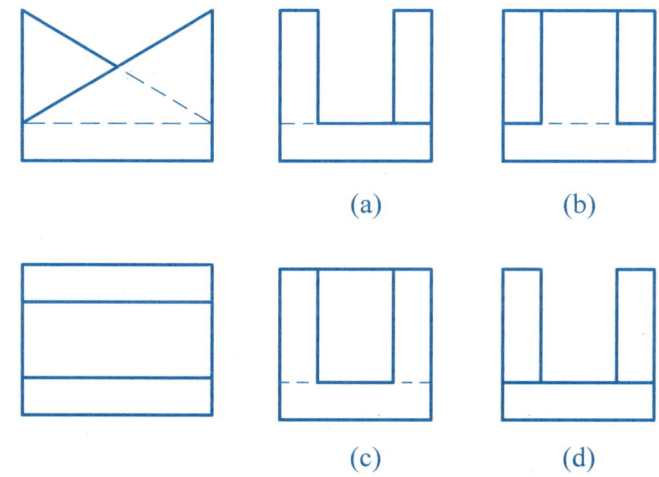

（a）　　　　　（b）

（c）　　　　　（d）

（4）正确的左视图是（　　）。

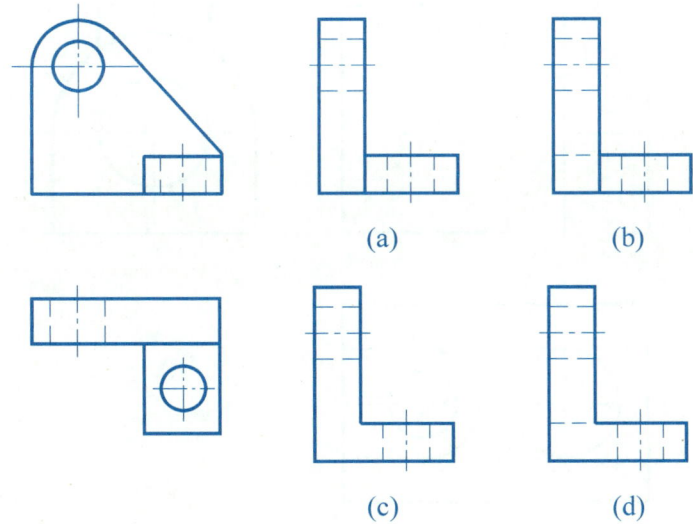

（a）　　　　　（b）

（c）　　　　　（d）

（5）正确的左视图是（　　）。

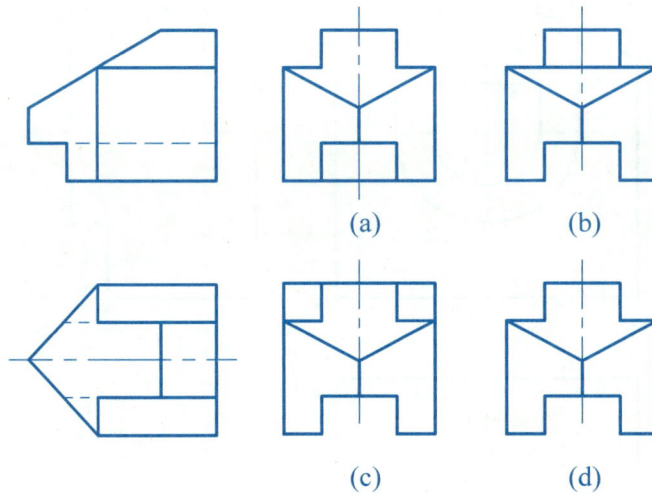

（a）　　　　　（b）

（c）　　　　　（d）

（6）正确的左视图是（　　）。

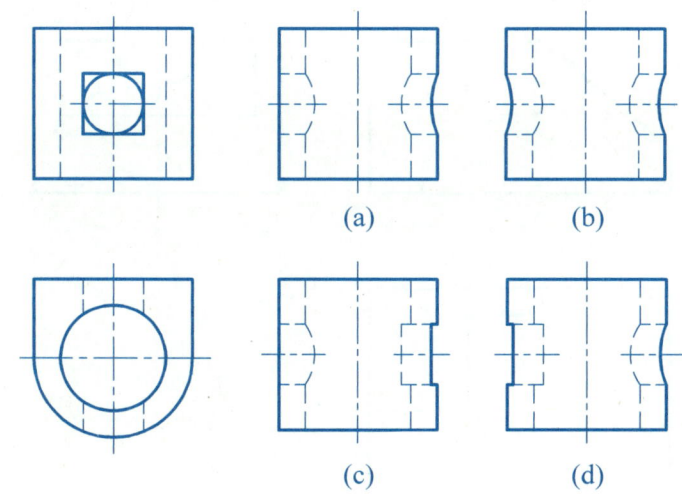

（a）　　　　　（b）

（c）　　　　　（d）

6.4　读组合体的视图（3）	班级　　　　　姓名　　　　　学号

6.4−3　补画视图中所缺的图线。

（1）

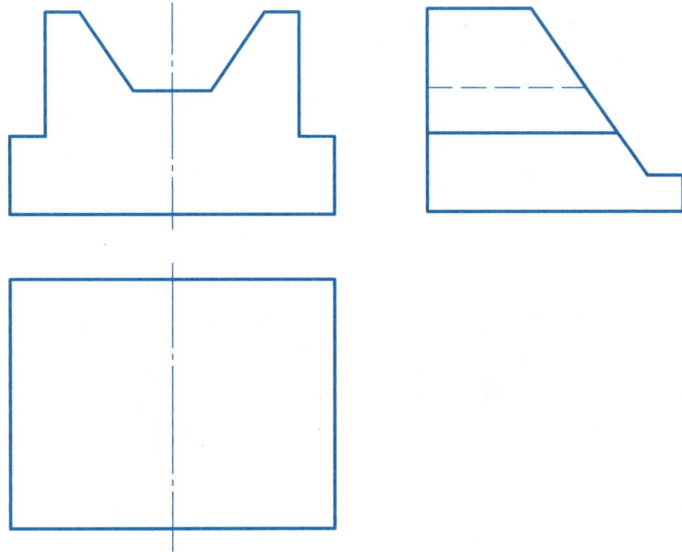

（2）

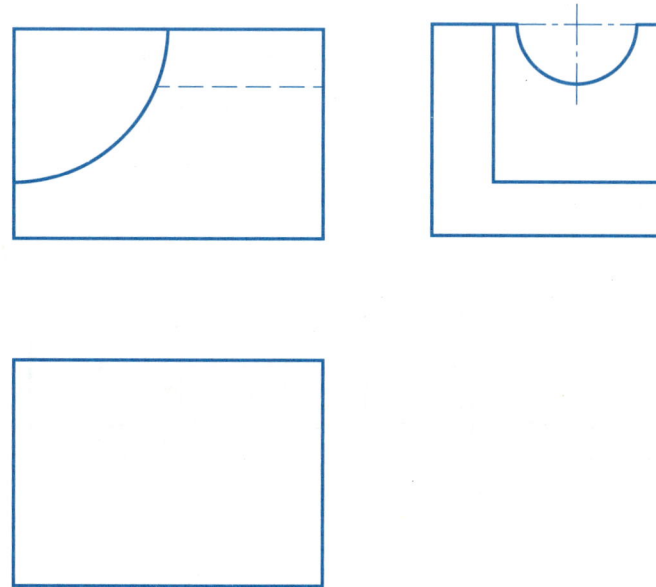

（3）

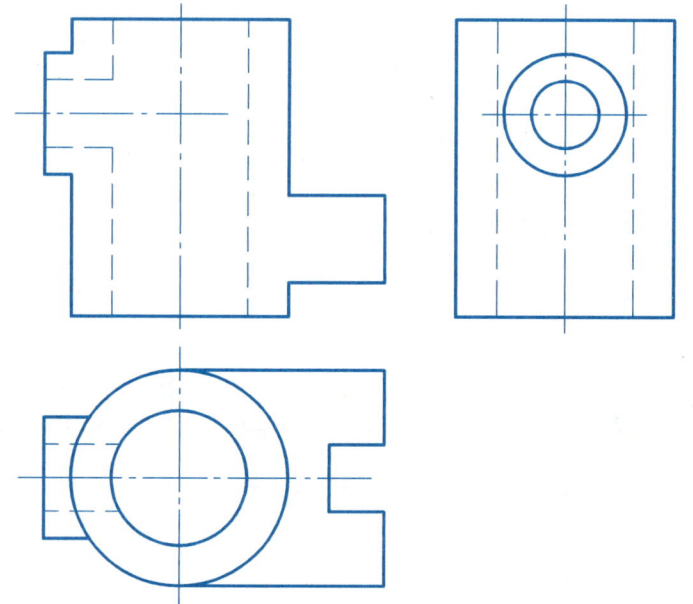

（4）

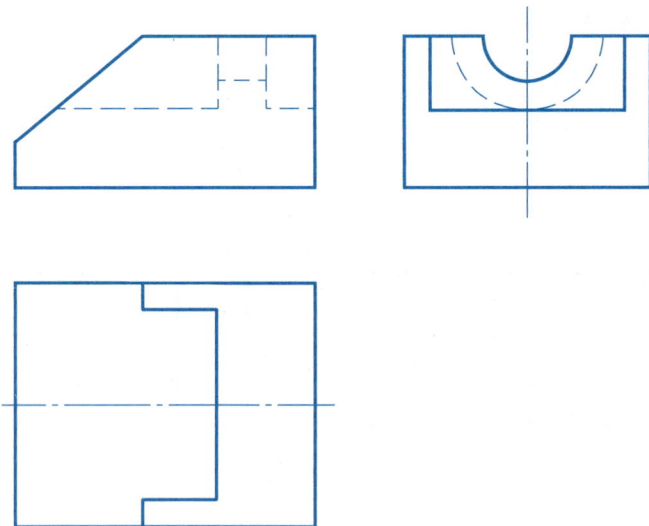

（5）

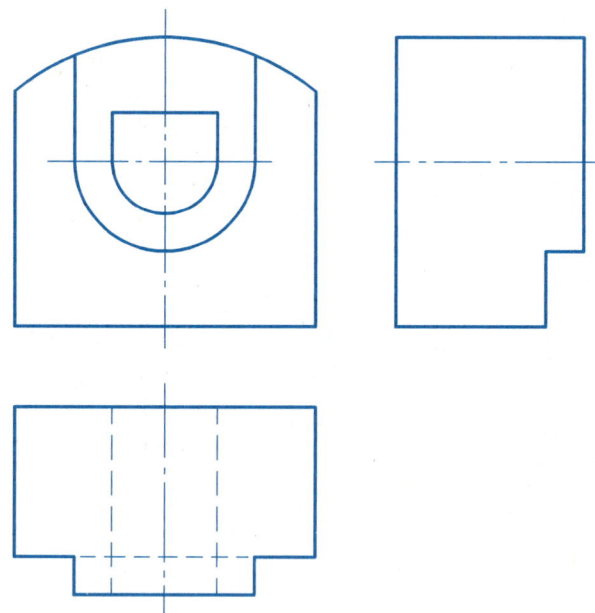

（6）

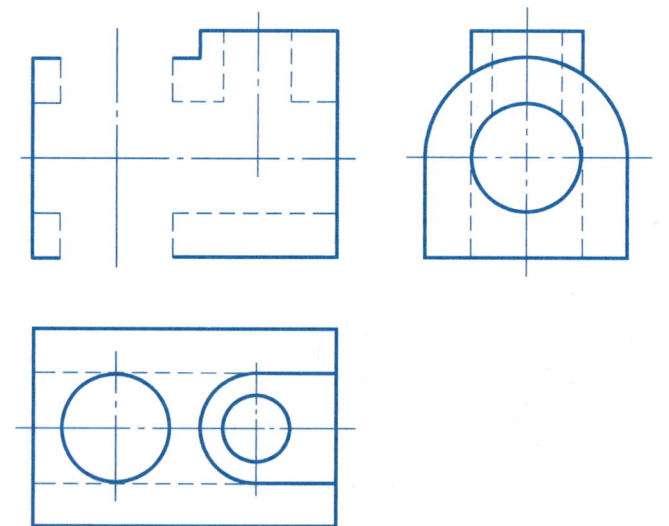

6.4　读组合体的视图（4）	班级　　　　　姓名　　　　　学号

6.4-4　已知组合体的两视图，补画第三视图。

（1）

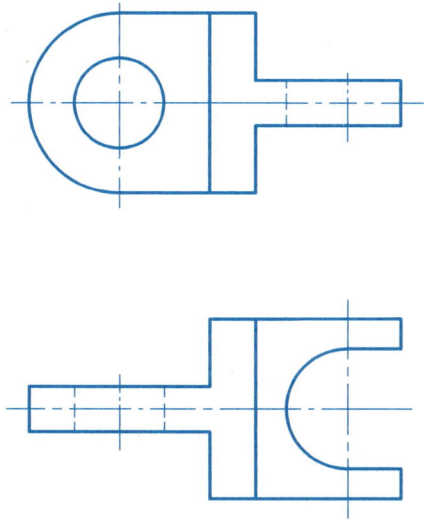

（2）

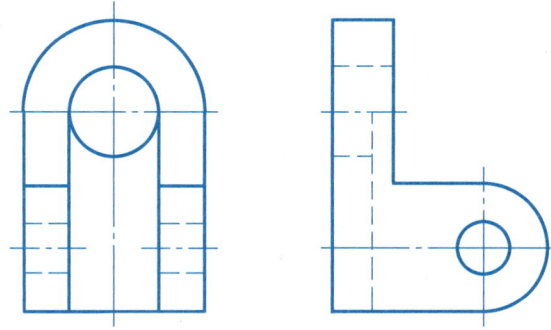

（3）

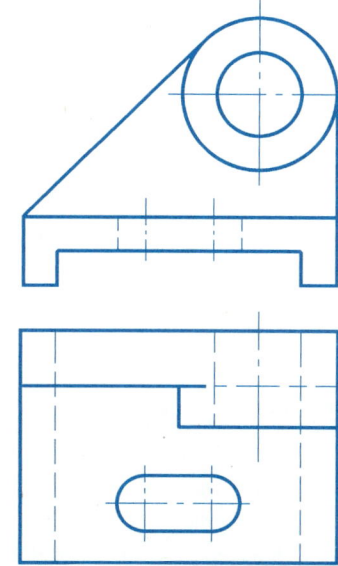

（4）

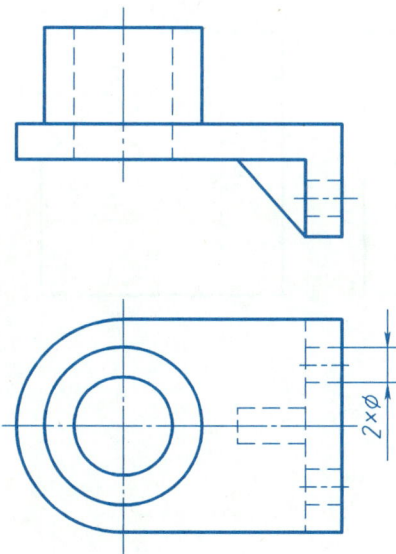

（5）

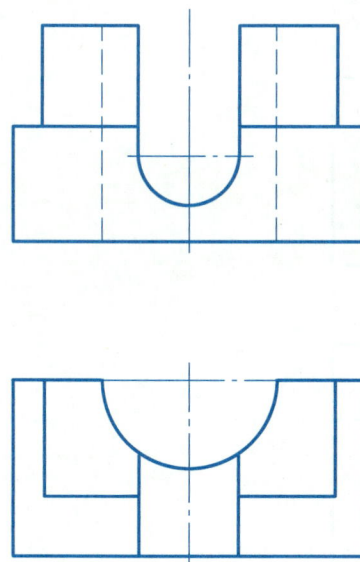

（6）

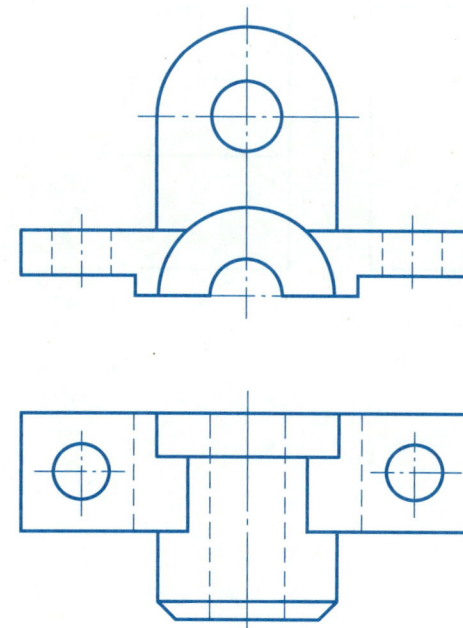

6.4　读组合体的视图（5）

6.4－4　已知组合体的两视图，补画第三视图。

（7）

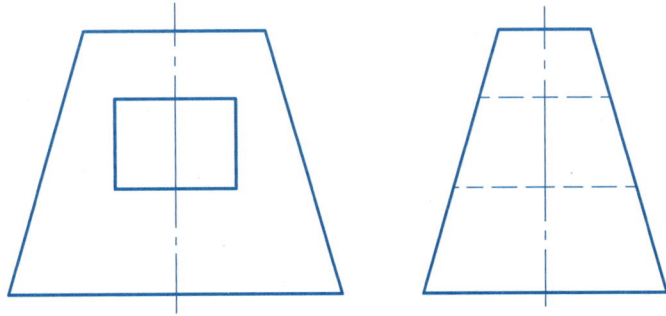

（8）

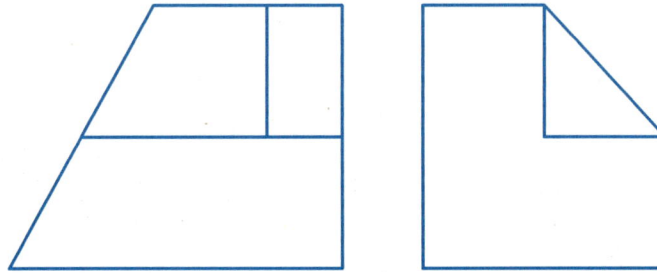

（9）

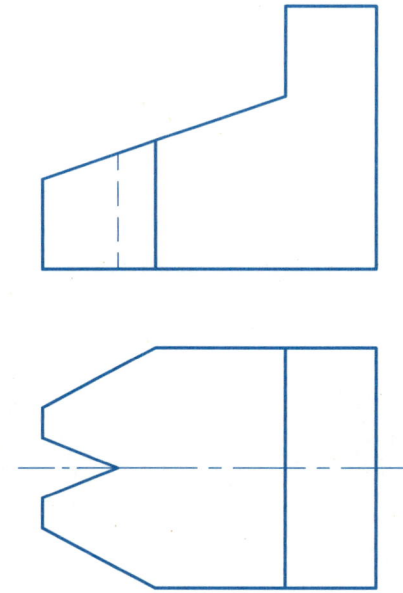

（10）

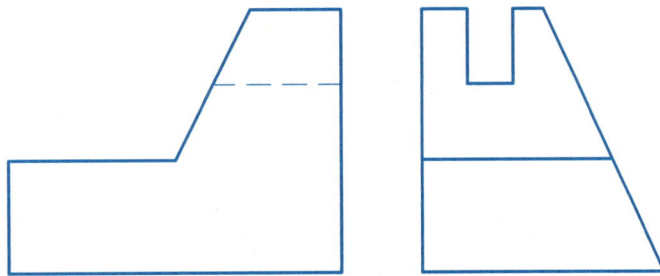

（11）

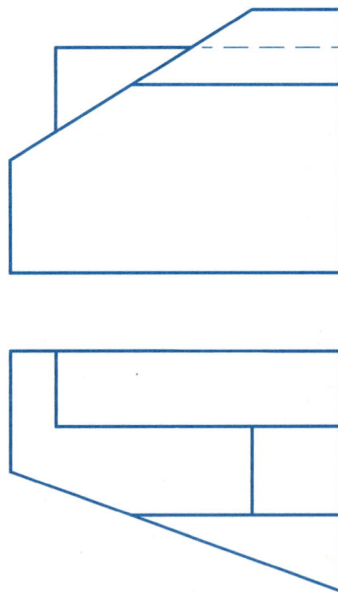

（12）

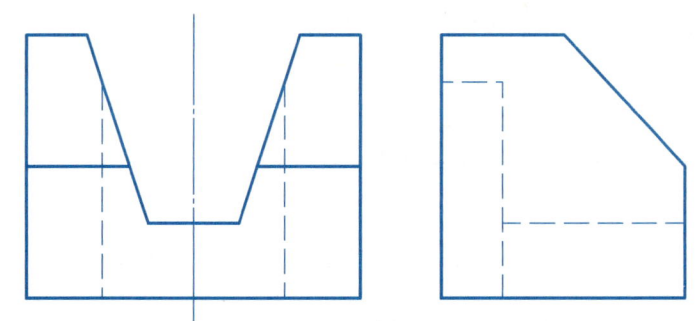

6.4 读组合体的视图（6）

6.4-4 已知组合体的两视图，补画第三视图。

（13）

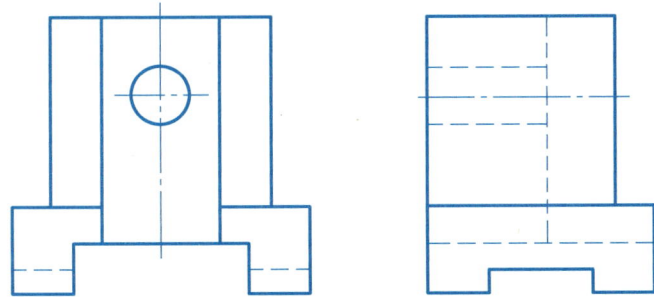

（14）

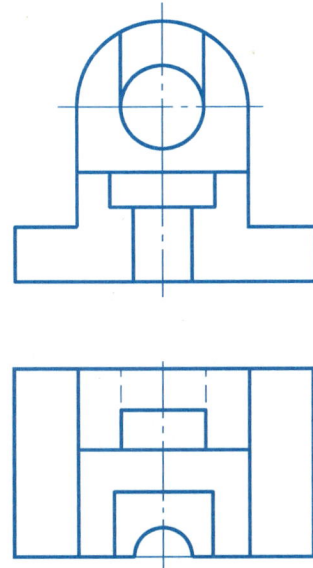

（15）

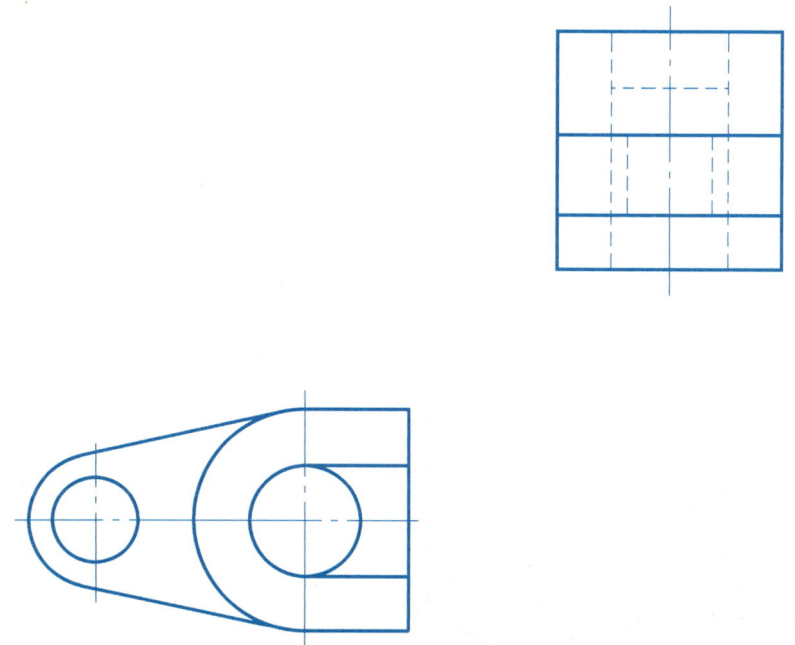

（16）

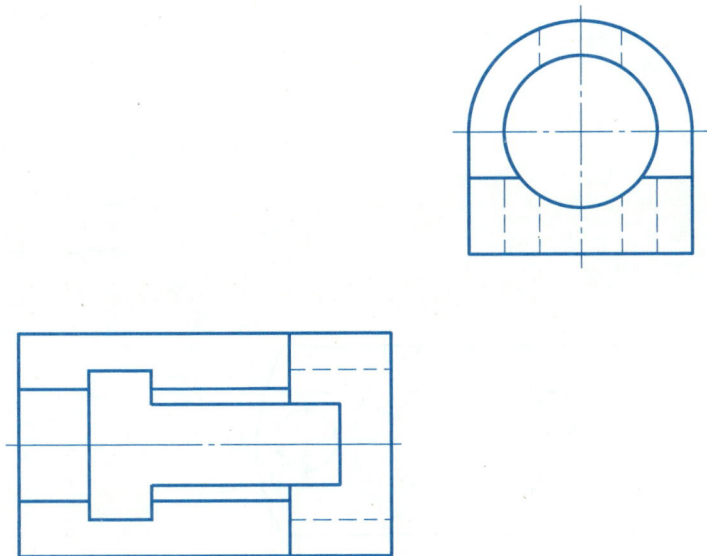

（17）

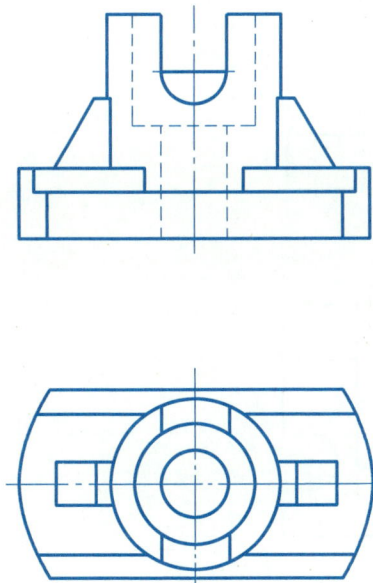

（18）

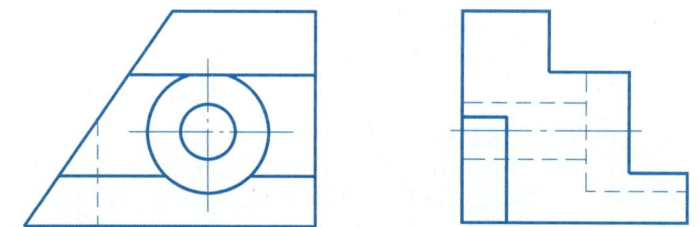

6.4 读组合体的视图（7）	班级	姓名	学号

6.4-4 已知组合体的两视图，补画第三视图。

（19）

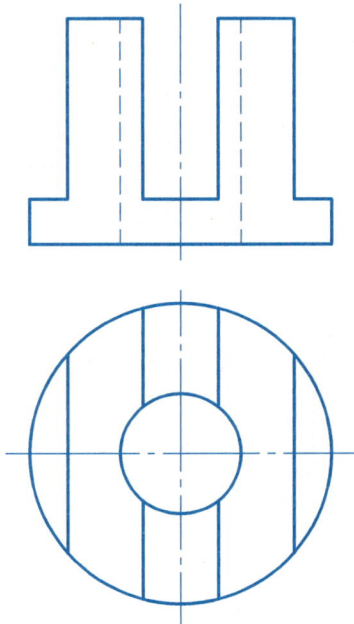

（20）

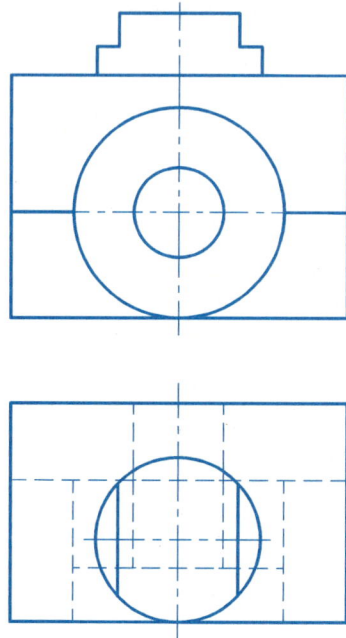

（21）

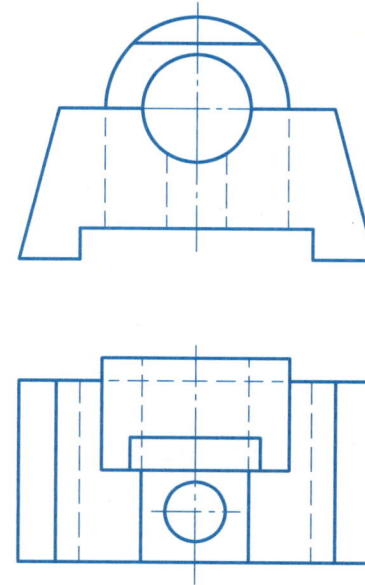

（22）

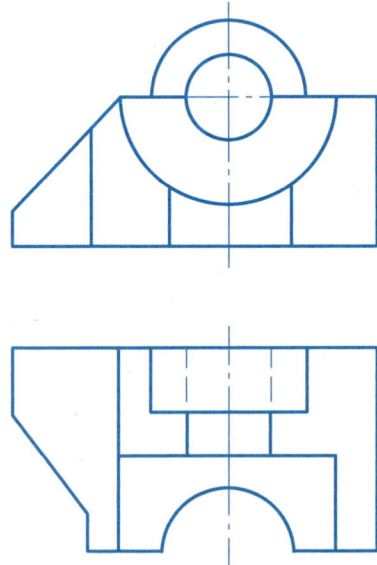

（23）

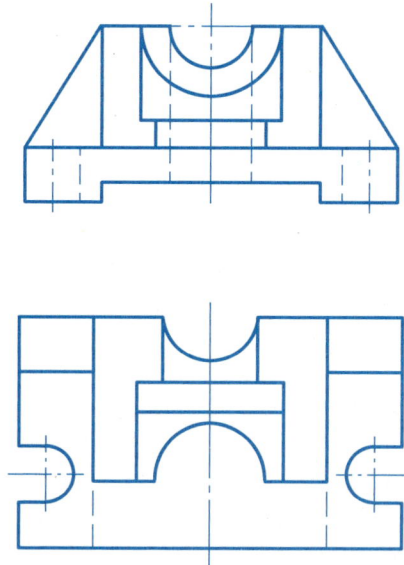

（24）

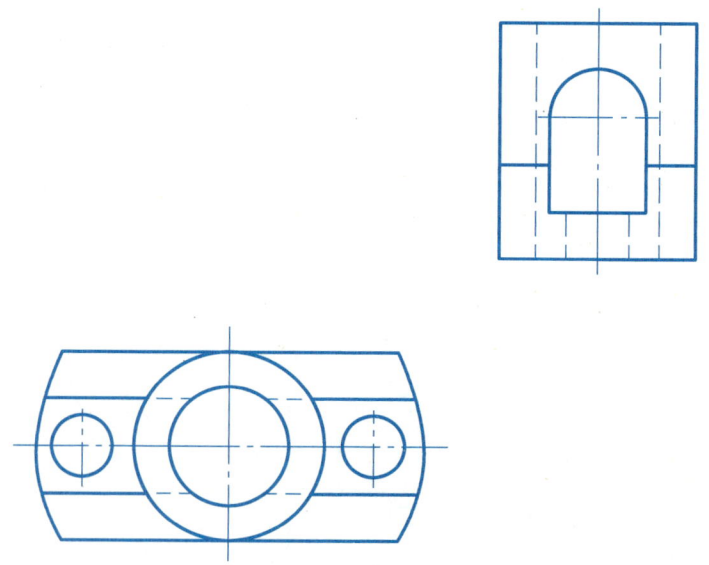

6.4 读组合体的视图（8）　　　　班级　　　　姓名　　　　学号

6.4－4 已知组合体的两视图，补画第三视图。

（25）

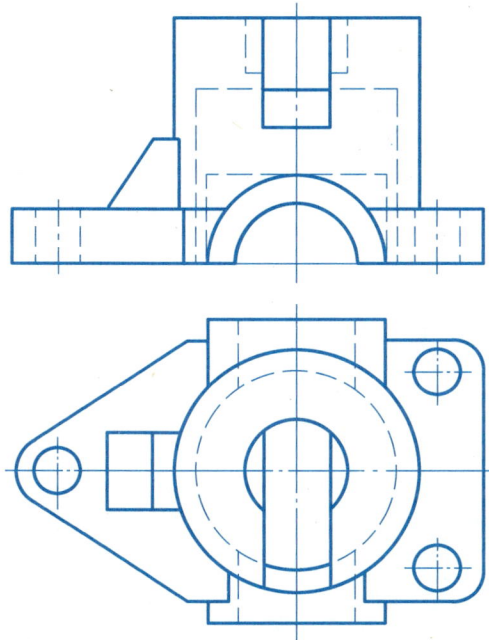

（26）

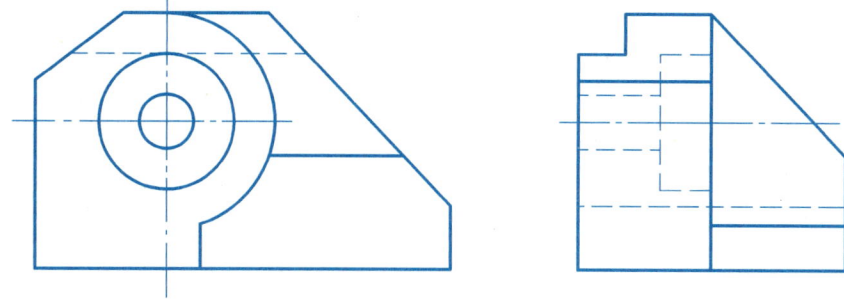

（27）

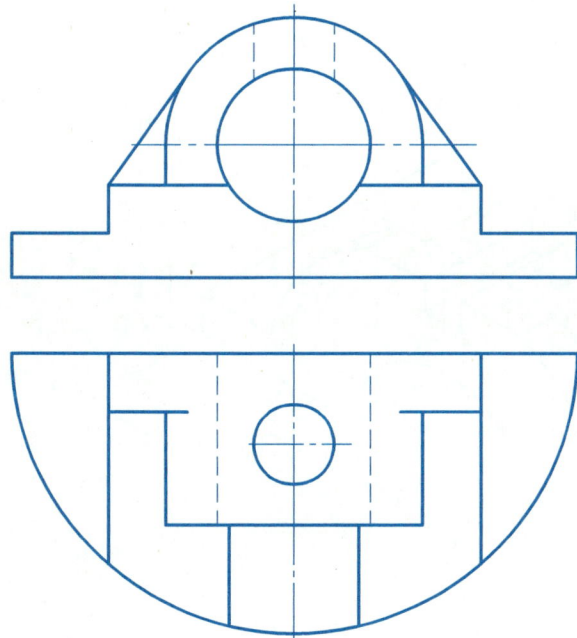

（28）

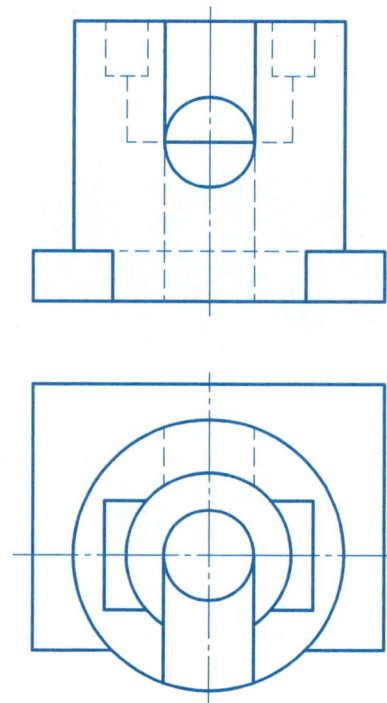

第 2 次制图大作业——组合体视图及尺寸

班级　　　　　姓名　　　　　学号

作业指示

1. 图名、图幅与比例

（1）图名：组合体。

（2）图幅：A3。

（3）比例：1:1。

2. 目的、内容与要求

（1）目的：进一步理解空间形体与三视图之间的对应关系，巩固运用形体分析法画组合体的视图及标注尺寸。

（2）内容：任意选择本作业中的一个组合体（轴测图），绘制其三视图，并标注尺寸。

（3）要求：完整地表达组合体的内外结构形状，标注尺寸要完整、清晰、合理。

3. 绘图步骤及注意事项

（1）对所绘组合体进行形体分析，选择主视图，按轴测图所注尺寸布置三个视图的位置（注意视图间要预留标注尺寸的位置），画出各视图的中心线和底面的位置。

（2）逐个画出组合体中各基本形体的三视图（注意表面相切和相贯时的画法）。

（3）标注尺寸时应注意不要照搬轴测图上的尺寸注法，应重新考虑视图上尺寸的配置。保证尺寸标注正确、完整、清晰。

（4）完成底稿，经仔细校核后再用铅笔加深。

（1）

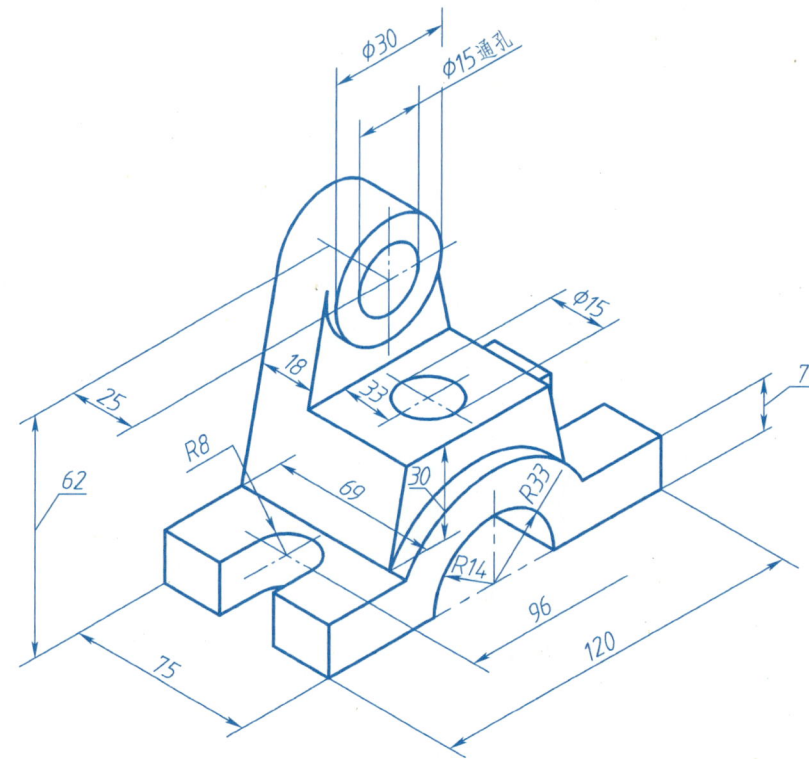

（2）

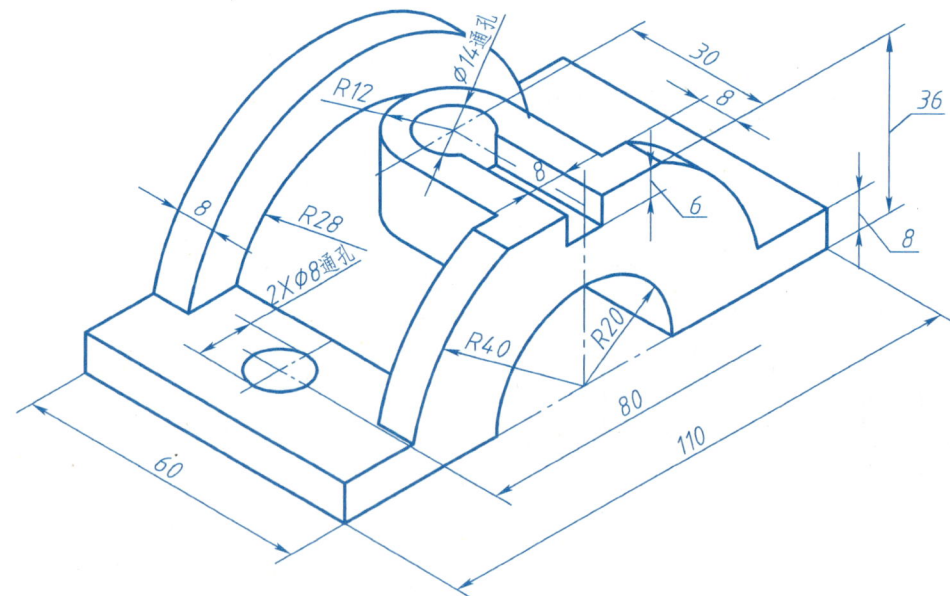

7.1　画正等轴测图（1）	班级　　　　姓名　　　　学号

根据已给视图，采用简化轴向伸缩系数画出立体的正等轴测图。

（1）

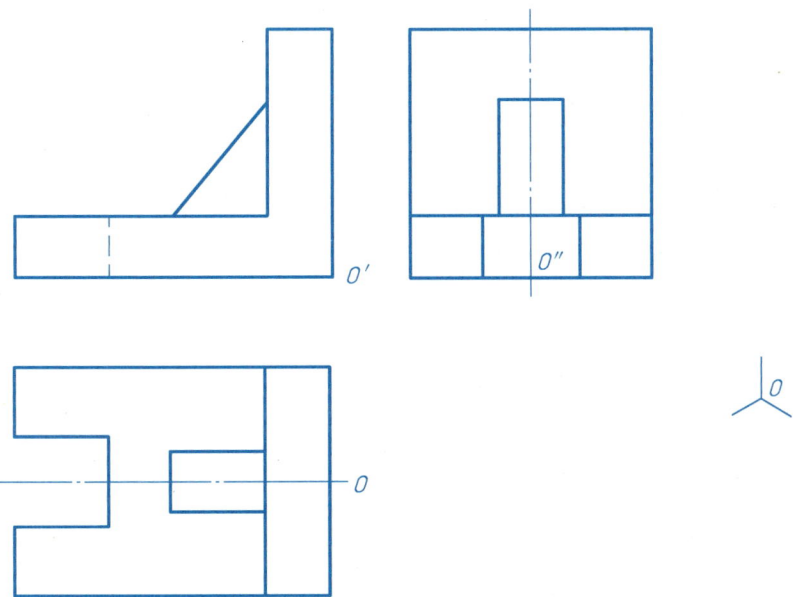

（2）

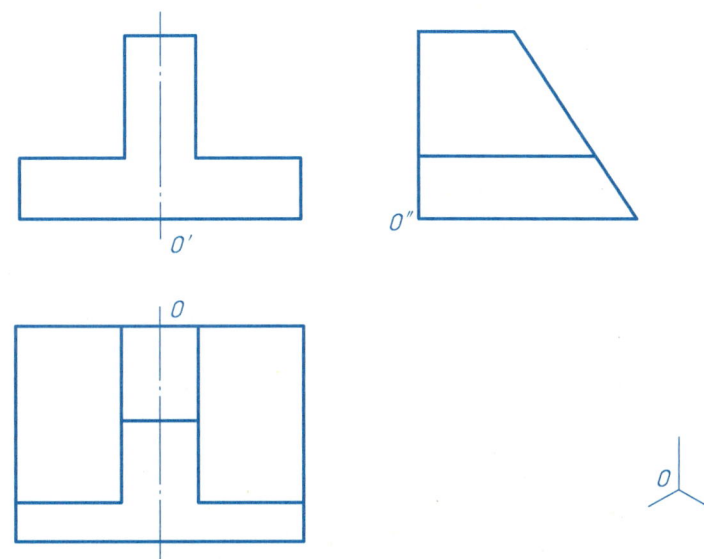

（3）

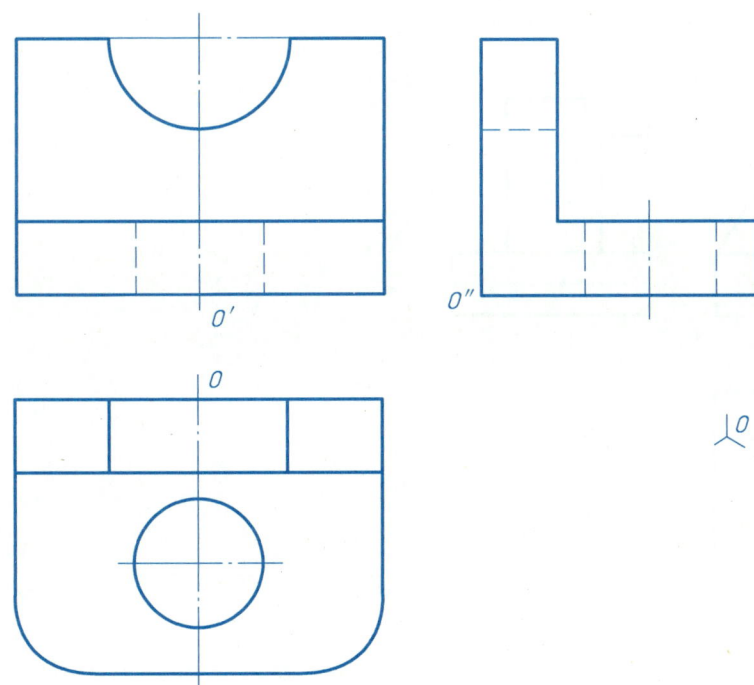

（4）

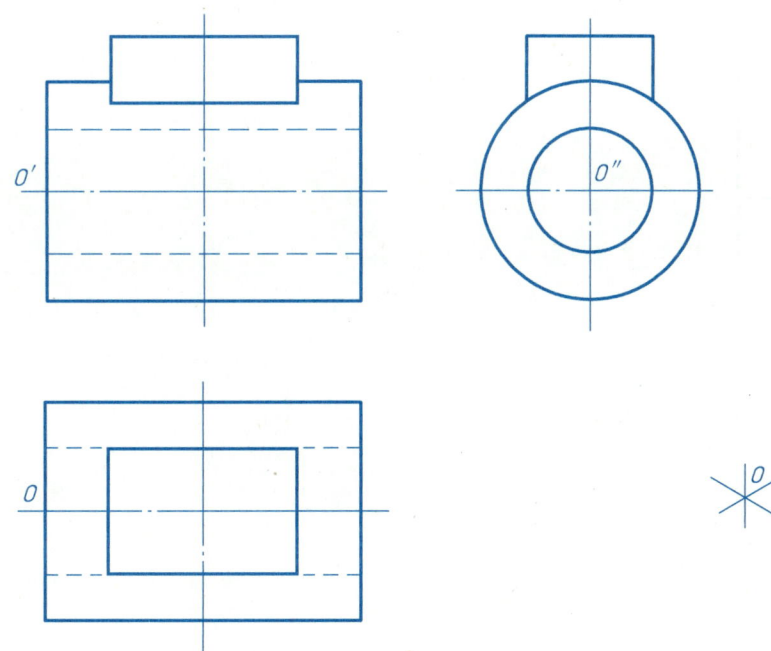

7.1　画正等轴测图（2）

根据已给视图，采用简化轴向伸缩系数画出立体的正等轴测图。

（5）

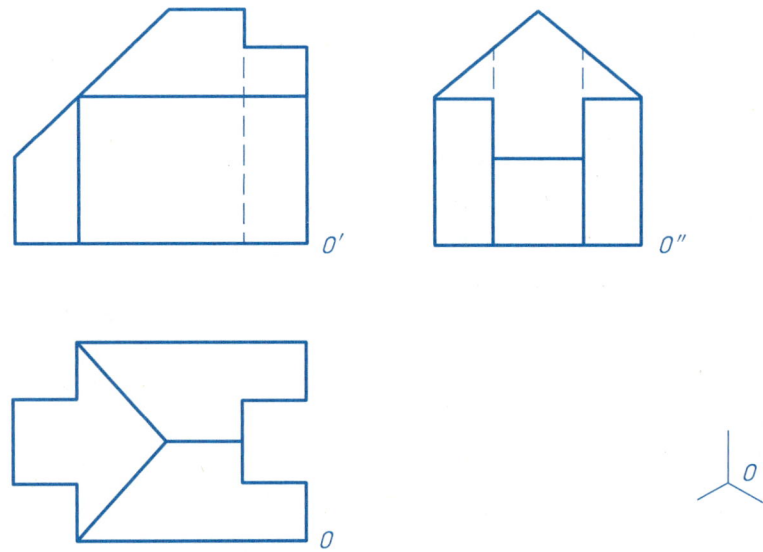

（6）

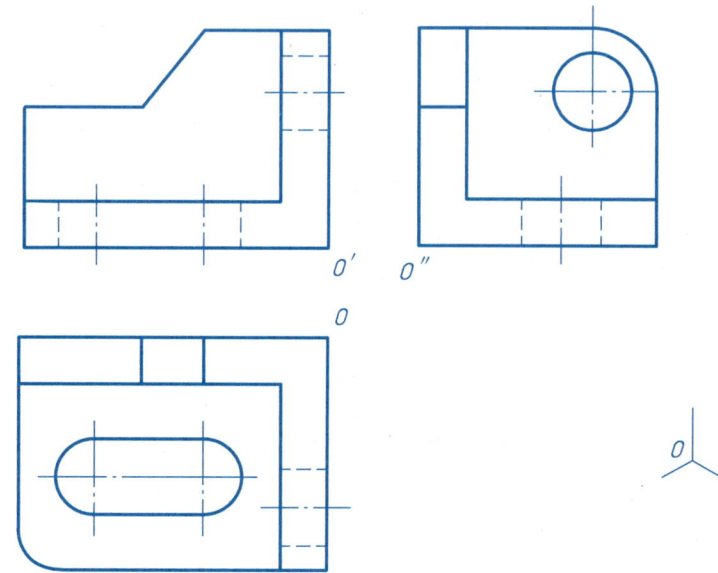

（7）

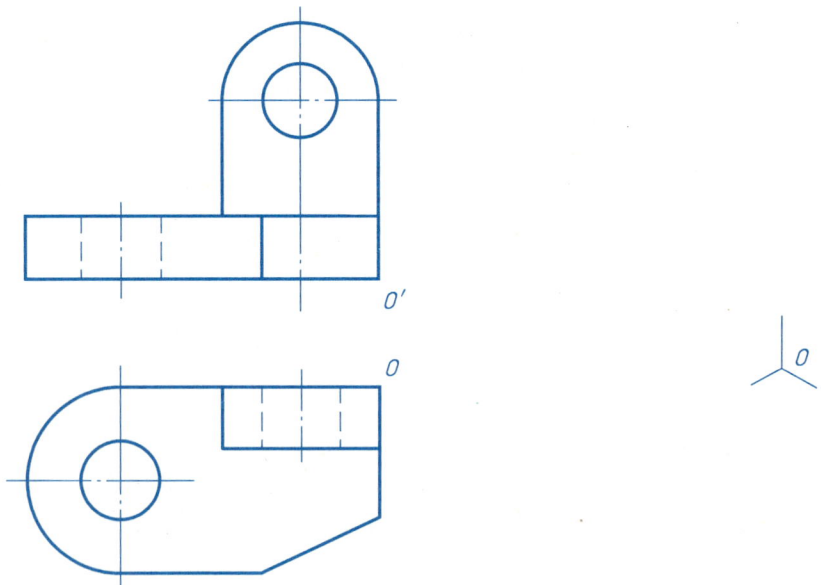

（8）

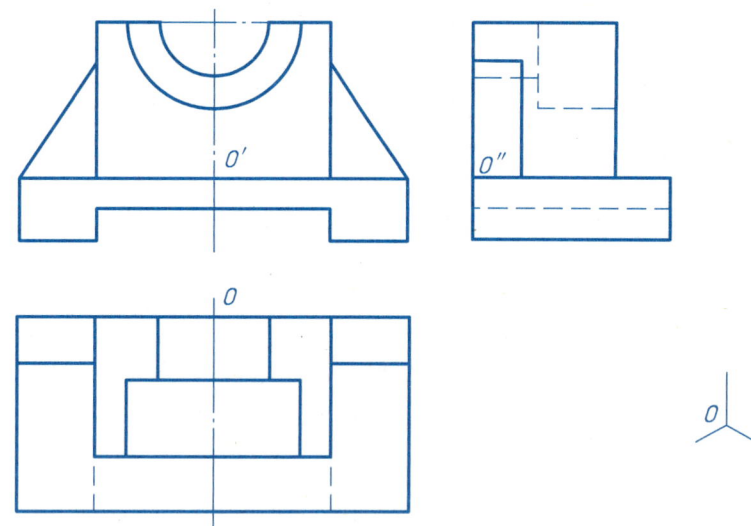

7.2　画斜二轴测图	班级	姓名	学号

根据已给视图，画出立体的斜二轴测图。

（1）

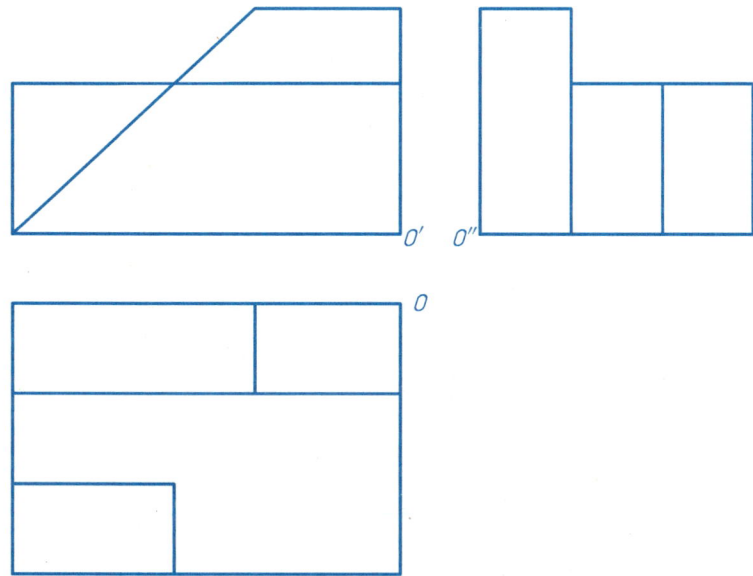

（2）

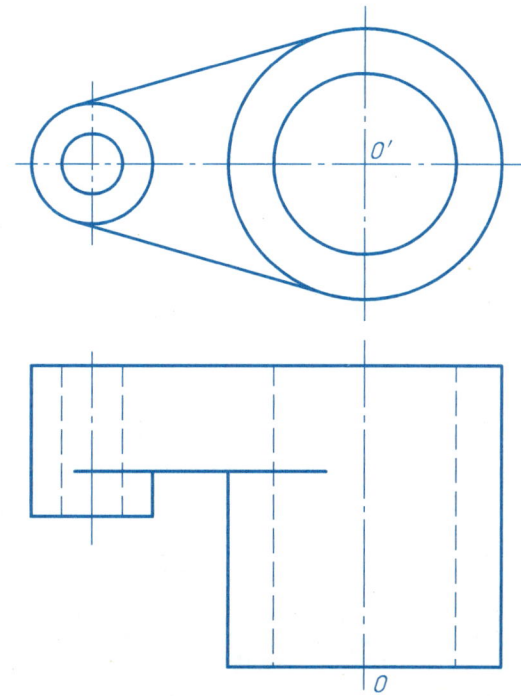

（3）

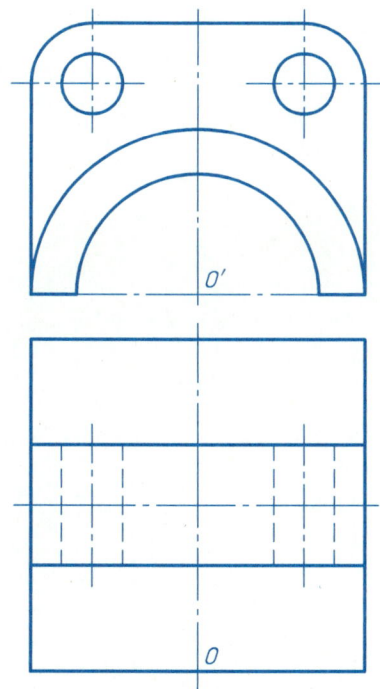

（4）

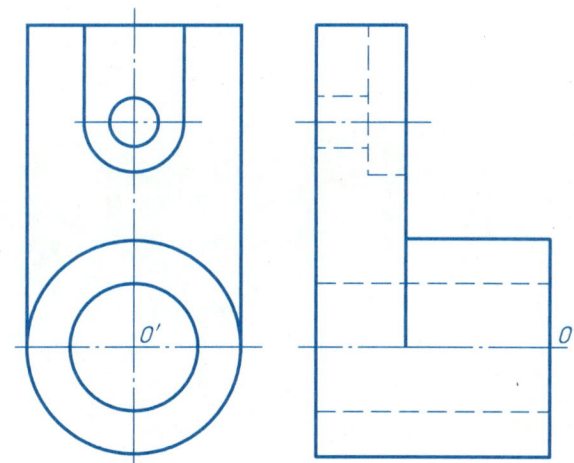

第 3 次制图大作业——轴测图

班级　　　　姓名　　　　学号

作业指示

1. 图名、图幅与比例

（1）图名：轴测图。

（2）图幅：A3。

（3）比例：1∶1。

2. 目的、内容与要求

（1）目的：熟练掌握运用形体分析法和线面分析法读图、画图和标注尺寸；进一步学习由组合体三视图画轴测图的方法。

（2）内容：根据已知两个视图，想象出组合体的形状，补画第三视图及标注尺寸，并画出它的正等轴测图。

（3）要求：通过分析能正确判断交线和画出交线，并能准确地画出复杂组合体的轴测图。

3. 绘图步骤及注意事项

（1）应用形体分析法和线面分析法读组合体的视图，想象出组合体的形状。

（2）补画出第三视图（注意交线的画法）。

（3）标注组合体的尺寸。

（4）根据补画出的三个视图，画出组合体的正等轴测图。画非圆曲线时，要用曲线板光滑连接各点。

（5）完成底稿，经仔细校核后再用铅笔加深。

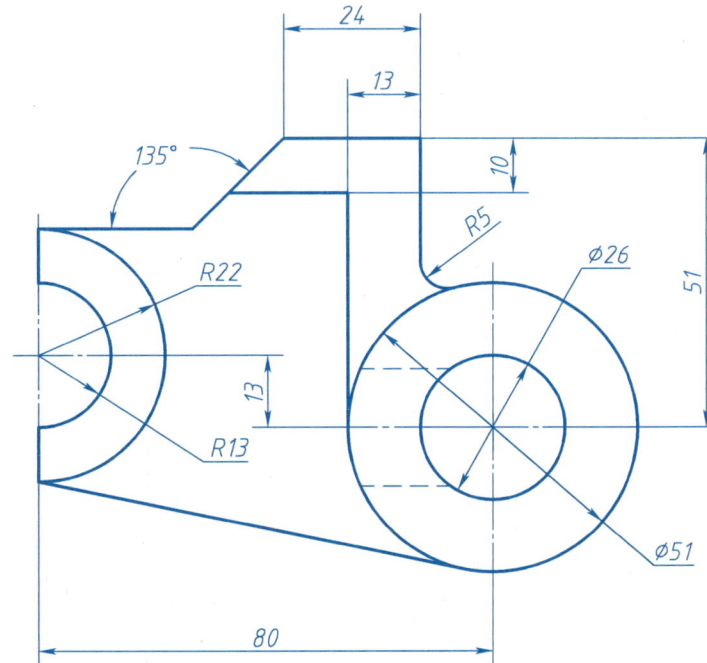

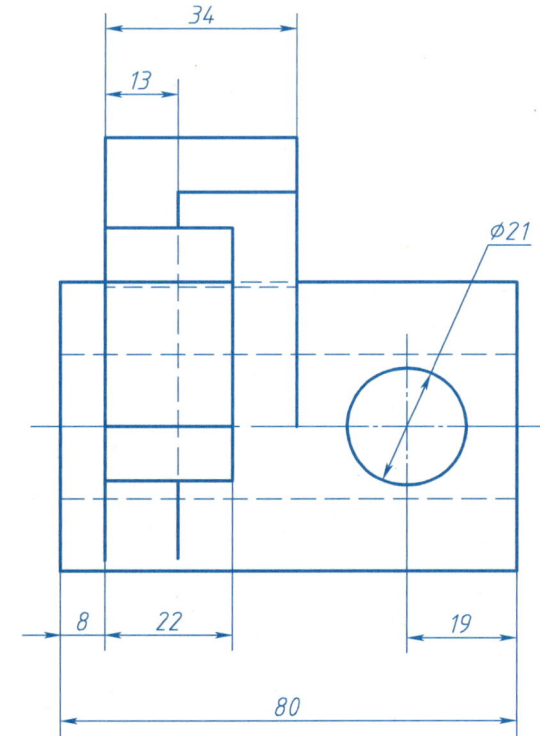

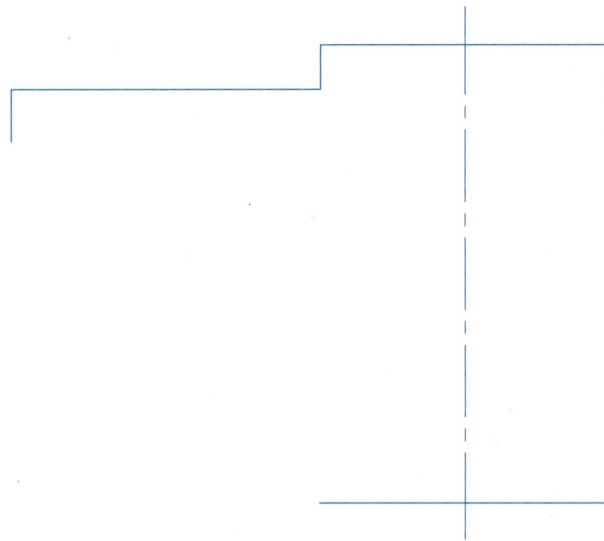

8.1　仿照图形，进行构形设计，依次分别画出不同形状的主、俯、左视图	班级	姓名	学号

(1)　　　　　　　　　　　　(a) 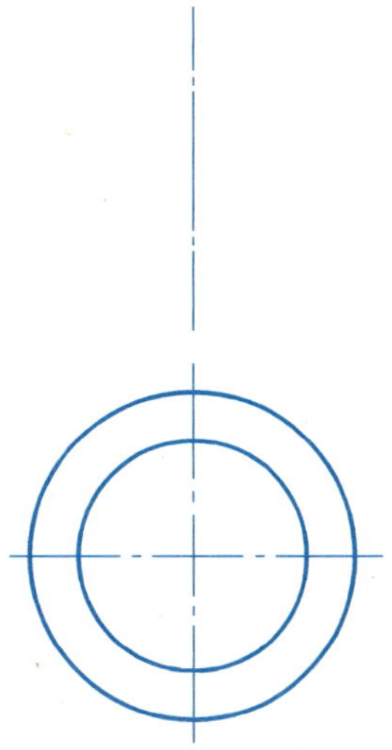　　　　　　　　　　　　(b) 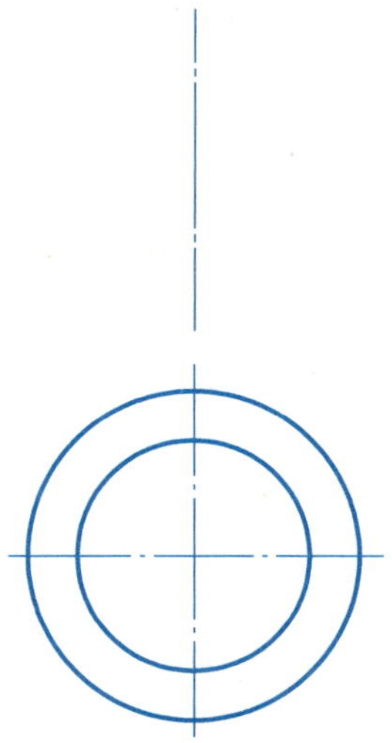　　　　　　　　　　　　(c)

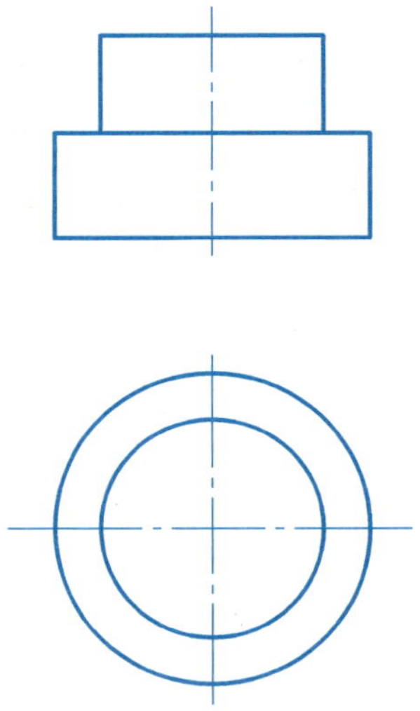

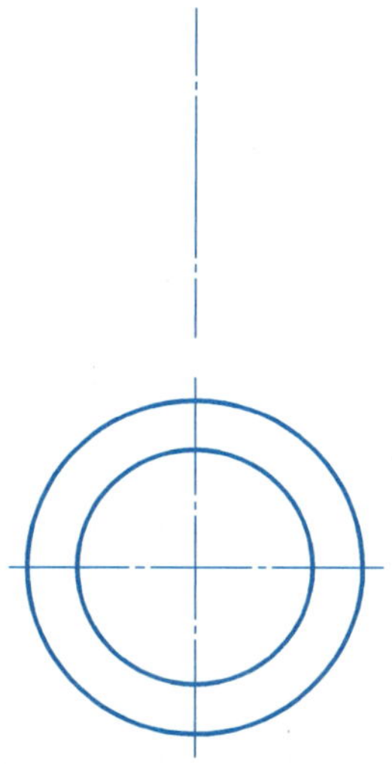

(2) 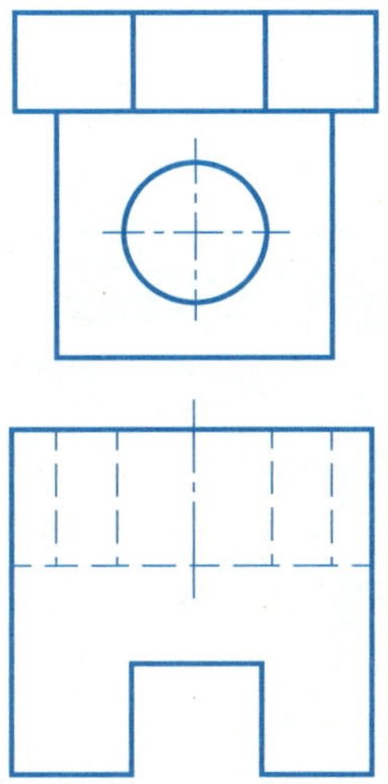　　　　　　　　　　　　(a) 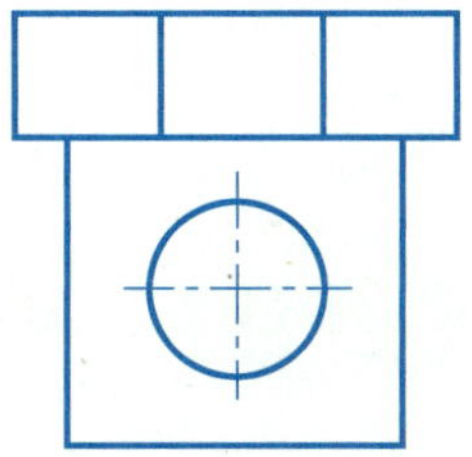　　　　　　　　　　　　(b) 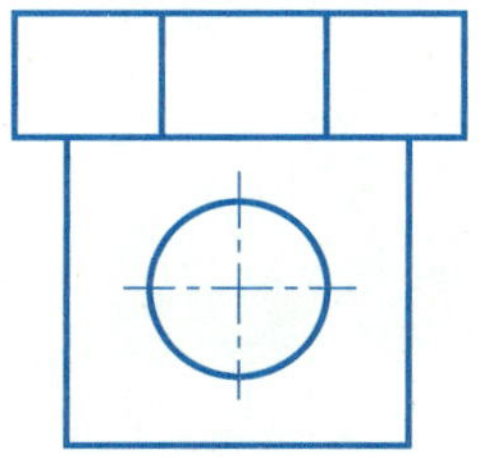　　　　　　　　　　　　(c)

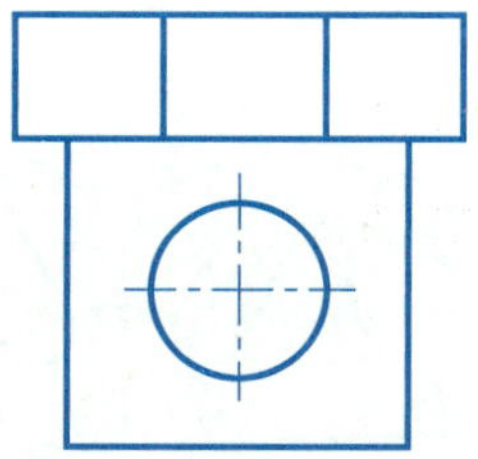

(3) 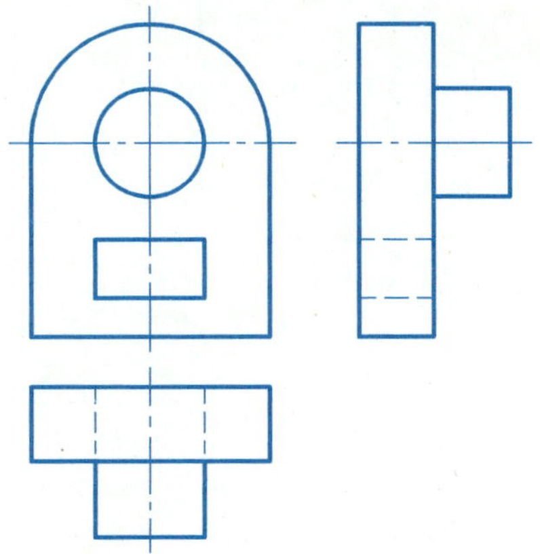　　　　　　　　　　　　(a) 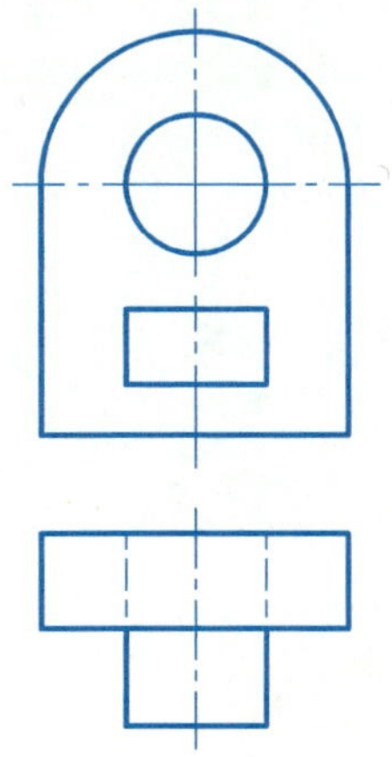　　　　　　　　　　　　(b) 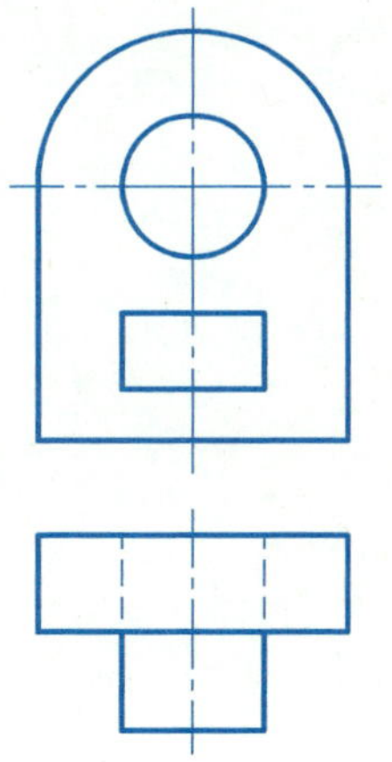　　　　　　　　　　　　(c)

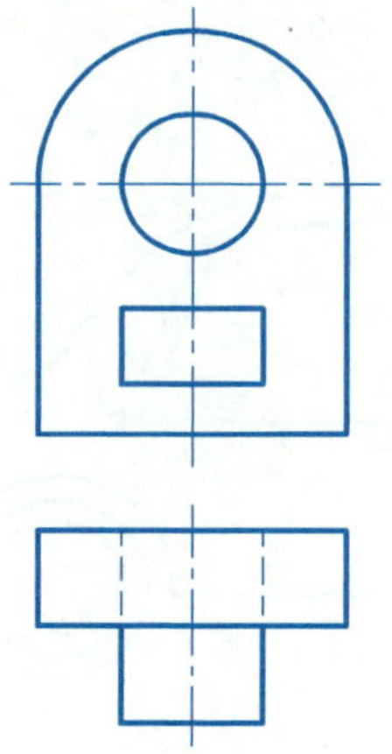

8.2　构形设计	班级	姓名	学号

（1）由所给例图，构思画出三维形体（尺寸自定）。　　(a)　　　　　　　　　　　　　(b)

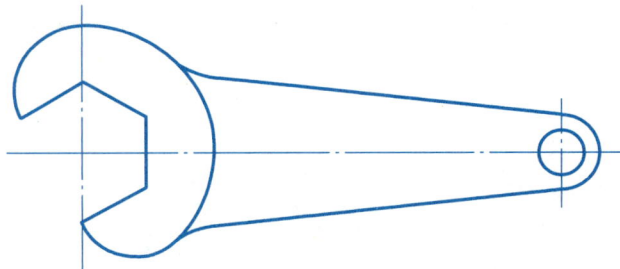

（2）由所给例图，构思画出三维形体。　　(a)　　　　　　　　　　　　　(b)

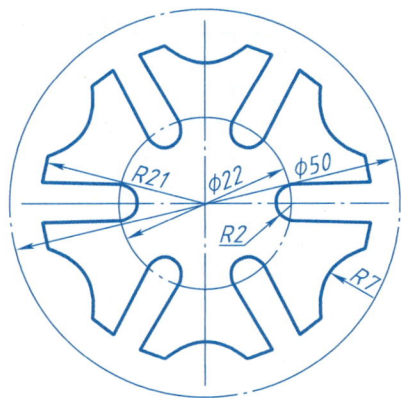

（3）由所给例图，构思画出三维形体（尺寸自定）。　　(a)　　　　　　　　　　　　　(b)

48

| 9.1　视图 | 班级　　　　姓名　　　　学号 |

9.1-1　已知立体的主、俯、左视图，画出其他三个基本视图。

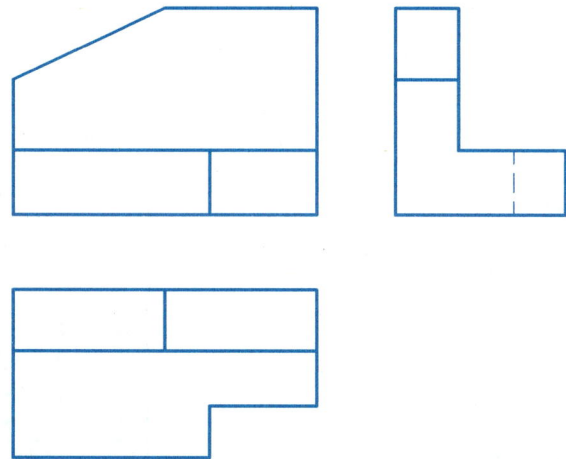

9.1-2　在指定位置画出立体的 A、B、C 视图。

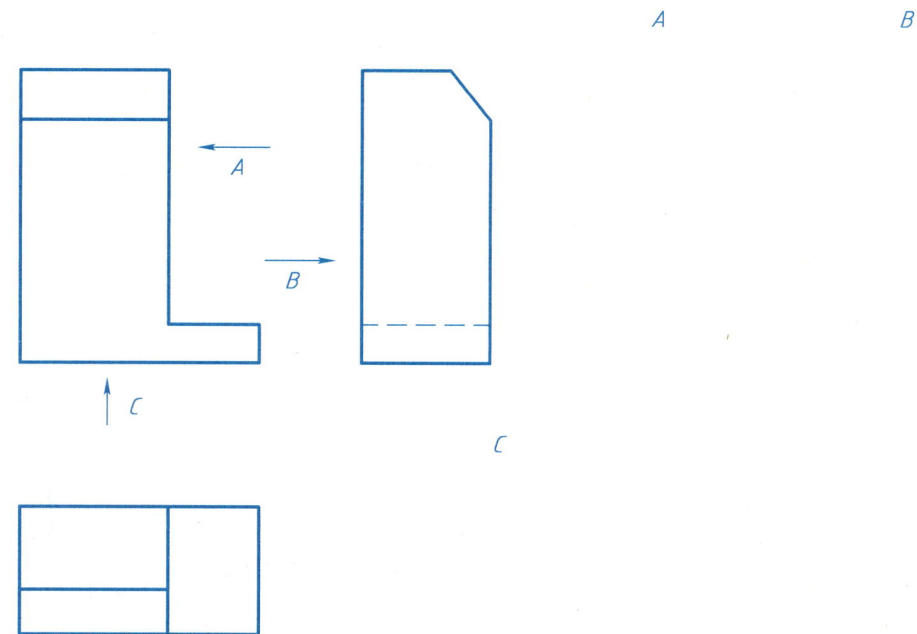

A　　　　B

9.1-3　在指定位置画出机件的 A 向斜视图和 B 向局部视图。

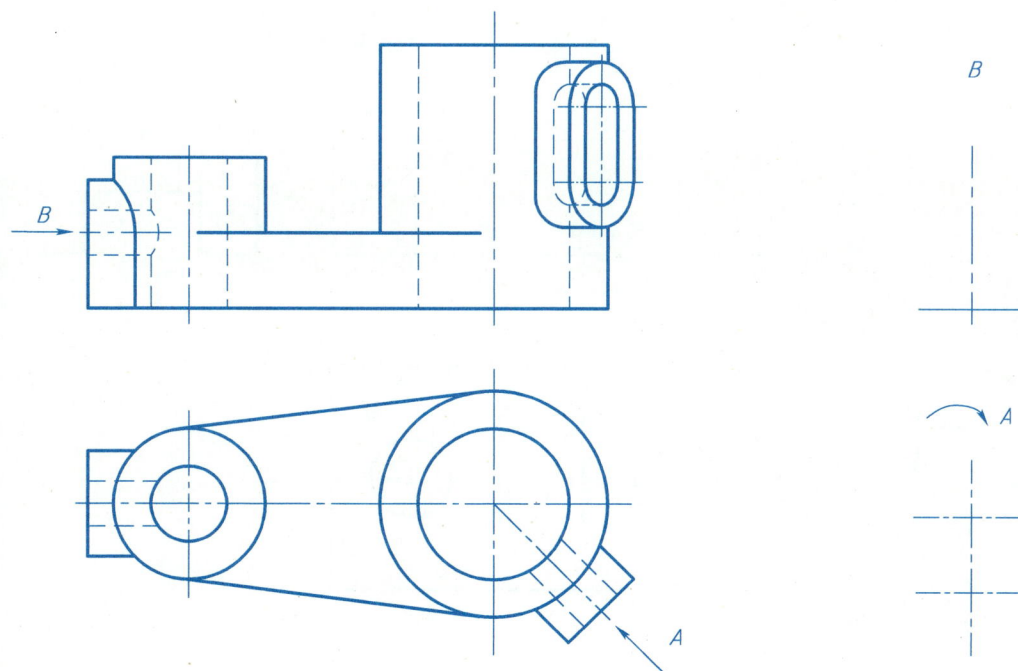

9.1-4　在指定位置将左视图改为局部视图，并画出 A 向斜视图以表示底板形状。

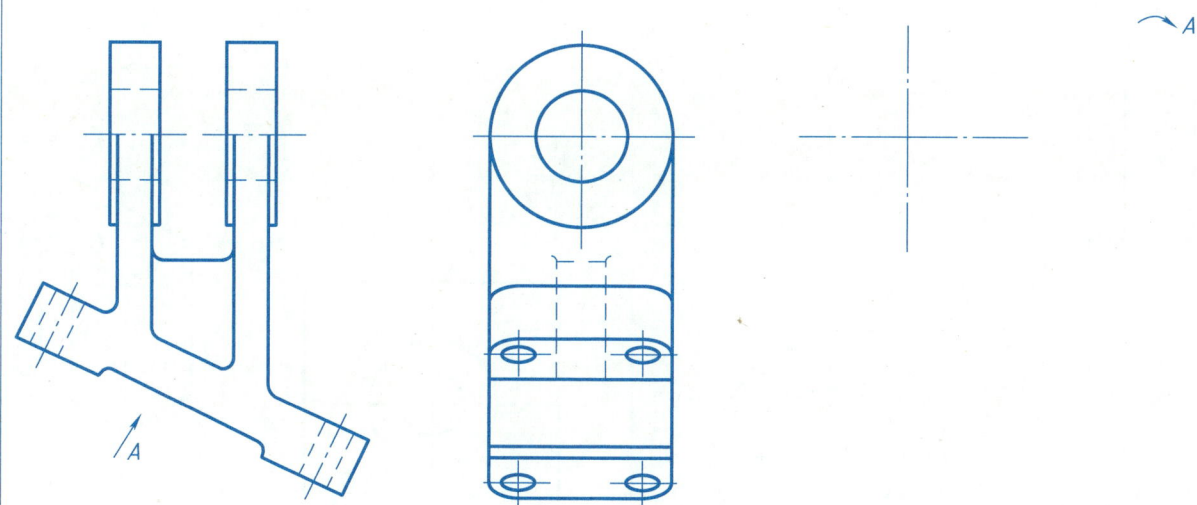

9.2　剖视图的概念

班级　　　　　姓名　　　　　学号

分析机件的结构形状，补画剖视图中缺漏的图线。

（1）

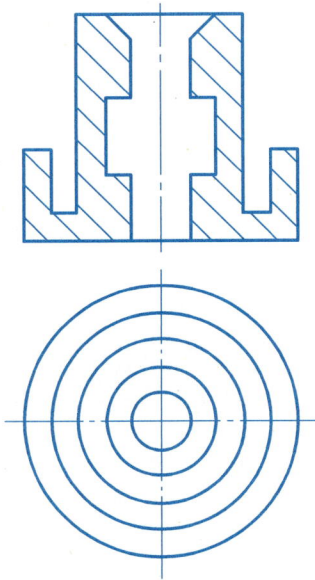

（2）

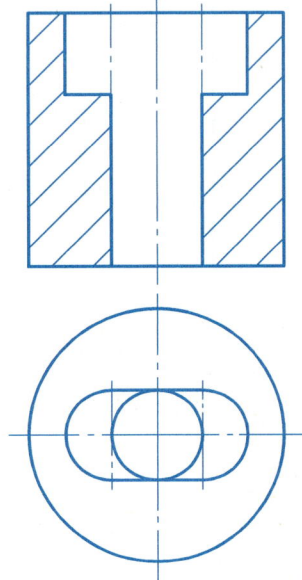

（3）

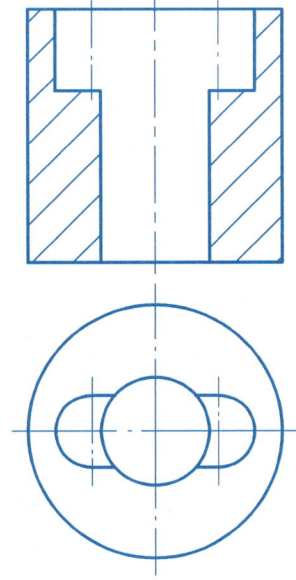

（4）

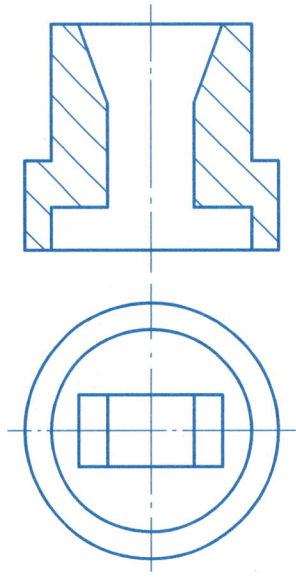

（5）

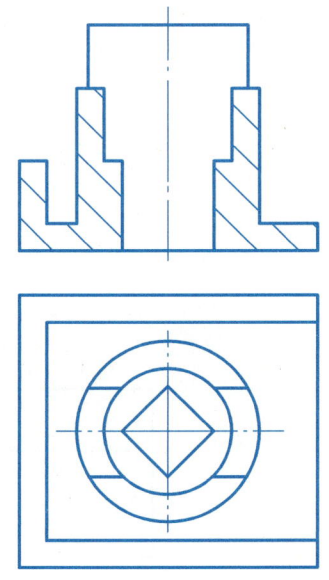

9.2-2　分析图中的错误画法，在指定位置画出正确的剖视图。

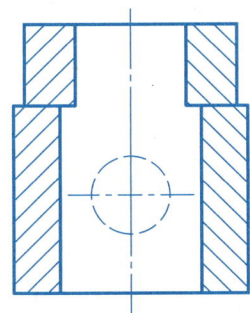

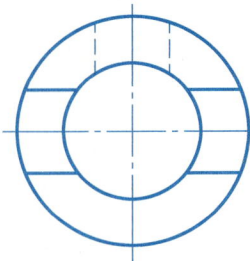

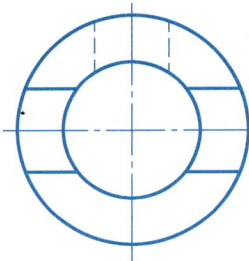

9.2-3　按照轴测剖视图所示，把主视图画成剖视图。

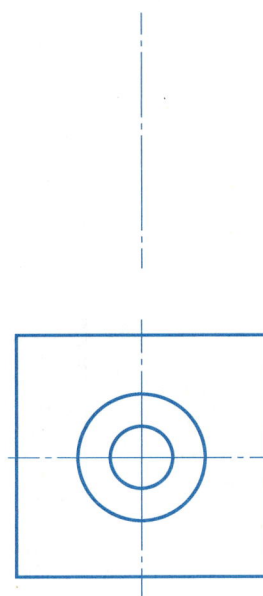

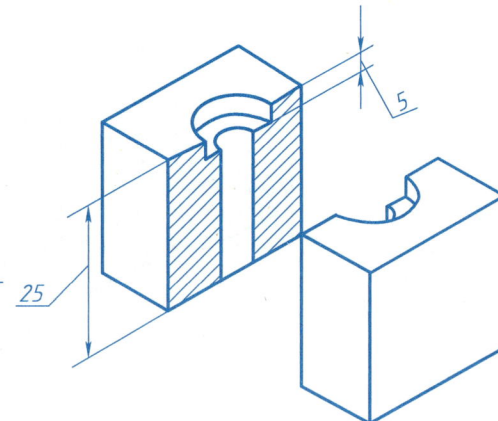

25

5

9.2-4　在指定位置把主视图画成剖视图。

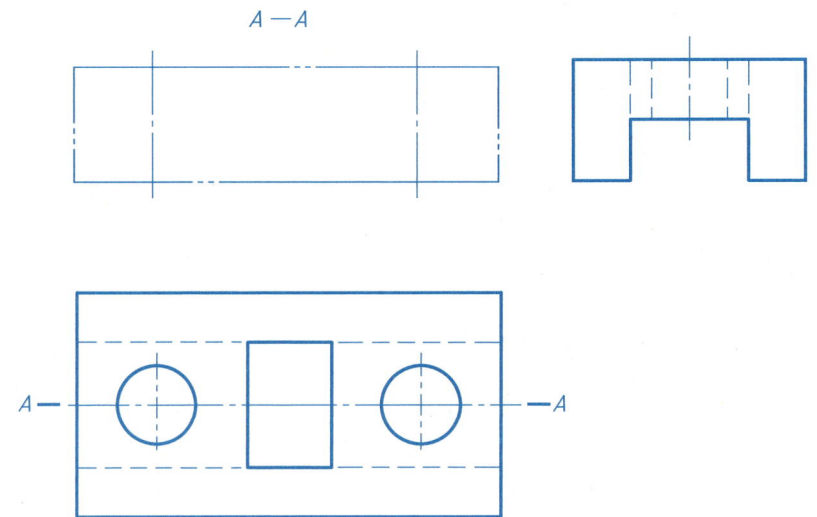

A-A

A————A

班级　　　姓名　　　学号

9.3　全剖视图（1）

9.3 – 1　在指定位置将主视图画成全剖视图。

（1）

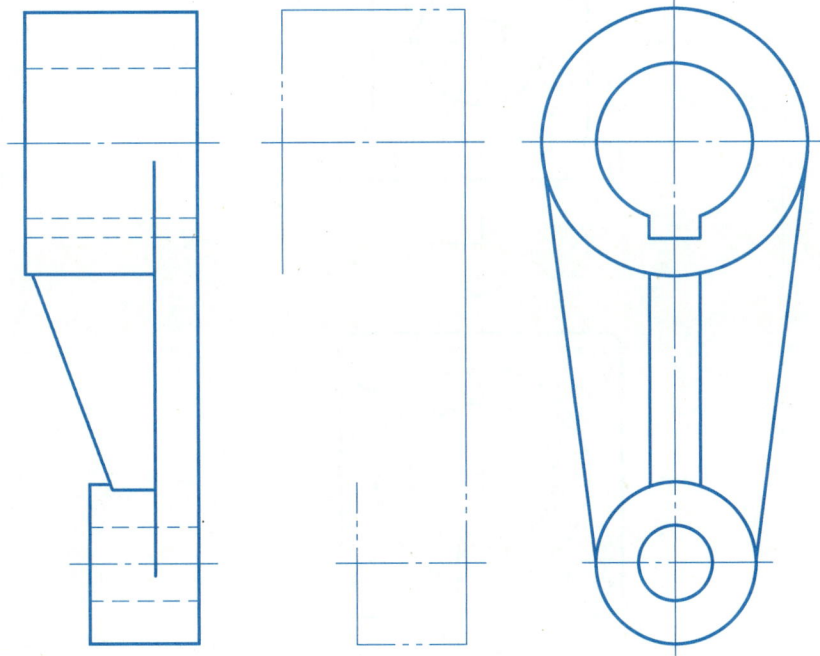

（2）

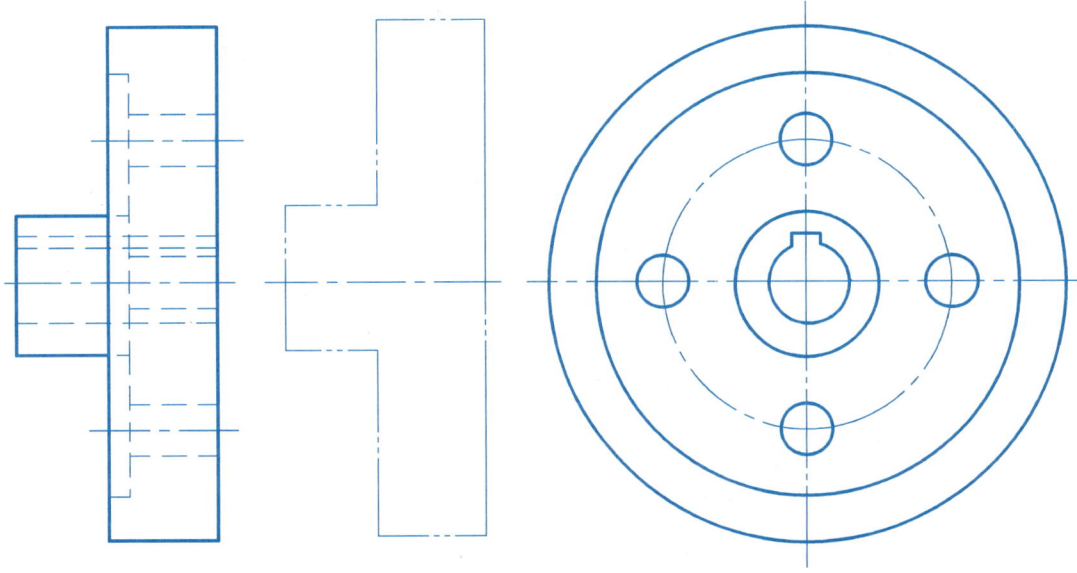

（3）

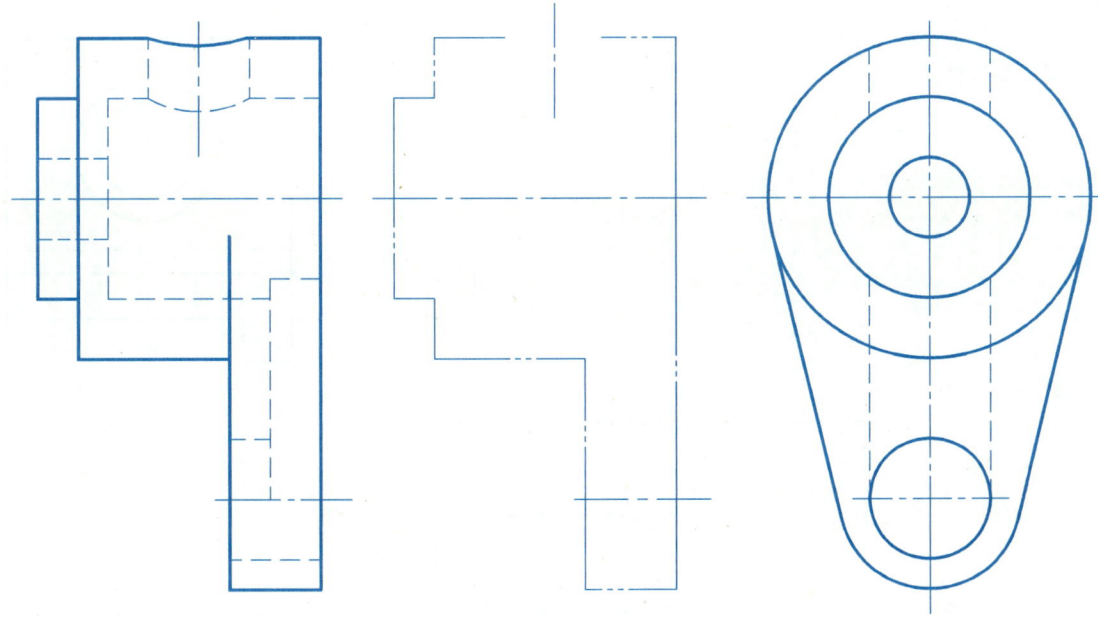

（4）

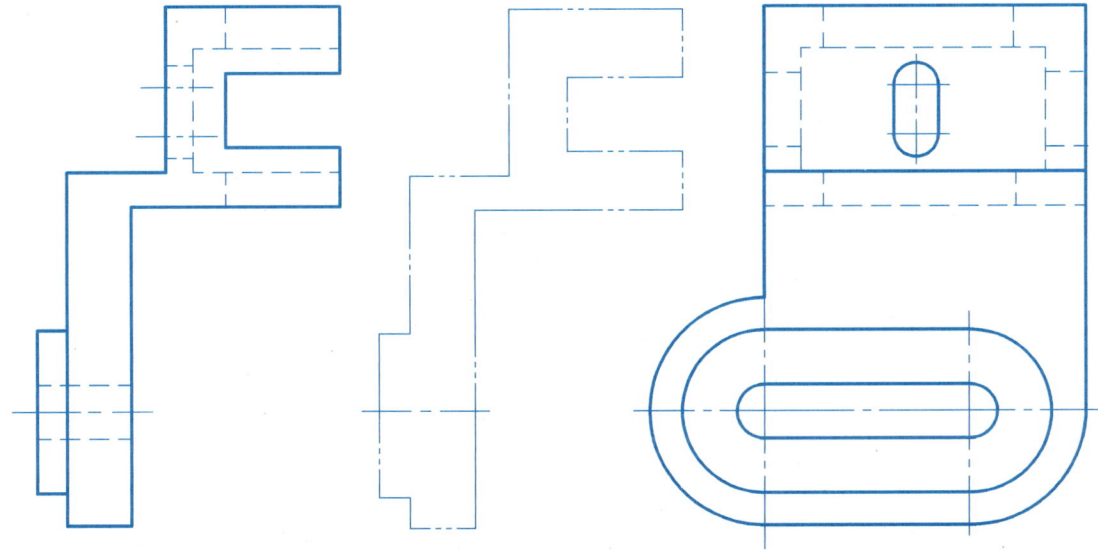

9.3　全剖视图（2）	班级　　　　　姓名　　　　　学号

9.3-2　把左视图画成全剖视图。

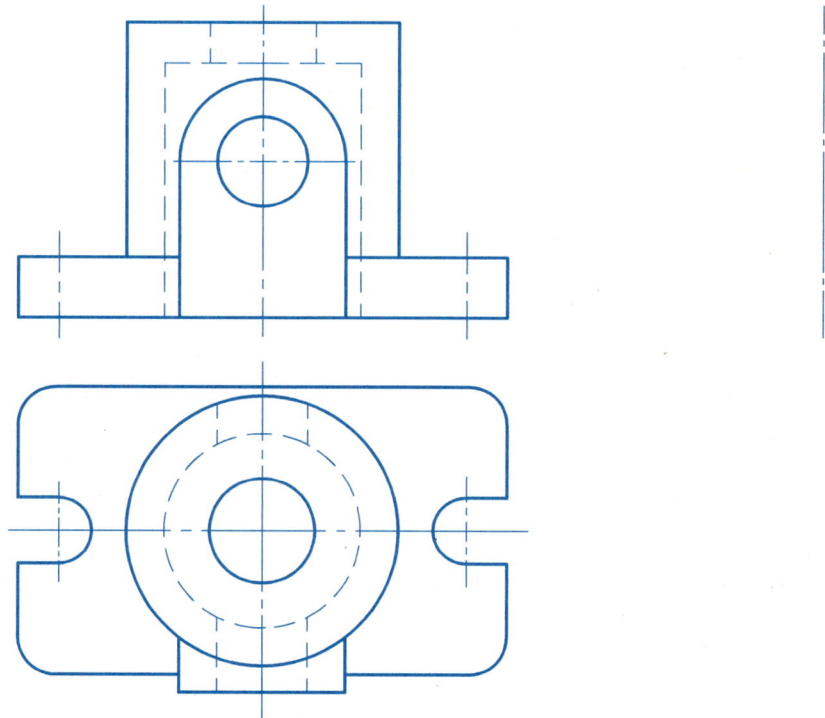

9.3-3　作 C—C 剖视图。

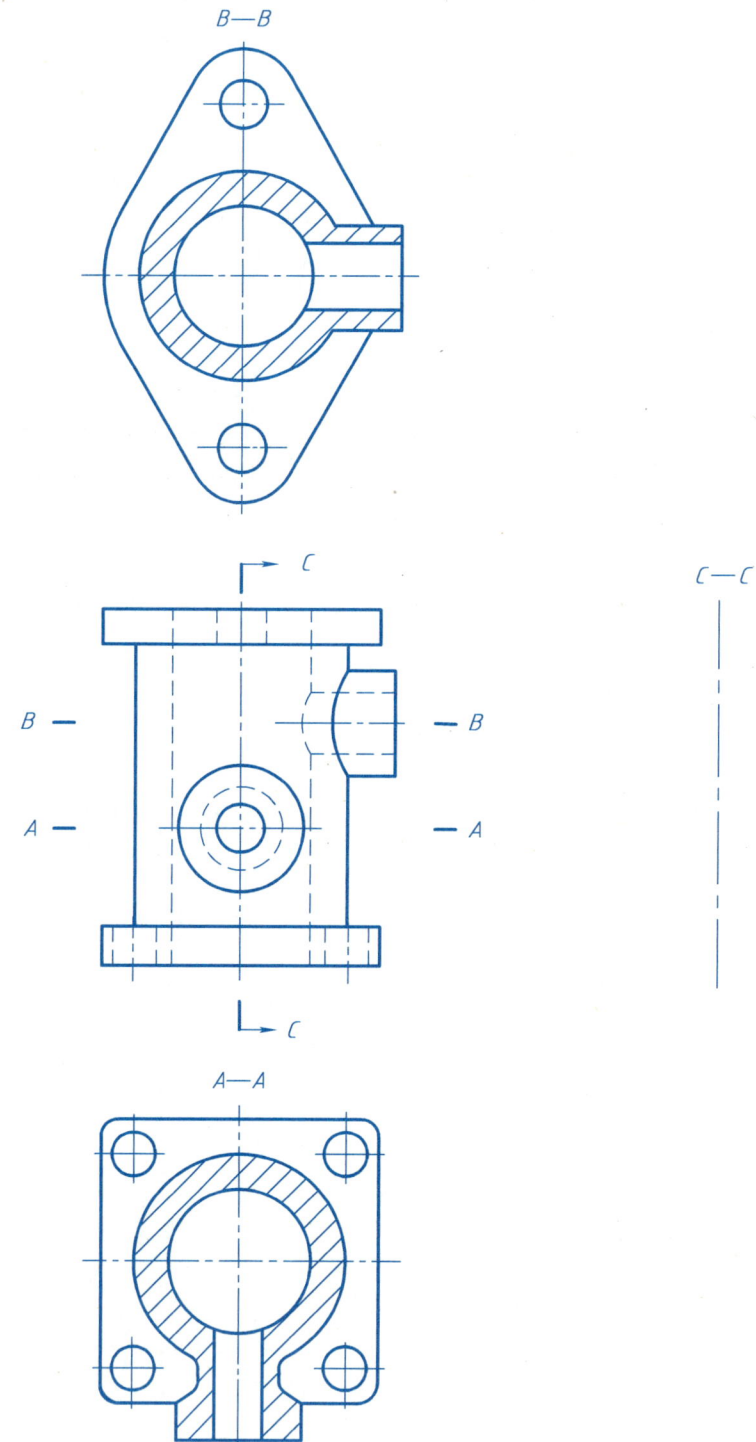

9.3-4　把主视图画成全剖视图。

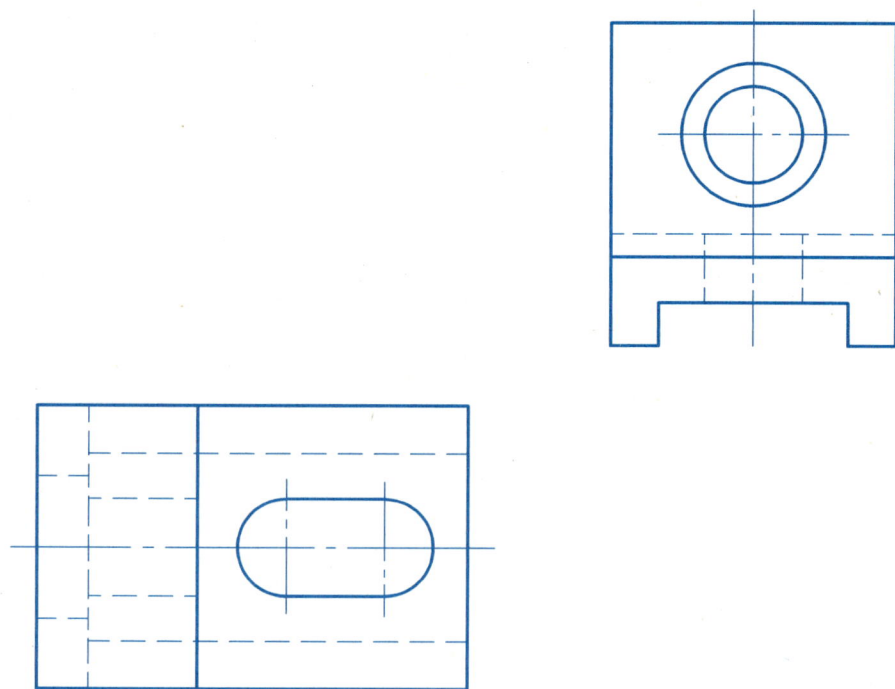

班级	姓名	学号

9.4　半剖视图（1）

9.4－1　在指定位置将主视图改画成半剖视图。

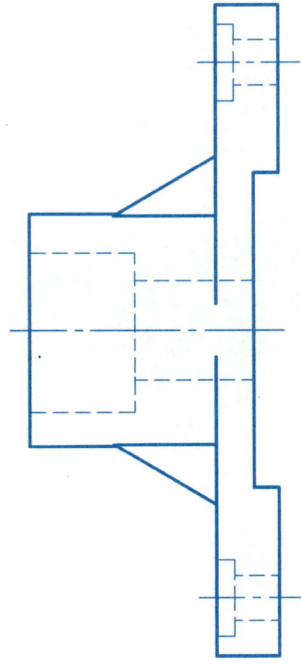

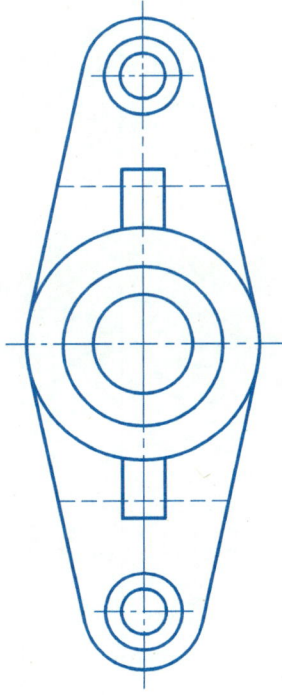

9.4－2　将左视图画成半剖视图。

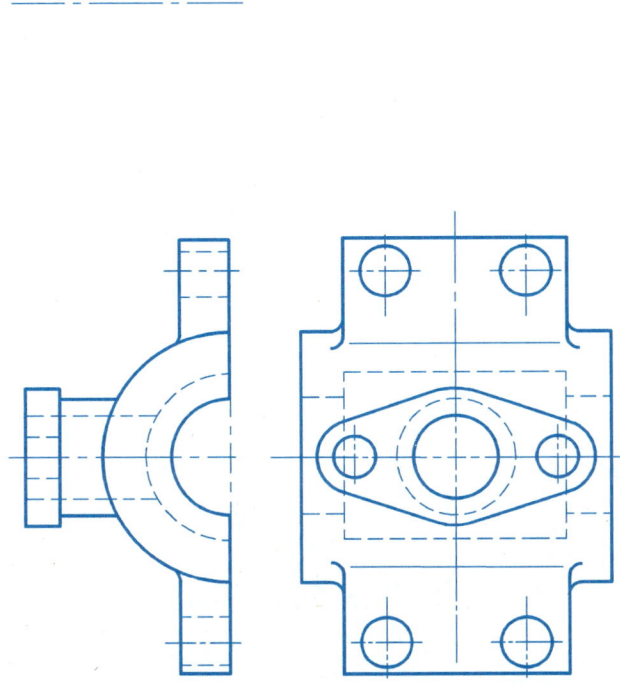

9.4－3　将左视图画成半剖视图，并在俯视图中多余的图线上画 "×"。

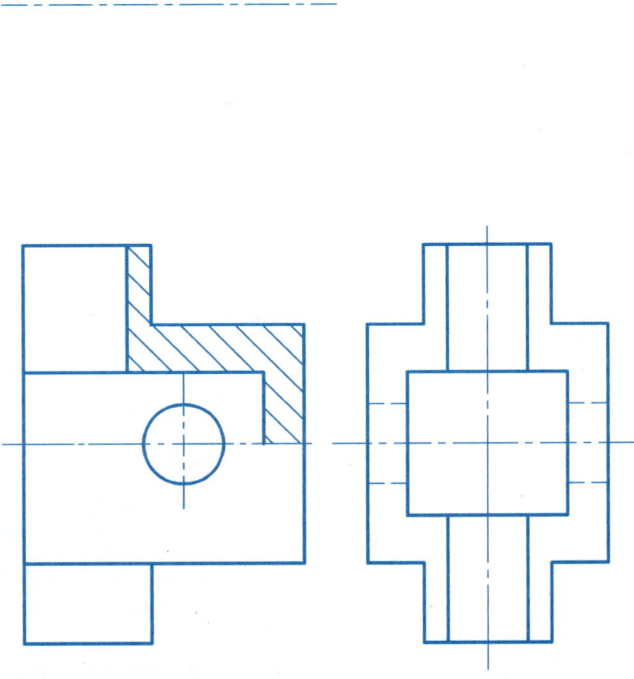

9.4－4　在指定位置将主视图改画成半剖视图，将左视图画成全剖视图，并在俯视图中多余的图线上画 "×"。

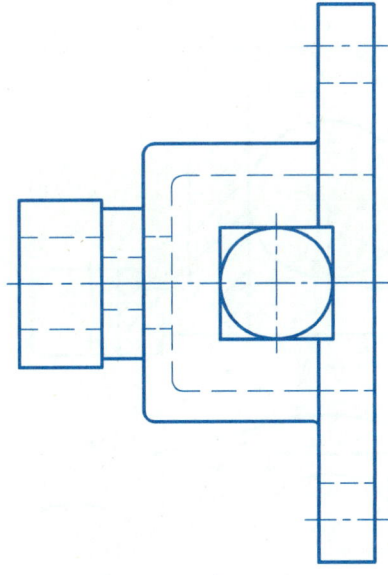

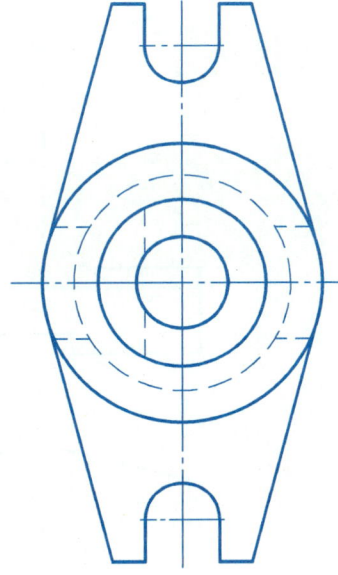

| 9.4　半剖视图（2） | 班级　　　　姓名　　　　学号 |

9.4-5 完成半剖的左视图。

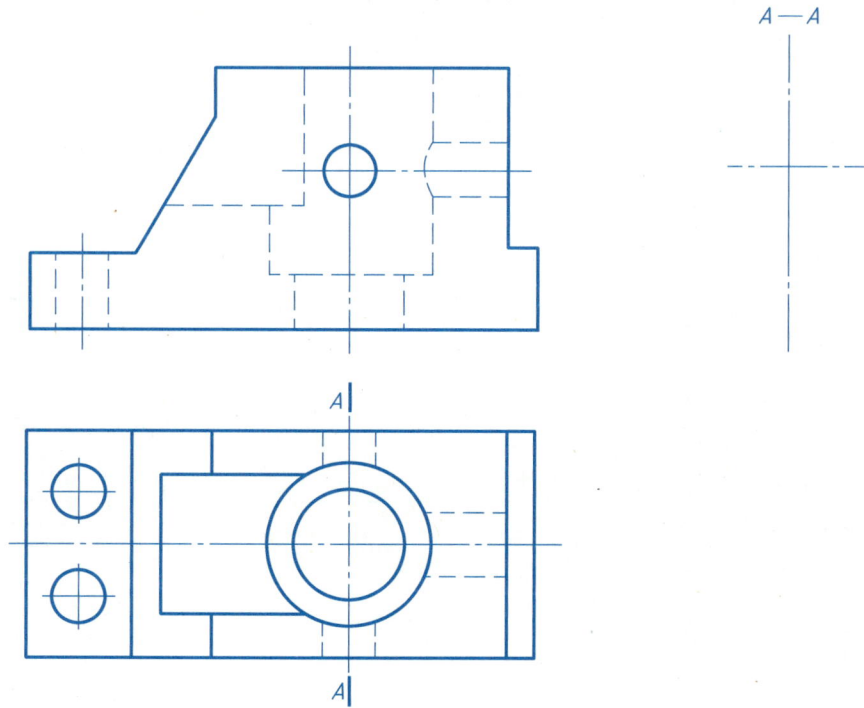

A—A

9.4-6 将主视图改画成半剖视图，将左视图画成全剖视图，并在俯视图中多余的图线上画"×"。

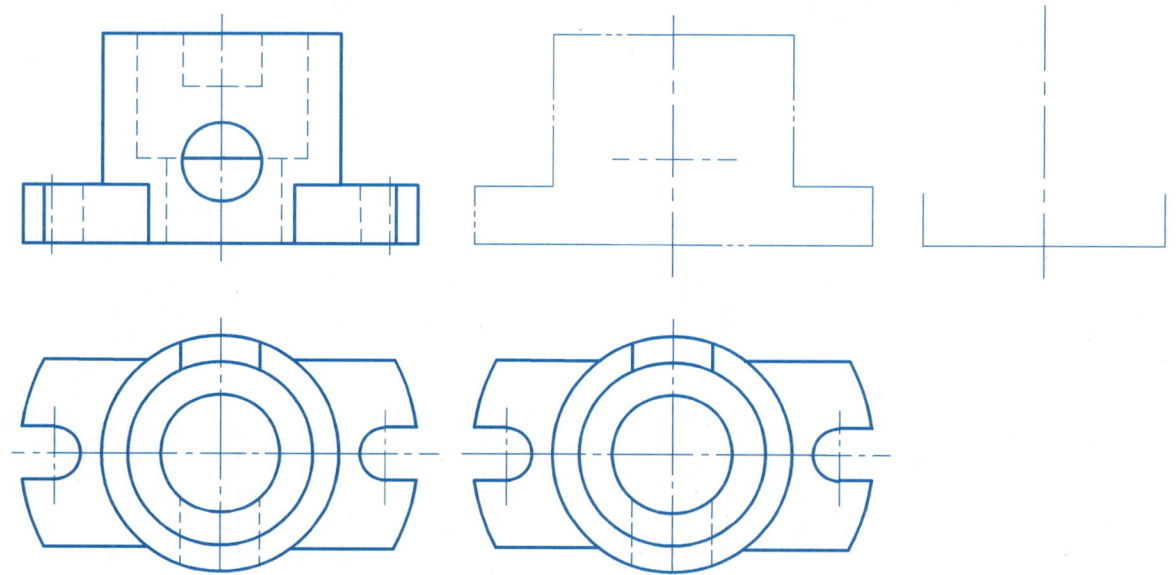

9.4-8 把主、俯视图改画成半剖视图。

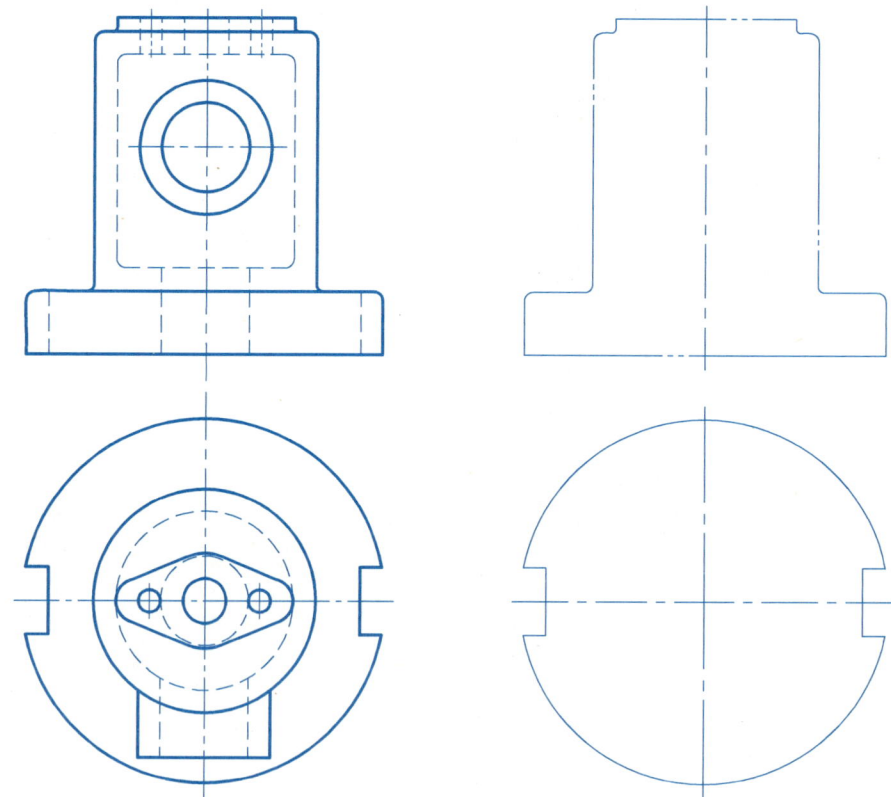

9.4-7 将左视图画成半剖视图，并在俯视图中多余的图线上画"×"。

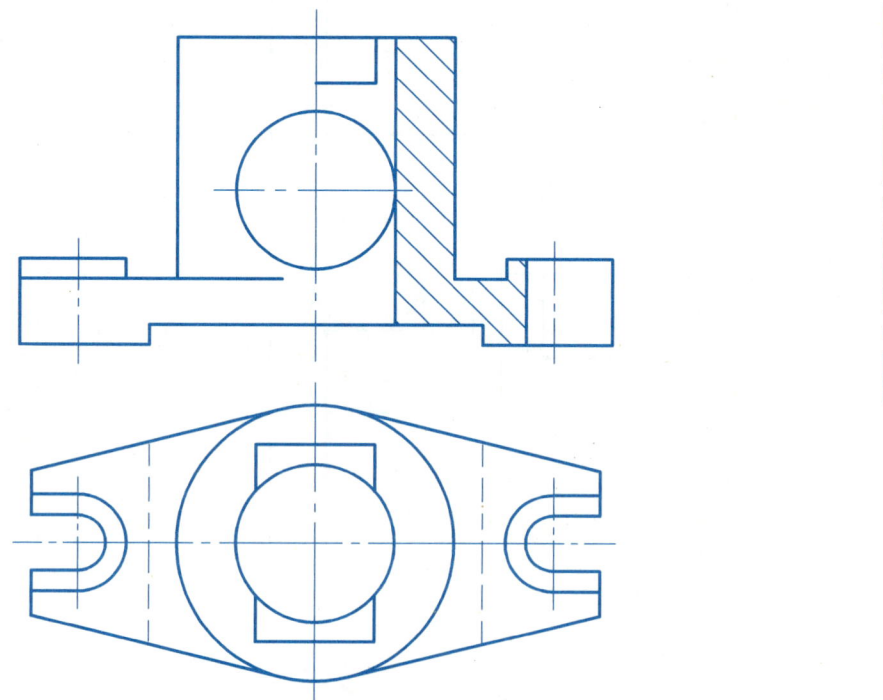

9.5　局部剖视图	班级	姓名	学号

9.5-1　分析视图中的错误，并在指定位置作出正确的剖视图。

9.5-2　把主视图、俯视图画成局部剖视图。

（1）

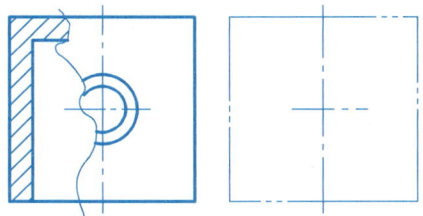
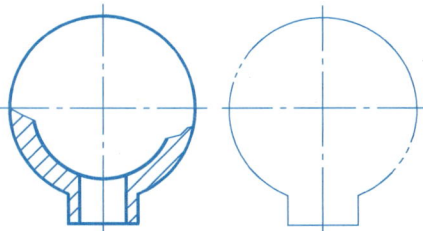

（2）

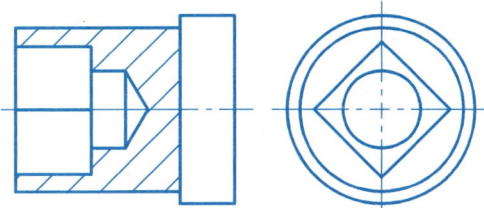
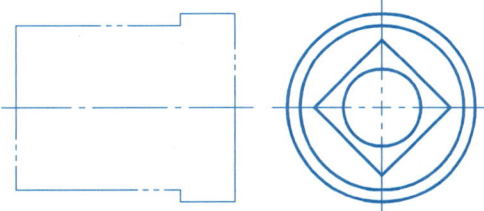

（3）

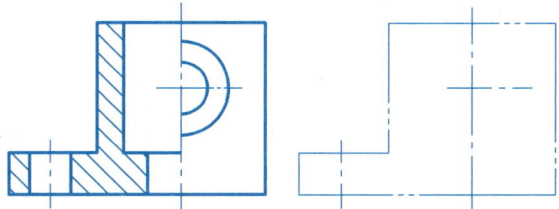
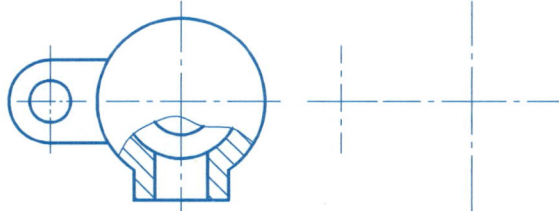

（1）

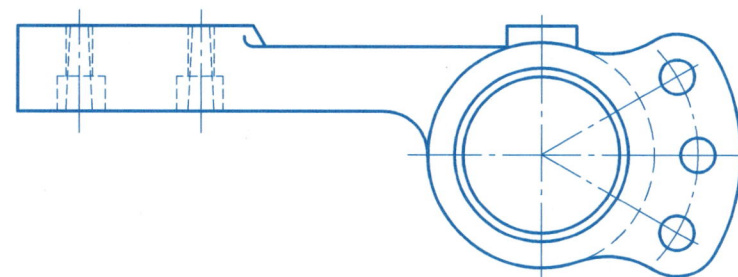
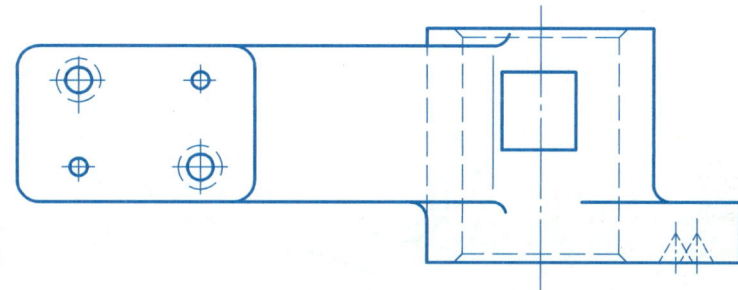
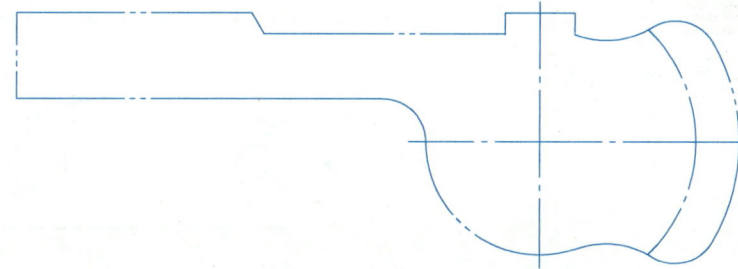
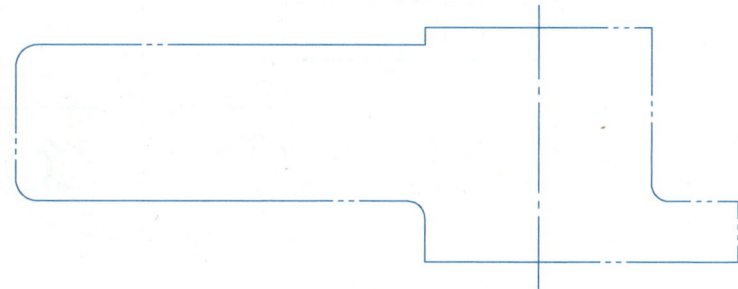

（2）

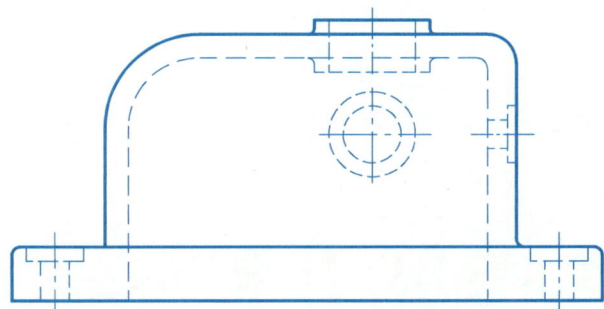
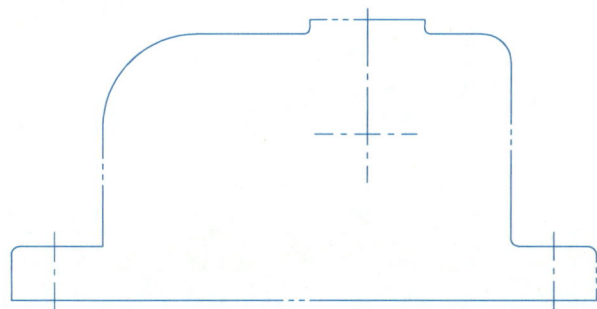
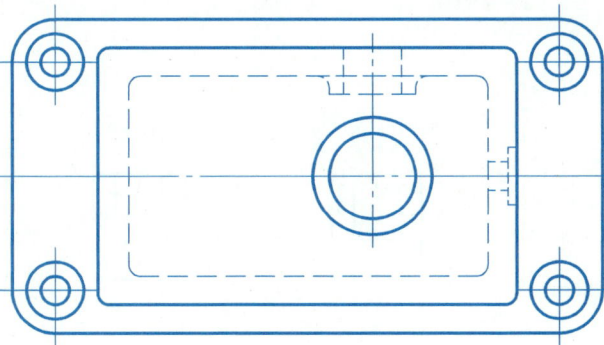
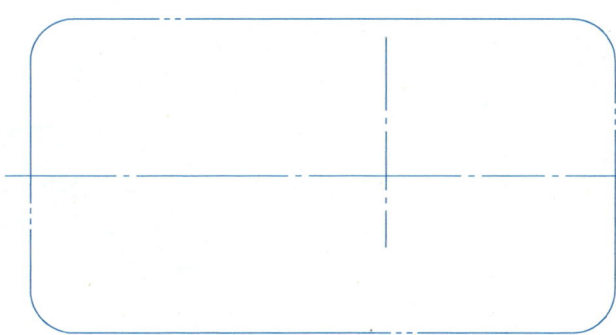

9.6　用单一剖切面、柱面剖切机件

9.6-1　已知机件的主视图和俯视图，画出 A—A 斜剖视图。

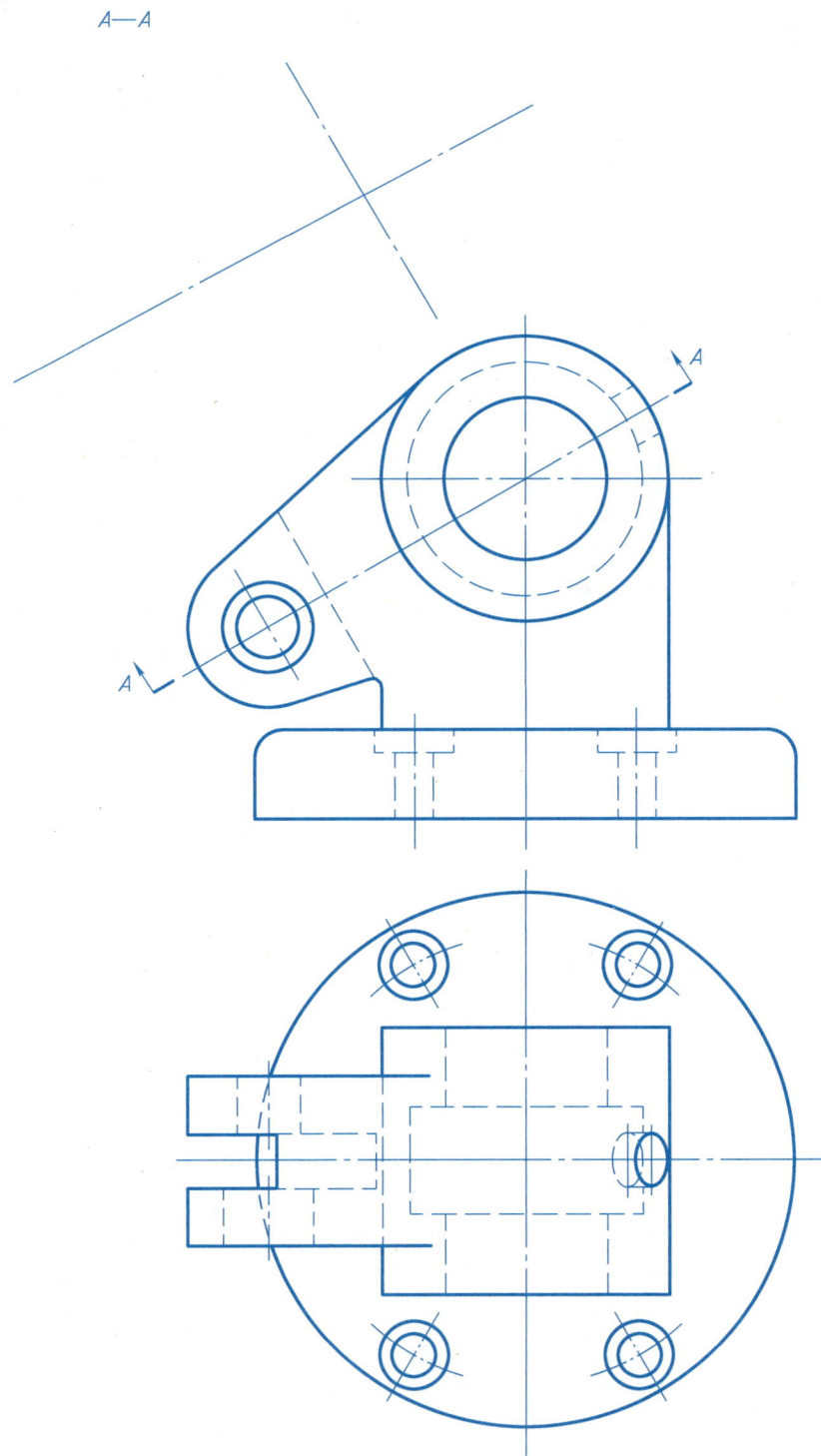

A—A

9.6-2　将主视图改画成半剖视图、左视图改画成全剖视图，并在俯视图中多余的图线上画"×"。

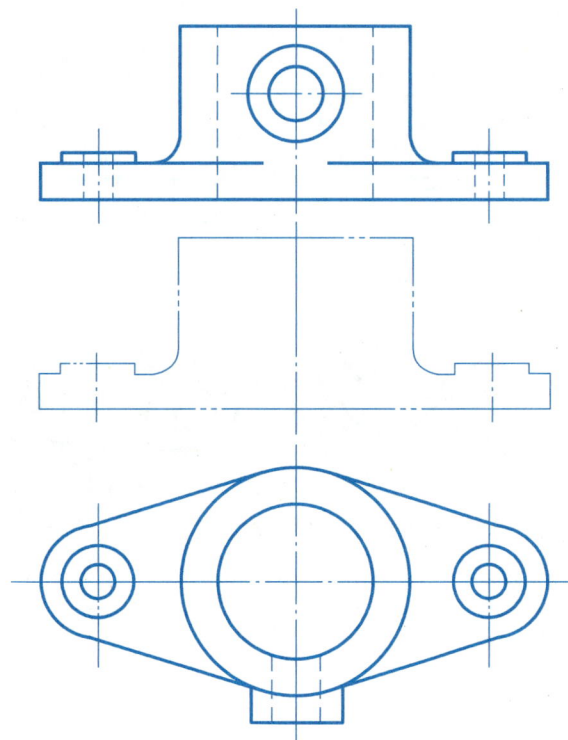

9.6-3　已知机件的 A—A、B—B 剖视图，用展开画法求作 C—C 剖视图。

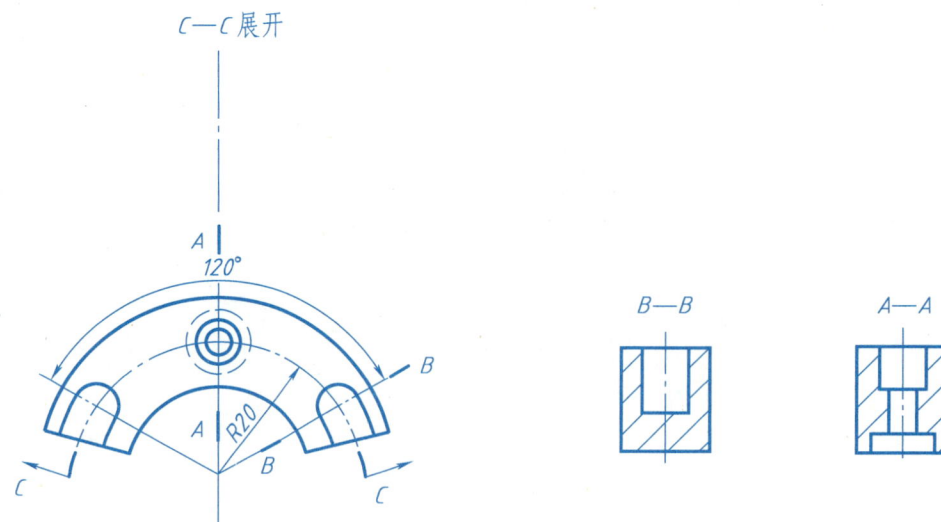

C—C 展开

120°

R20

A   A

B   B

C   C

B—B　　　A—A

班级	姓名	学号

9.7　用几个相交、平行的剖切面剖切机件

9.7-1　在指定位置将主视图改画成剖视图，并标注。

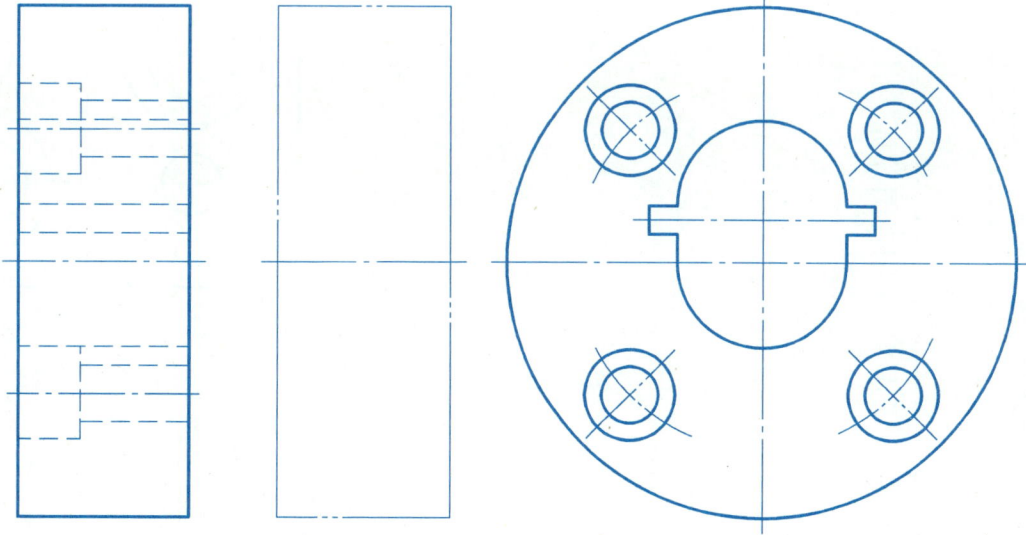

9.7-2　在指定位置将主视图改画成剖视图并标注，在俯视图中多余的图线上画"×"。

9.7-3　在指定位置将主视图改画成剖视图并标注，在俯视图中多余的图线上画"×"。

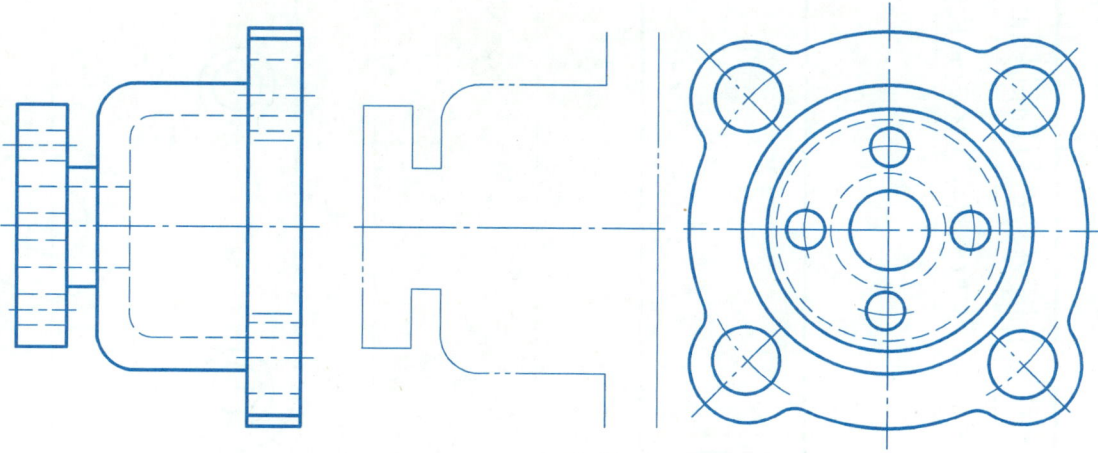

9.7-4　在指定位置画 A—A 剖视图，并在左视图中多余的图线上画"×"。

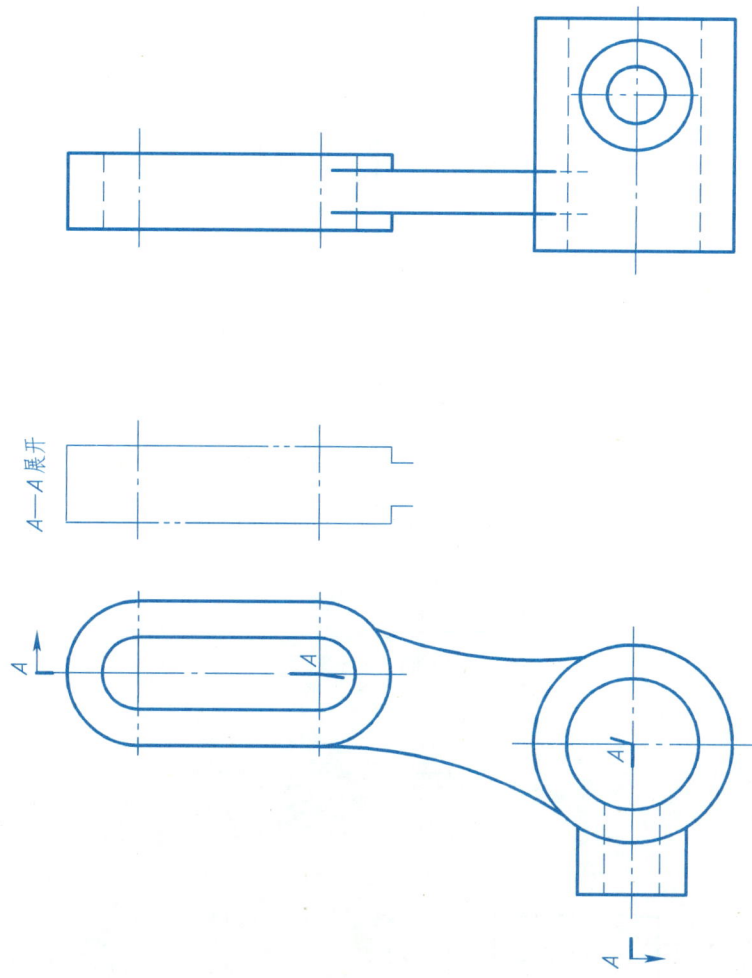

A—A 展开

学号

姓名

班级

9.7　用几个相交、平行的剖切面剖切机件（2）

9.7－5　在指定位置将主视图改画成画剖视图并标注。

(1)

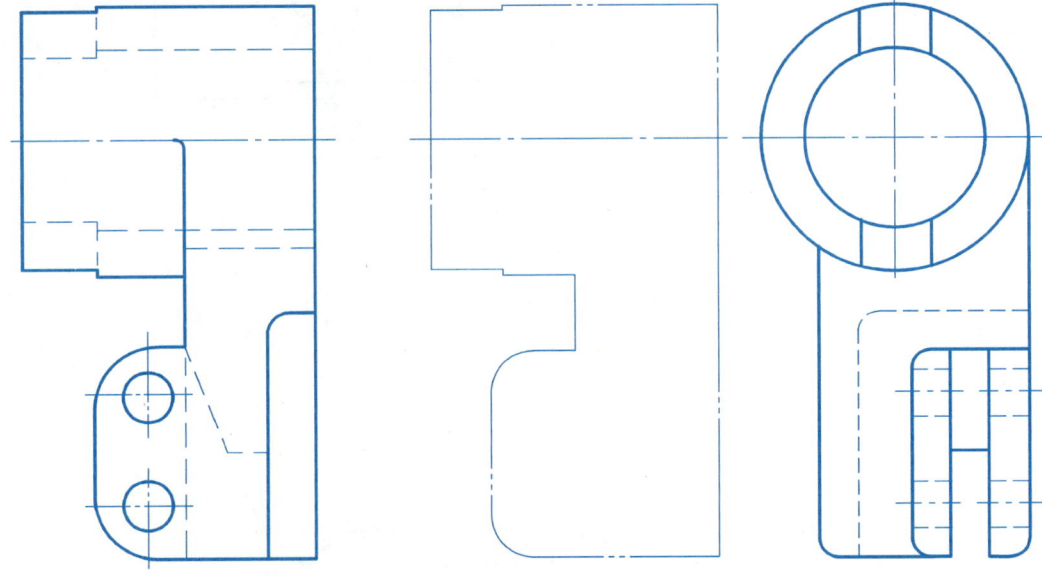

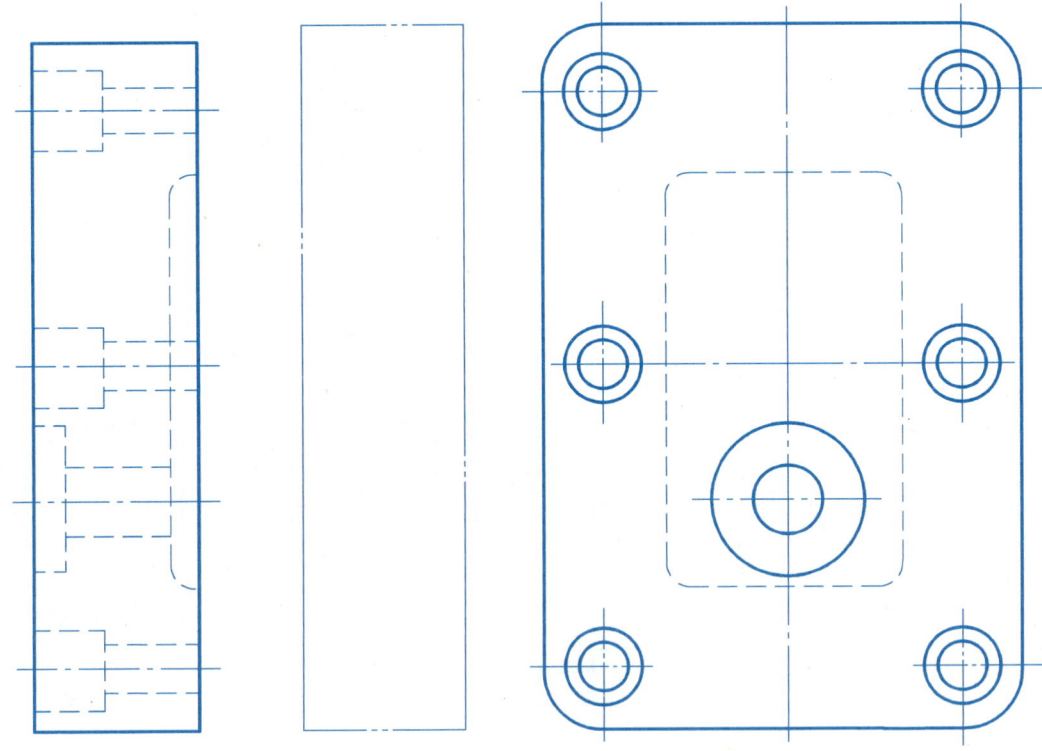

(2)

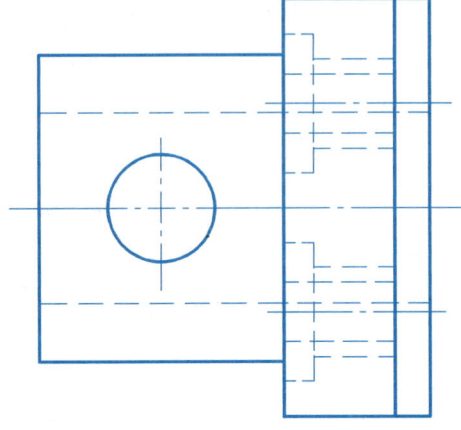

9.7－6　求作 A—A 剖视图并标注。

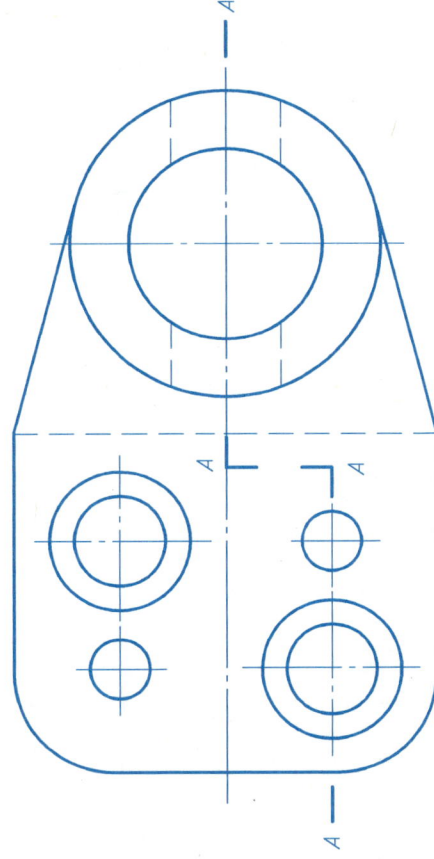

58

9.8　断面图及其他表达方法（1）

班级　　　　　姓名　　　　　学号

9.8－1　从下列各组断面图中选出正确的，并在其下方画"√"。

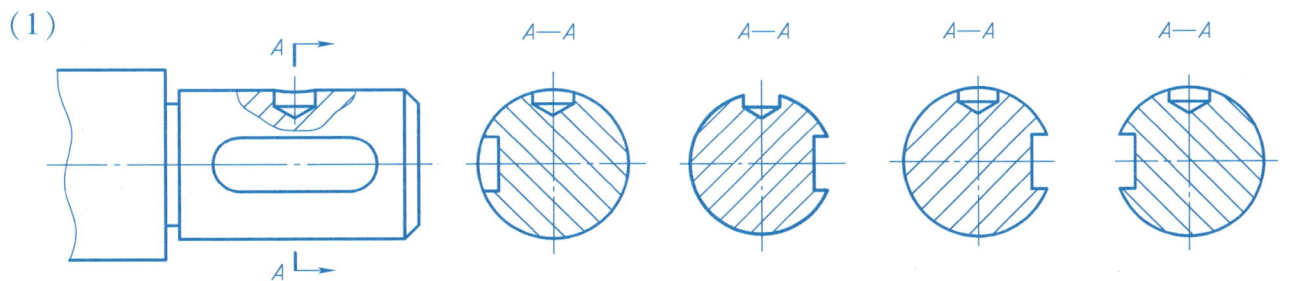

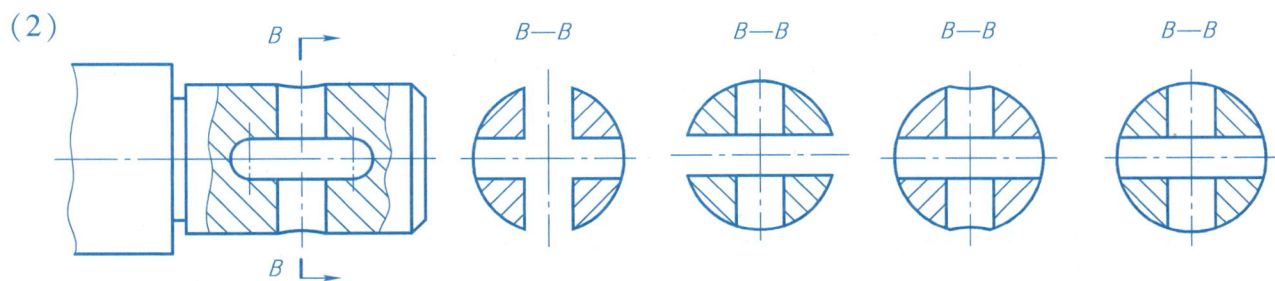

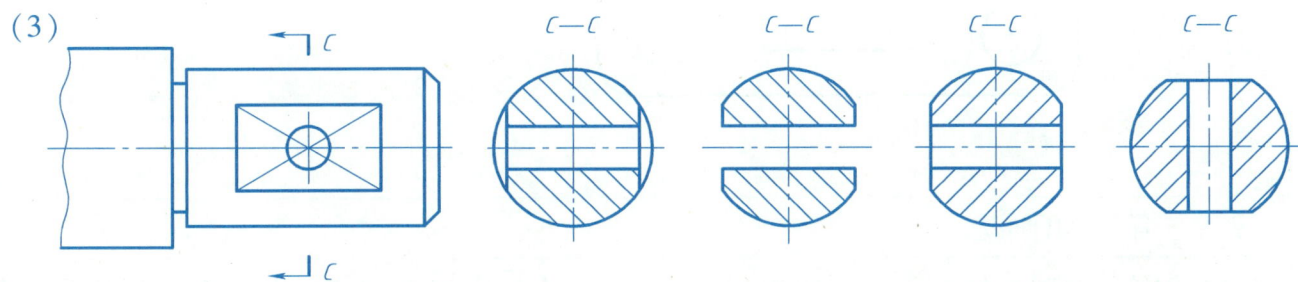

（1）

A—A　　　A—A　　　A—A　　　A—A

（2）

B—B　　　B—B　　　B—B　　　B—B

（3）

C—C　　　C—C　　　C—C　　　C—C

9.8－2　作 A—A 移出断面图。

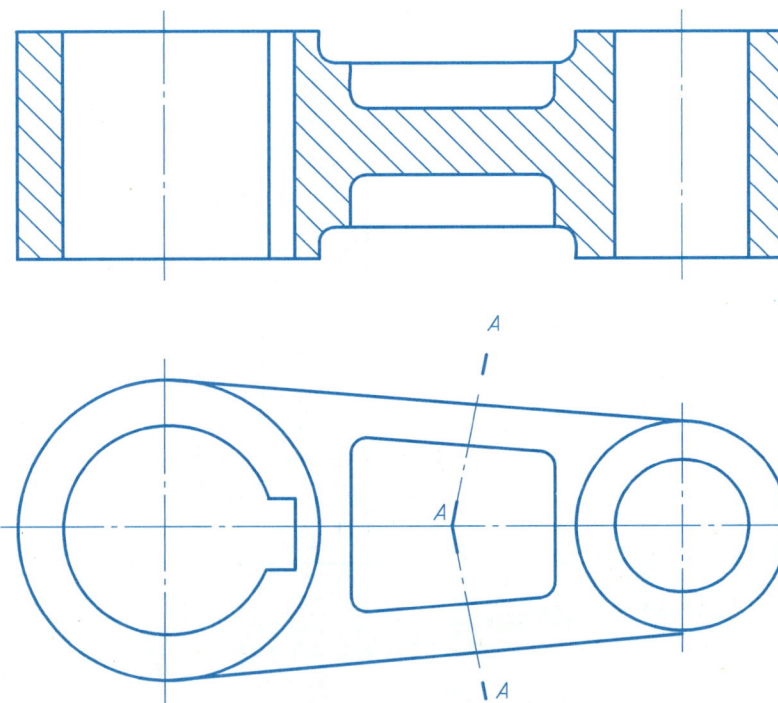

9.8－3　画出指定位置的移出断面图（左面键槽深4mm，右面键槽深3mm）。

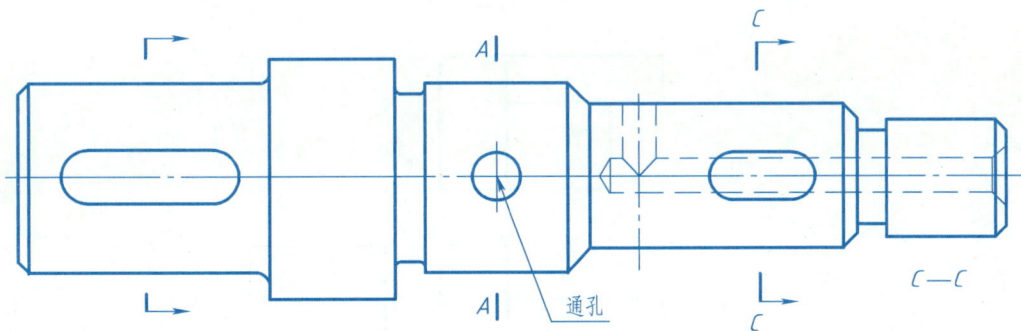

通孔

C—C

9.8－4　从下列断面图中选出正确的，并在其下方画"√"。

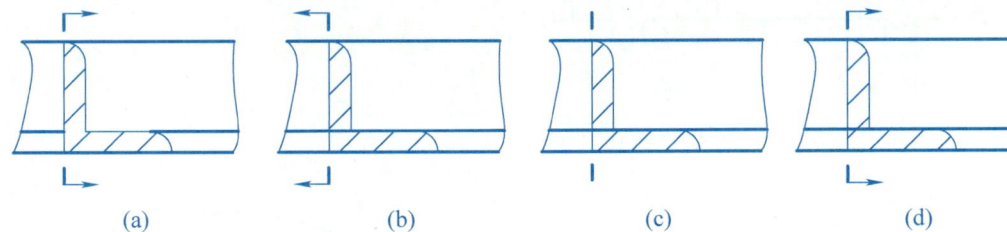

(a)　　　　　(b)　　　　　(c)　　　　　(d)

9.8　断面图及其他表达方法（2）

9.8－5　作 B—B、A—A 断面图。

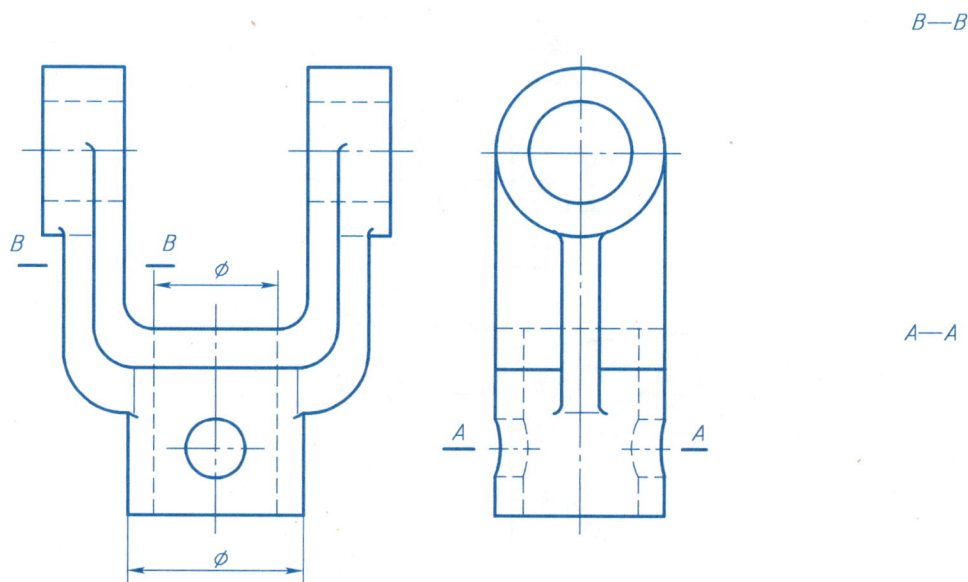

B—B

A—A

9.8－6　画出 A—A 全剖视图和 B—B 断面图。

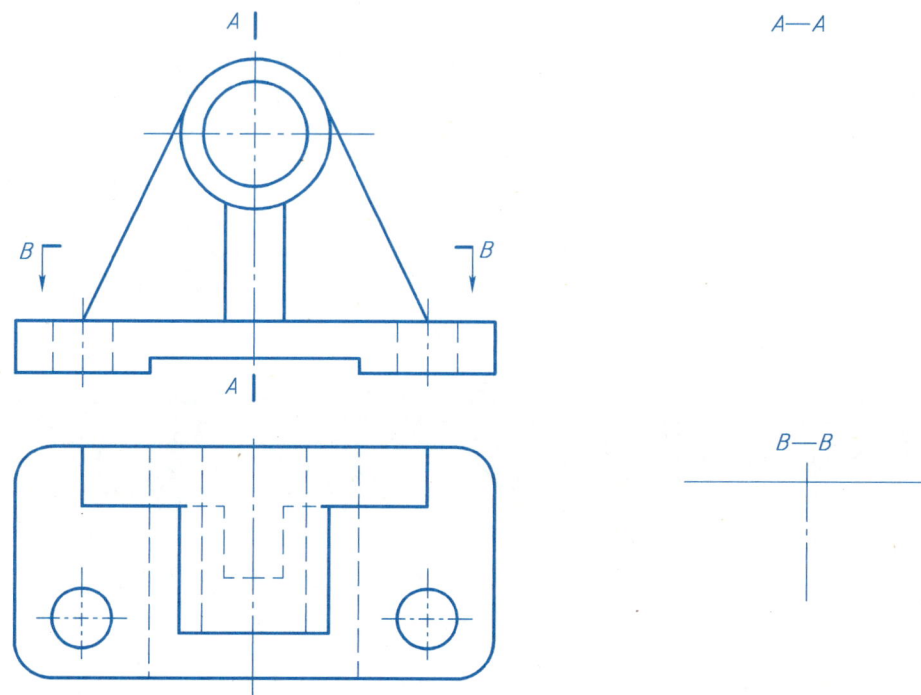

A—A

B—B

9.8－7　改正剖视图中画法上的错误，并在指定位置画出正确的剖视图。

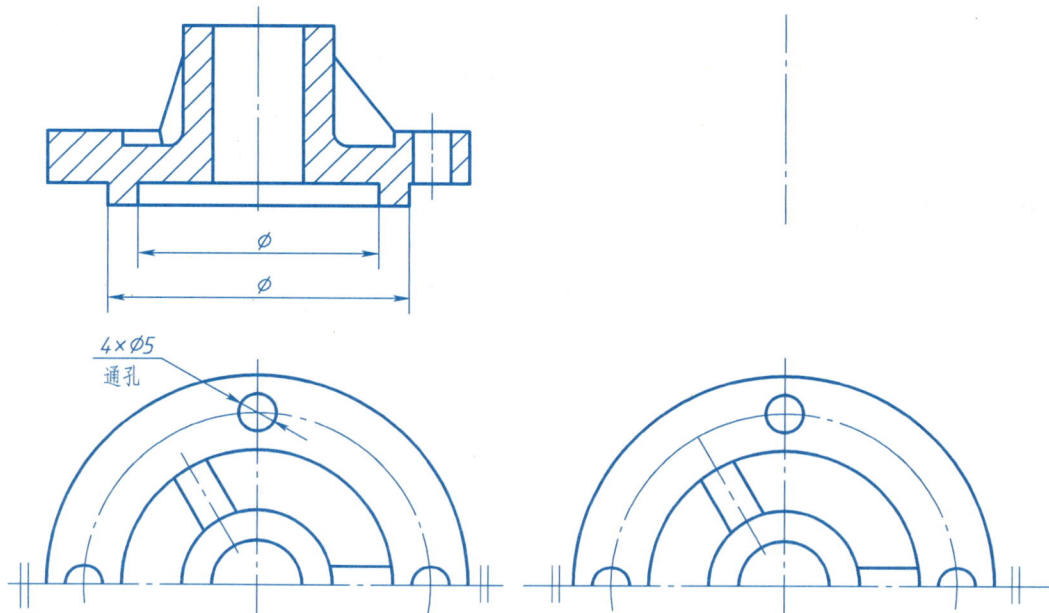

4×∅5
通孔

9.9　第三角画法

已知用第三角投影法画出的物体的主、俯、右三个基本视图，试画出其他三个视图，并在指定位置标注画法标记。

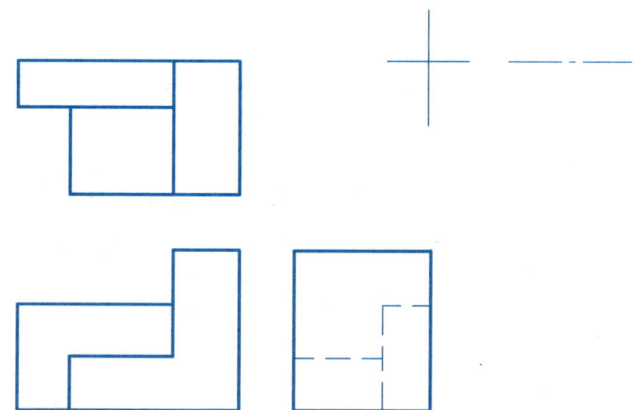

第 9 章 机件的常用表达方法

9.10 表达方法的综合运用（1）

班级 姓名 学号

9.10-1 改正图中的各种错误（包括投影、标注及与规定不符之处等），并重新画出正确的视图。

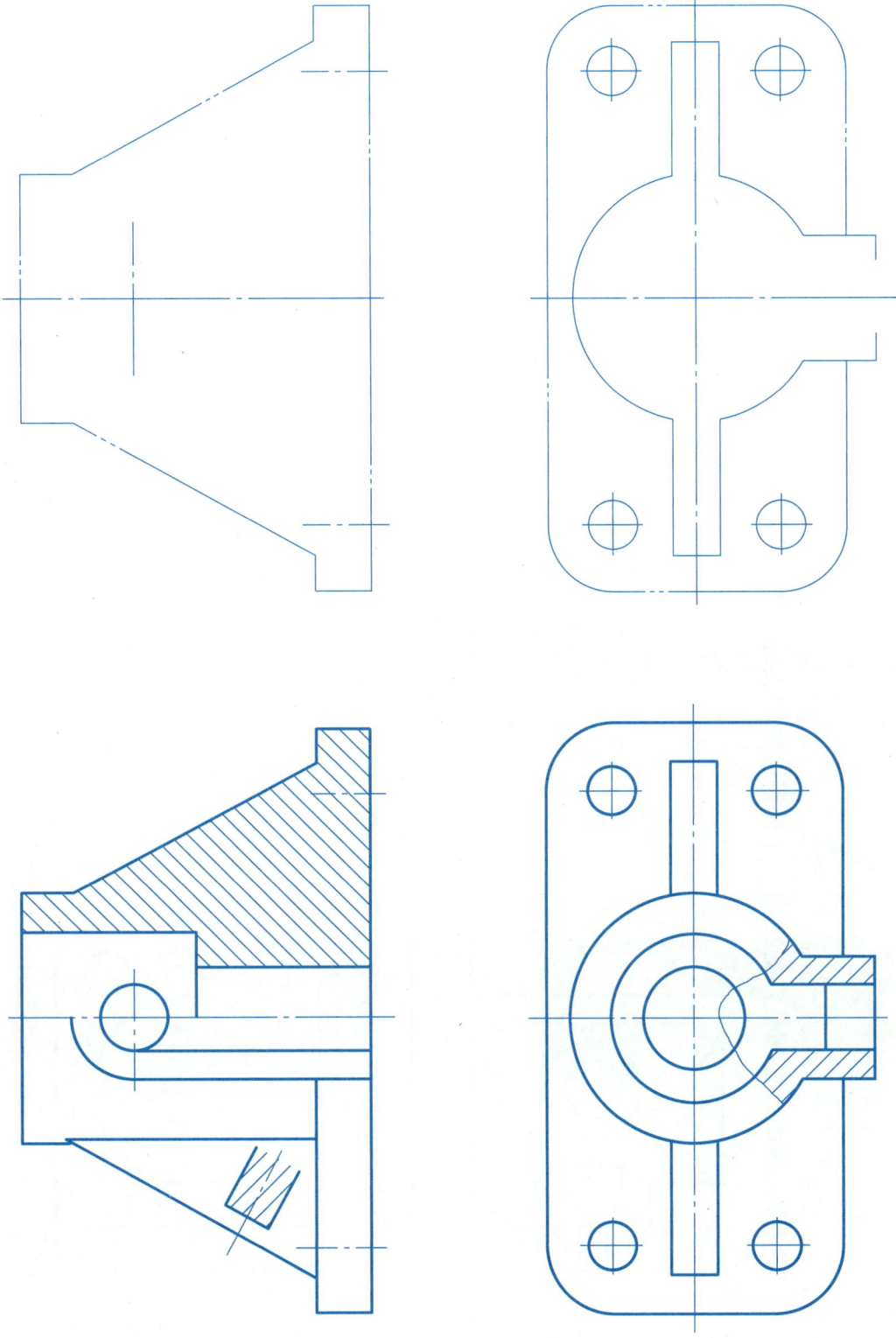

9.10-2 完成半剖的主视图，用全剖画法画出其左视图，并在主、俯视图中多余的图线上画"×"。

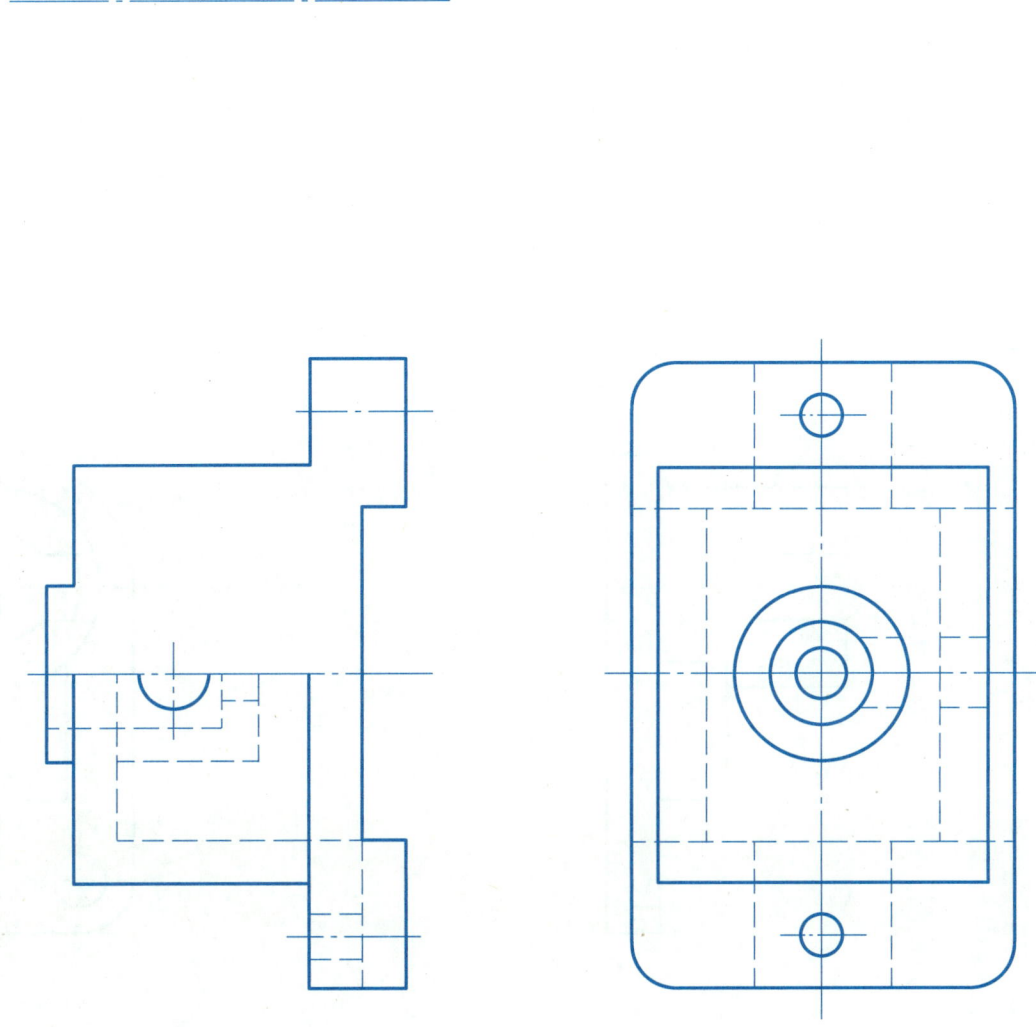

班级	姓名	学号

9.10　表达方法的综合运用（2）

9.10－3　已知机件的主、俯视图，将主视图改画为 B—B 剖视图，并画出 A—A 半剖的左视图。

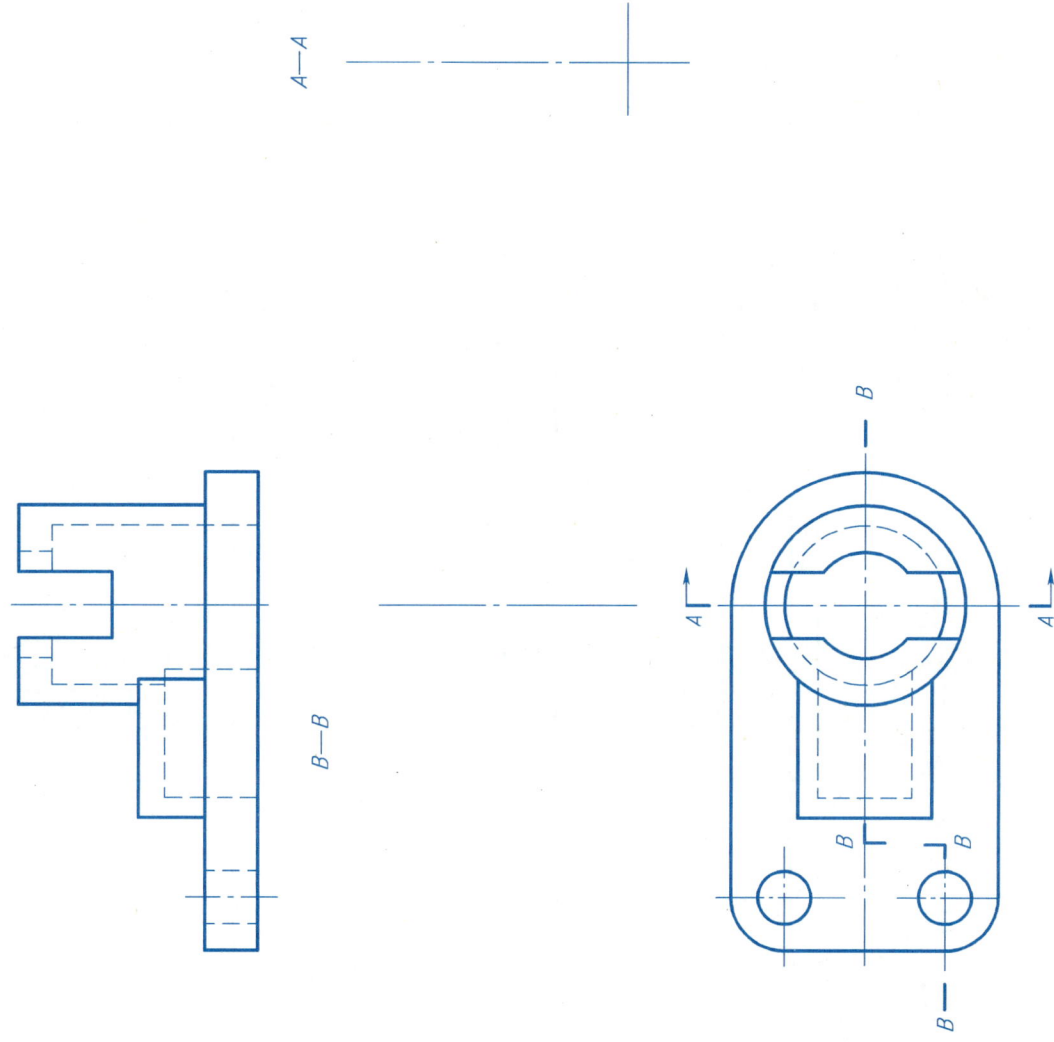

A—A

B—B

9.10－4　根据所给视图，看懂机件的结构，并选择适当的表达方法，在空白处将机件的内、外结构表达清楚。

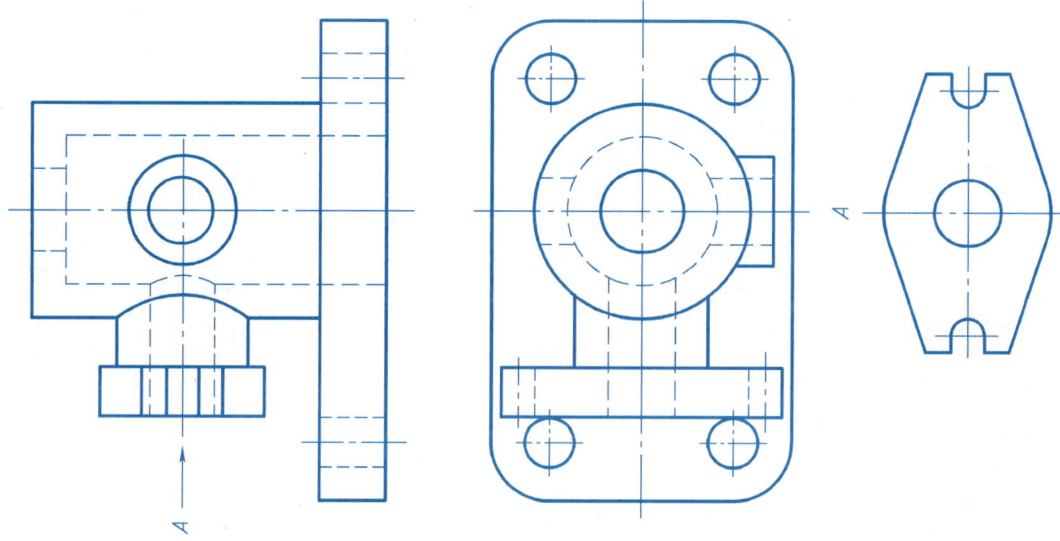

第 9 章　机件的常用表达方法

第 4 次制图大作业——剖视图

作业指示

1. 图名、图幅与比例
(1) 图名：剖视图。
(2) 图幅：A3。
(3) 比例：第 1 题比例为 1:1，第 2 题比例为 1:2。

2. 目的、内容与要求
(1) 目的：掌握机件的表达方法。
(2) 内容：根据所给机件的视图，按需要改画成剖视图、断面图和其他视图，并标注尺寸。
(3) 要求：本作业共有两题，可视专业、学时情况选做。作图时通过选择给当的表达方案，将机件的内、外形状表达清楚。

3. 绘图步骤及注意事项
(1) 对所给视图进行形体分析，在此基础上选择表达方案。
(2) 根据规定的图幅和比例，合理布置各视图的位置。
(3) 用 H 或 HB 铅笔逐步画出各视图。画图时按需要将视图改画成适当的剖视图（如有需要，还应画出断面图），并标注、调整各部分尺寸，完成底稿。
(4) 仔细校核底稿，确认无误后，用 B 或 2B 铅笔加深或上墨。

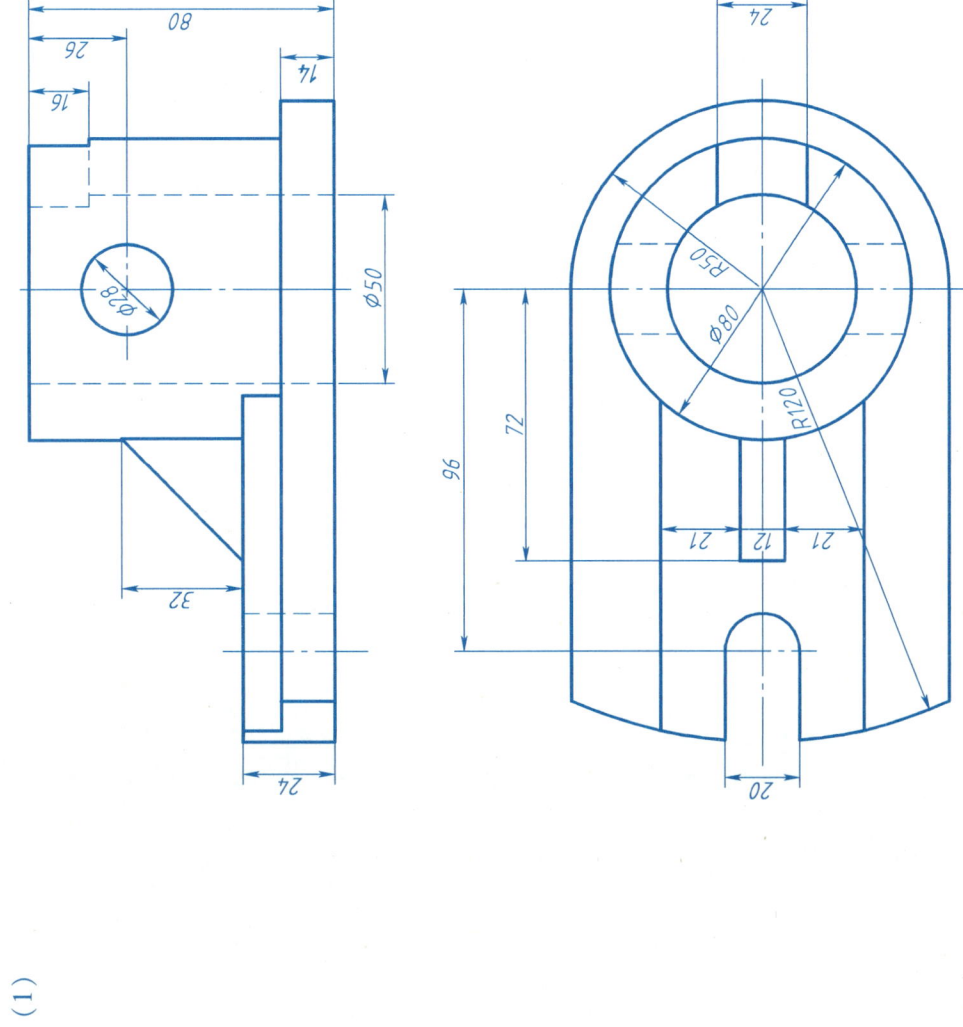

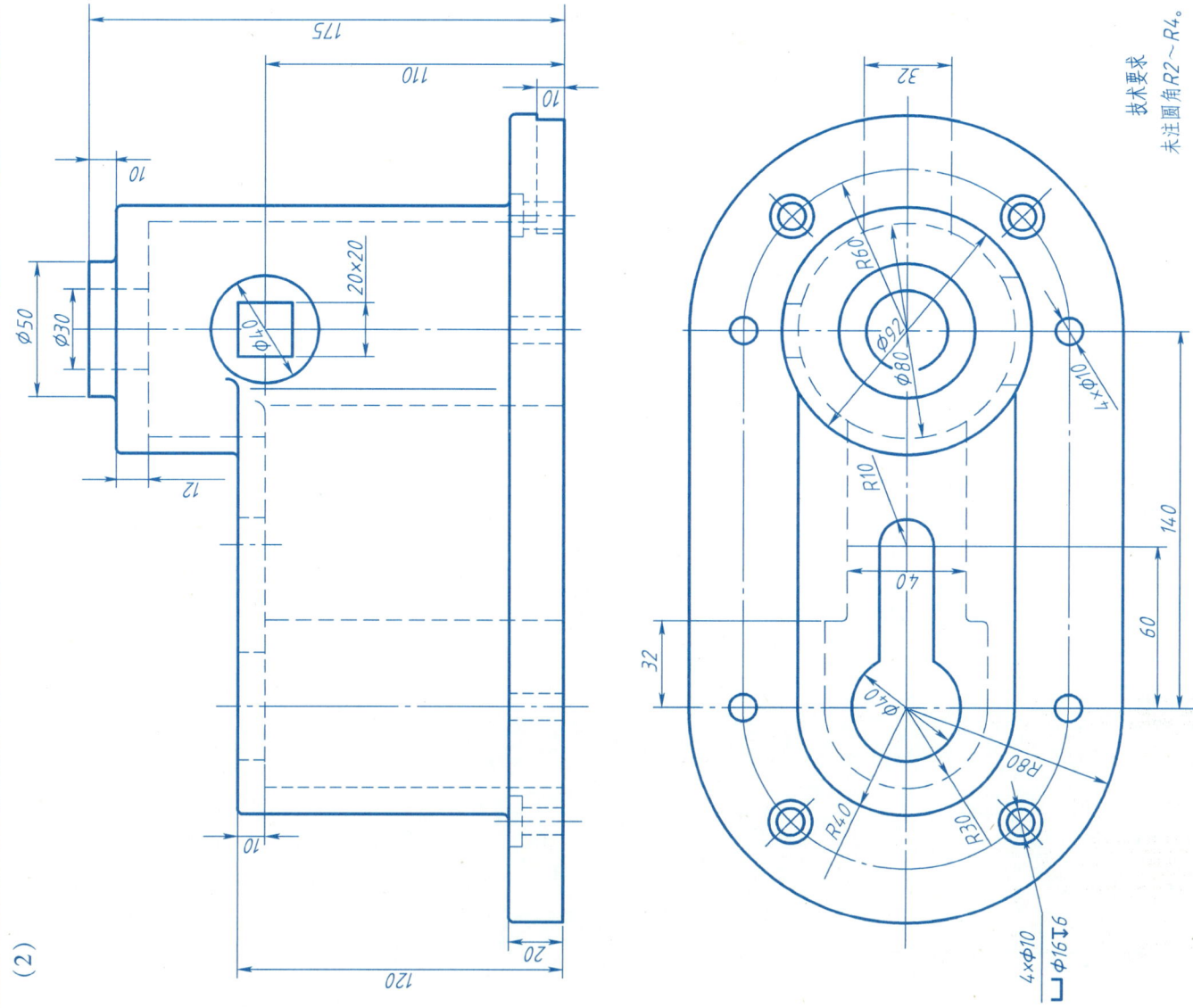

(1)

(2)

技术要求
未注圆角 R2~R4。

63

10.1　螺纹的规定画法和标注（1）	班级	姓名	学号

10.1－1　分析下图画法中的错误，将正确的图形画在右边。

（1）

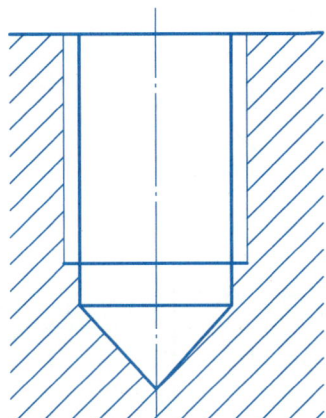

（2）

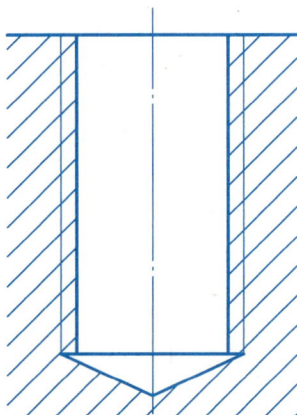

（3）

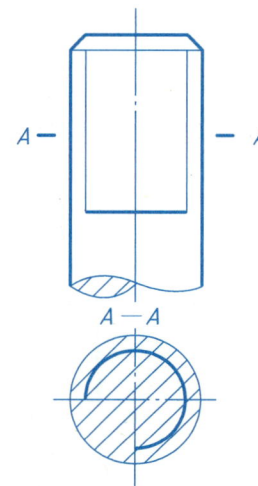

（4）

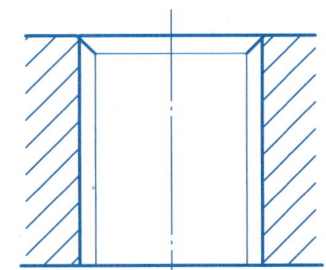

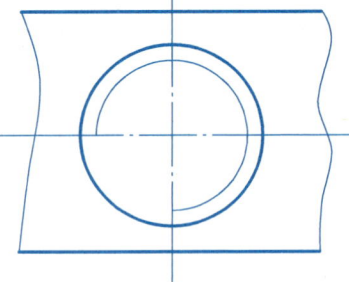

（5）

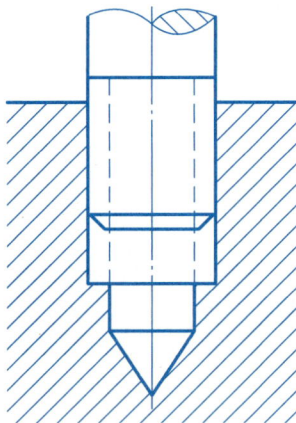

（6）

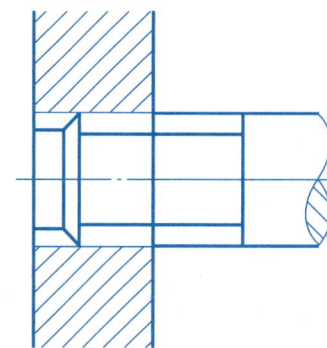

10.1　螺纹的规定画法和标注（2）

10.1-2　分析下图画法中的错误，将正确的图形画在下边。

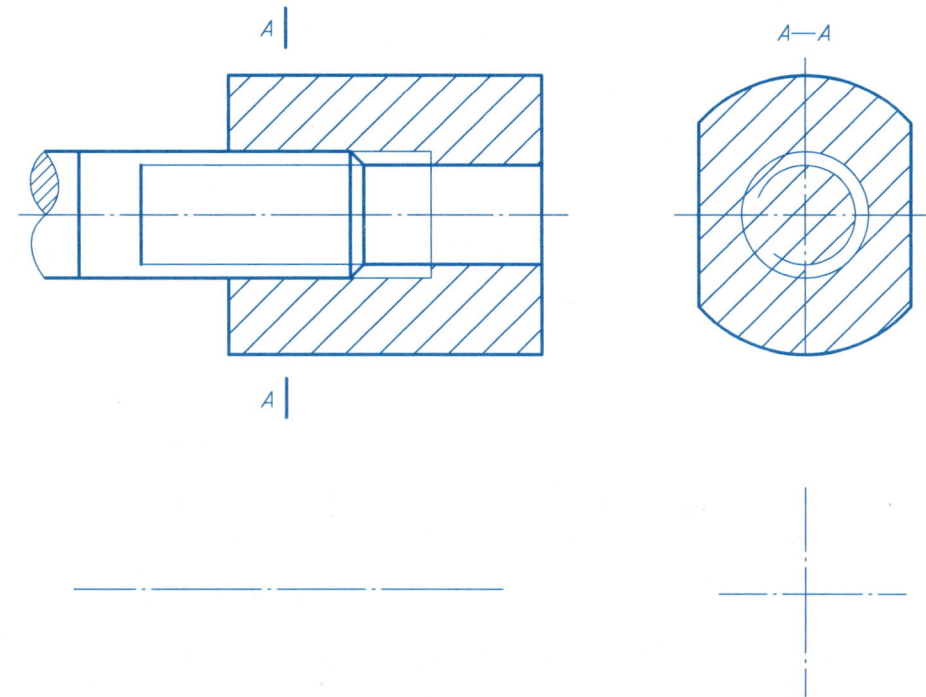

10.1-3　分析下图画法中的错误，在给定位置画出正确的图形。

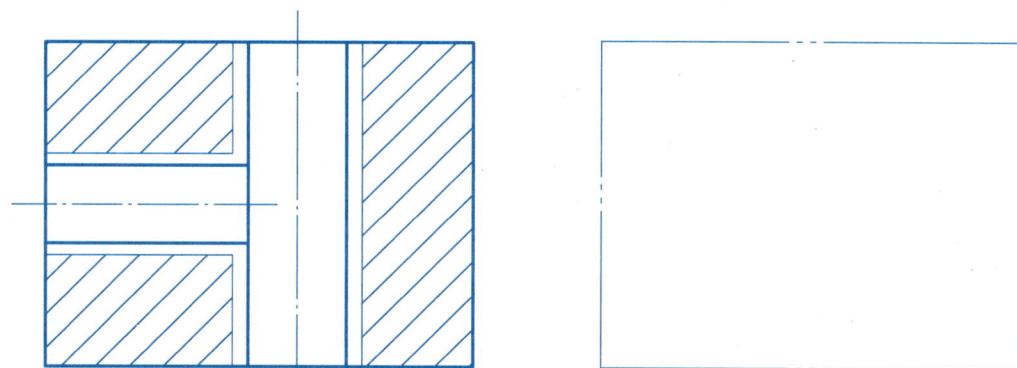

10.1-4　写出下列代号的含义，并按项填入下表中。

项　目 代　号	螺纹种类	内、外螺纹	大径	导程	螺距	线数	旋向	中径、顶径公差带	旋合长度
M12-5h6h-S-LH									
M24-7G-L									
M30×2-6g									
Rc1/4LH									
Tr52×16（P8）LH-7e									
B40LH-7e									

10.1 螺纹的规定画法和标注（3）	班级	姓名	学号

10.1-5 根据给定条件，在图中标注螺纹代号。

（1）粗牙普通螺纹，公称直径为 24mm，螺距为 3mm，单线，左旋，中径和顶径公差带代号均为 6h，中等旋合长度。

（2）细牙普通螺纹，公称直径为 16mm，螺距为 1mm，单线，右旋，中径和顶径公差带代号均为 6G，中等旋合长度。

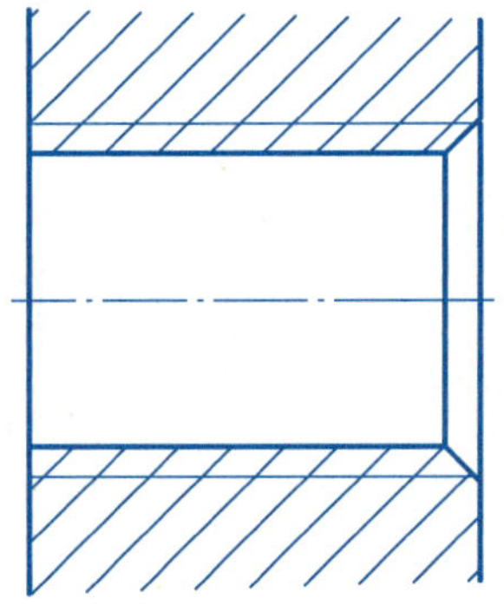

（3）55°密封管螺纹，尺寸代号为 1/4，左旋。

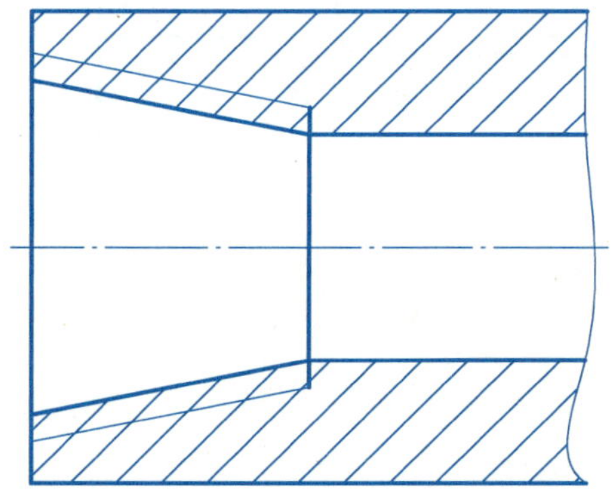

（4）55°非密封管螺纹，尺寸代号为 1/2，公差等级为 A 级，右旋。

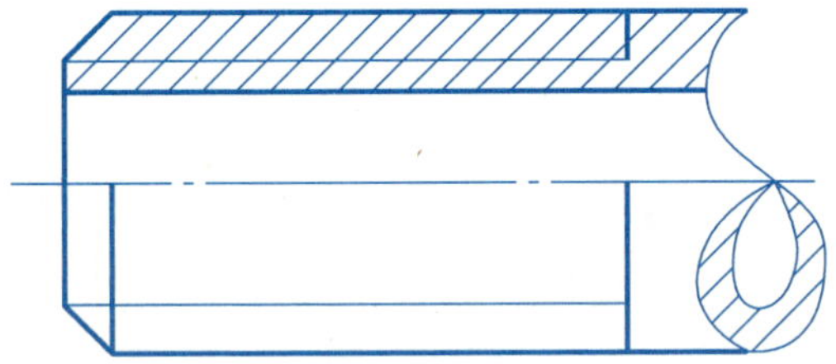

（5）梯形螺纹，公称直径为 20mm，螺距为 2mm，双线，左旋，中径公差带代号为 7e，中等旋合长度。

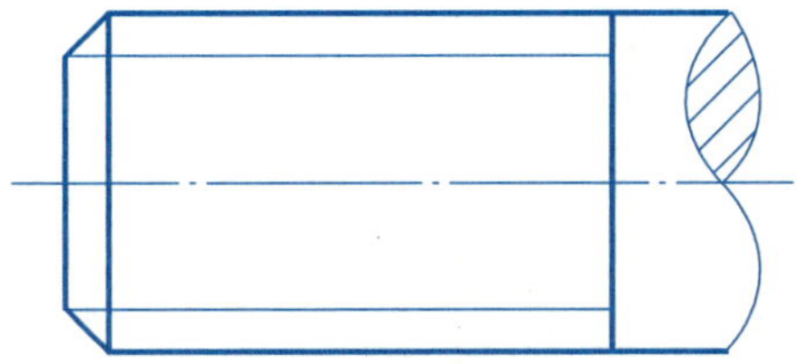

（6）锯齿形螺纹，公称直径为 40mm，螺距为 7mm，单线，左旋，中径公差带代号为 8e，长旋合长度。

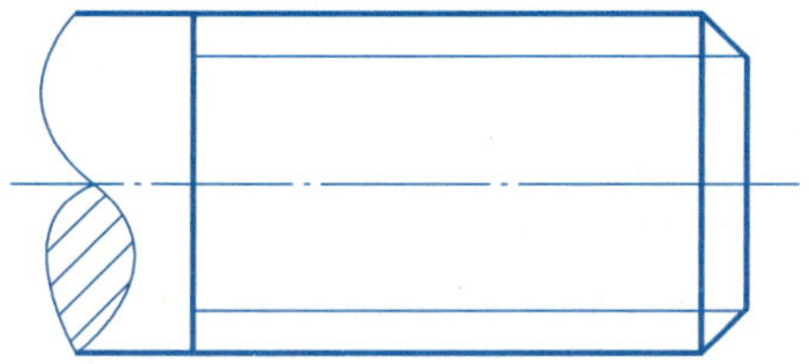

10.2　螺纹连接件画法和规定标记及其装配画法（1）	班级	姓名	学号

10.2－1　查表确定下列各螺纹连接件的尺寸，并写出规定标记。

（1）六角头螺栓－A 级。

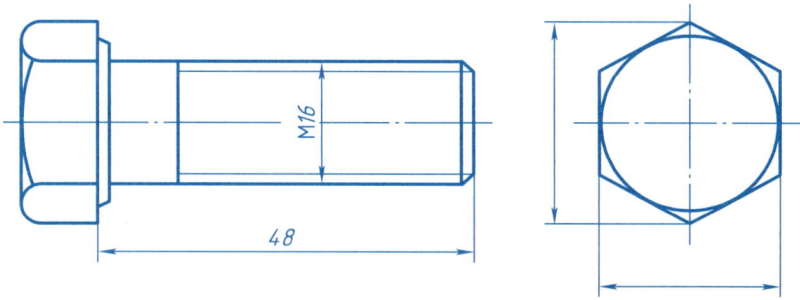

M16
48

规定标记：＿＿＿＿＿＿＿＿＿＿＿＿＿

（2）1 型六角螺母－A 级。

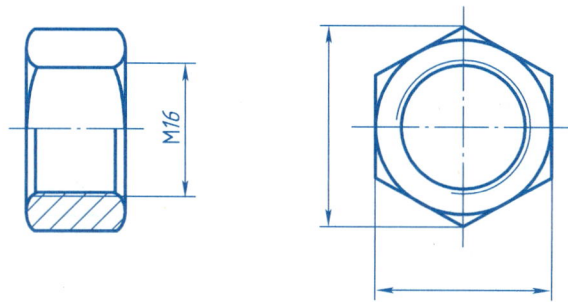

M16

规定标记：＿＿＿＿＿＿＿＿＿＿＿＿＿

（3）双头螺柱（B 型）。

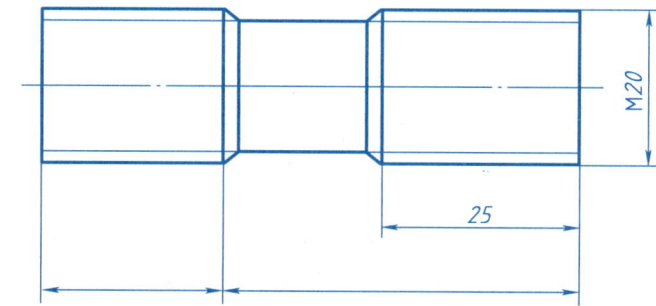

M20
25

规定标记：＿＿＿＿＿＿＿＿＿＿＿＿＿

（4）平垫圈（公称规格为 16mm）。

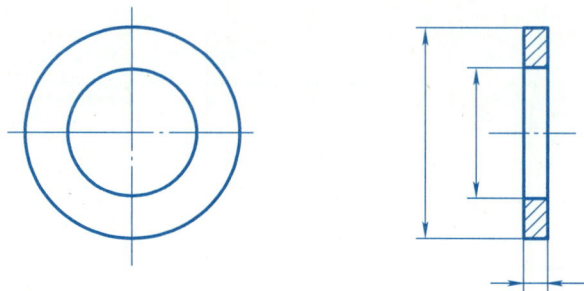

规定标记：＿＿＿＿＿＿＿＿＿＿＿＿＿

（5）开槽长圆柱端紧定螺钉。

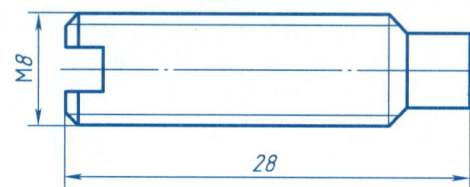

M8
28

规定标记：＿＿＿＿＿＿＿＿＿＿＿＿＿

（6）弹簧垫圈（公称规格为 16mm）。

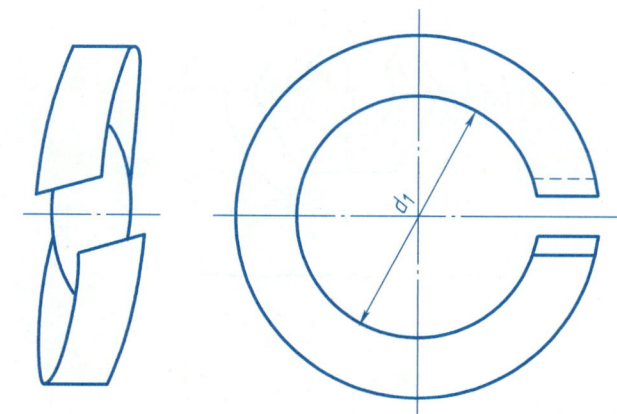

d_1

规定标记：＿＿＿＿＿＿＿＿＿＿＿＿＿

10.2　螺纹连接件画法和规定标记及其装配画法（2）	班级	姓名	学号

10.2－2　分析螺栓连接（简化画法）视图中的错误，在右边画出正确的视图。

（1）

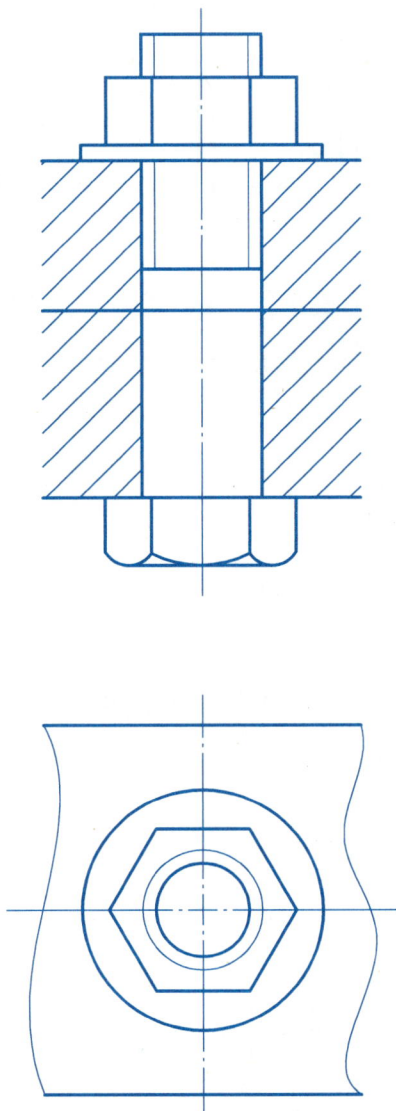
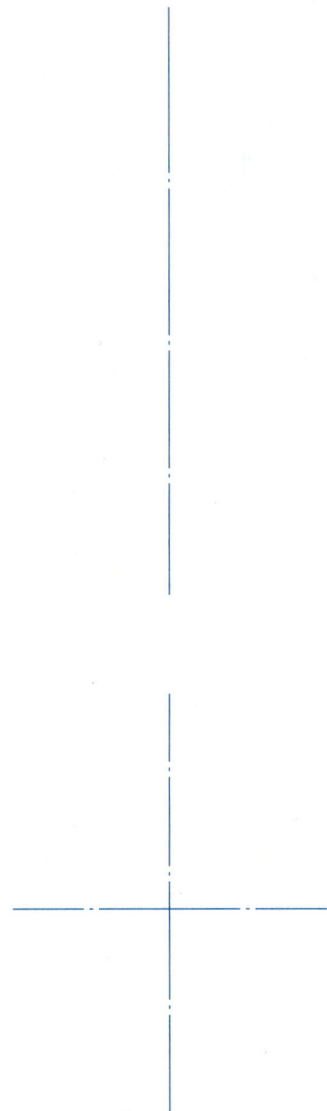

（2）

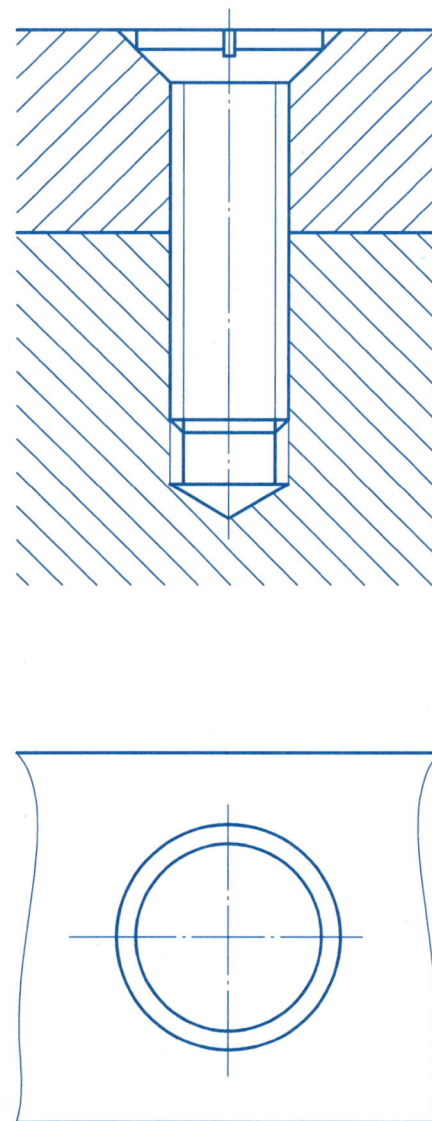

10.2　螺纹连接件画法和规定标记及其装配画法（3）	班级	姓名	学号

10.2－3　已知双头螺柱直径 M16（GB/T 897—1988）、螺母直径 M16（GB/T 6170—2015）、平垫圈 16（GB/T 97.1—2002），被连接件厚度如图所示。绘出螺柱连接的主、俯、左视图（采用近似画法，比例为 1:1）。

10.2－4　已知六角头螺栓直径 M12（GB/T 5782—2016）、螺母 M12（GB/T 6170—2015）、平垫圈 12（GB/T 97.1—2002），被连接件厚度如图所示。绘出螺栓连接的主、俯、左视图（采用近似画法，比例为 1:1）。

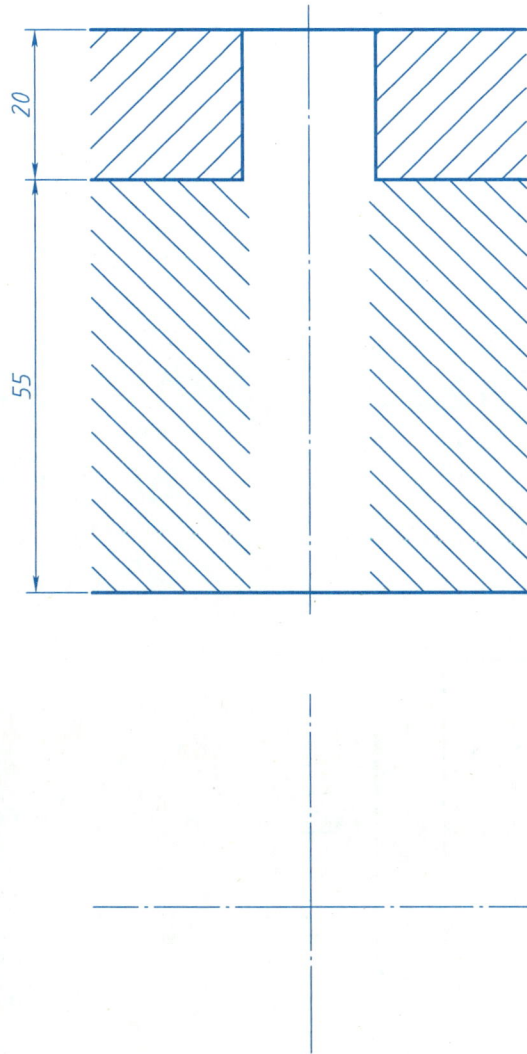

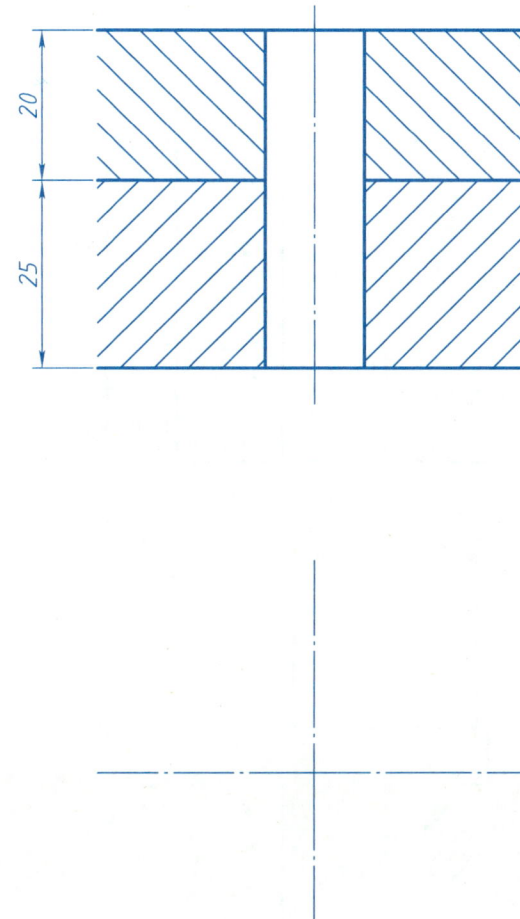

学号

姓名

班级

10.3　键、销及其连接和直齿圆柱齿轮的画法（1）

10.3 - 1　已知轴和齿轮用 A 型普通平键连接，轴孔直径为 27mm，键长为 30mm。

（1）查表确定键和键槽的尺寸，按 1:1 的比例完成轴和齿轮的图形，并标注注键槽尺寸。

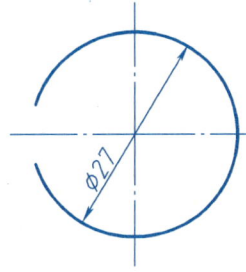

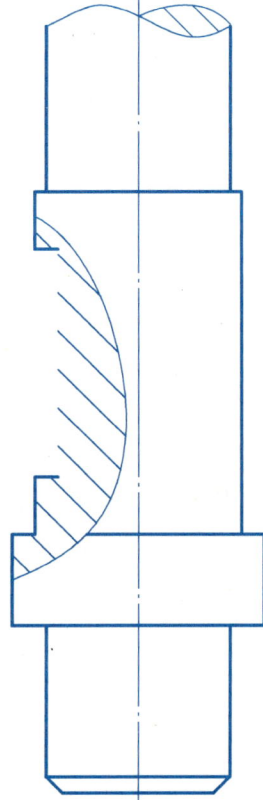

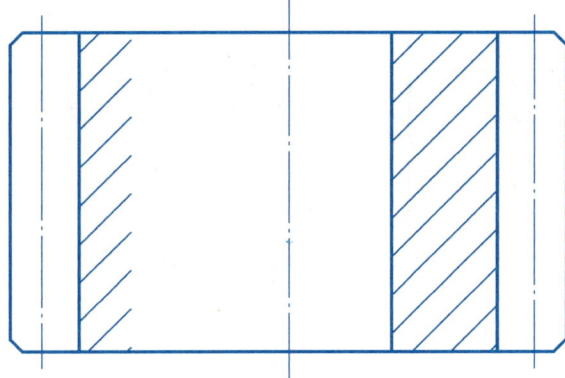

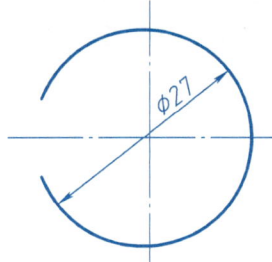

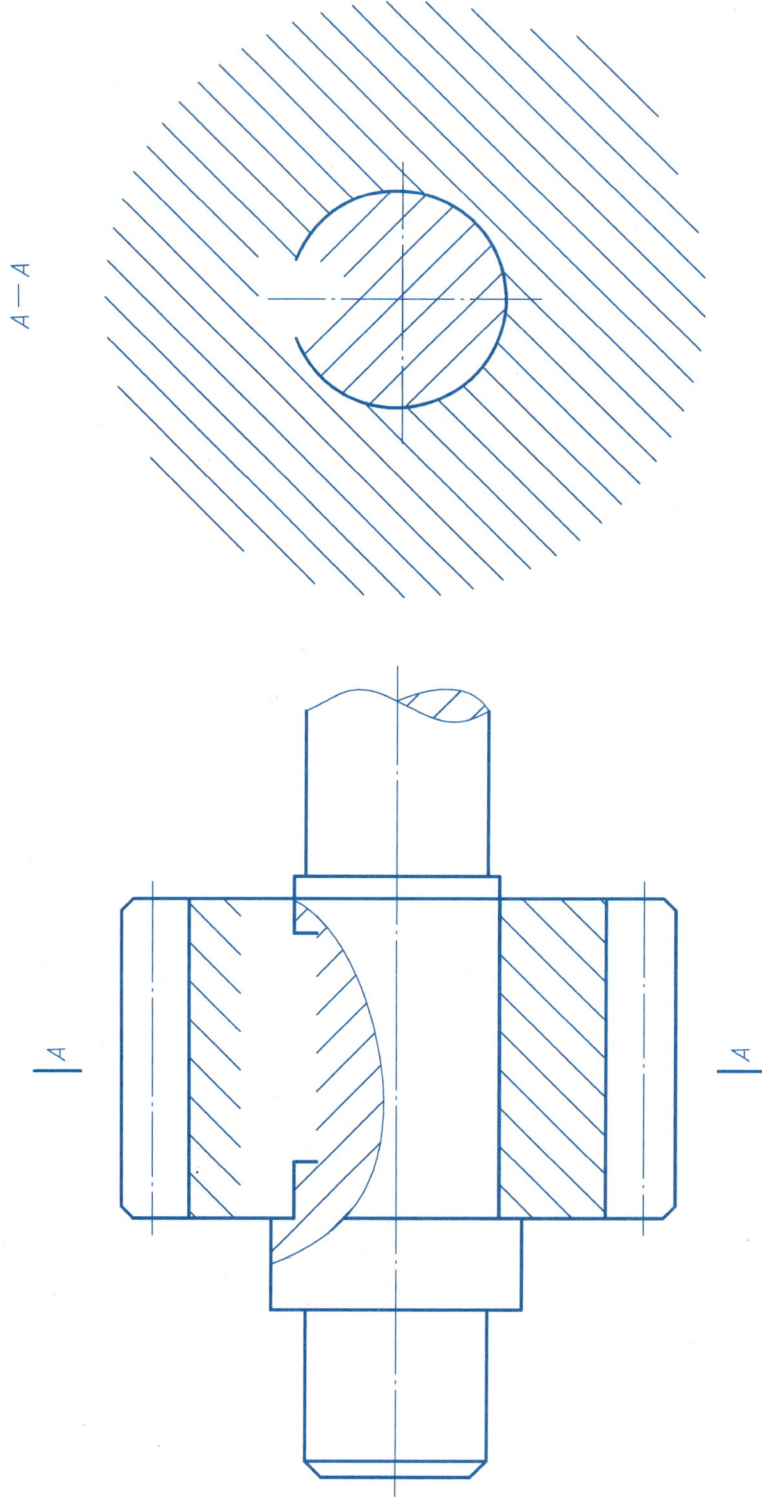

$\phi27$

$\phi27$

$A - A$

A

A

（2）键的规定标记：

（3）完成键连接图。

第 10 章 标准件、齿轮、弹簧

10.3 键、销及其连接和直齿圆柱齿轮的画法

班级　　　姓名　　　学号

10.3－2　下图采用公称直径为 6mm 的圆锥销连接，写出圆锥销的规定标记，并完成销连接的剖视图（比例为 1:1）。

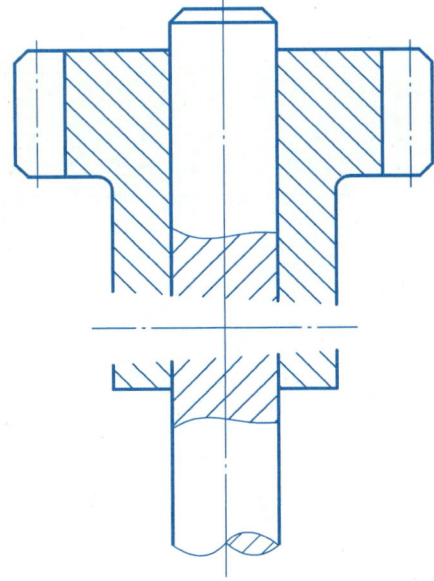

10.3－3　已知直齿圆柱齿轮 $m = 3$mm，$z = 35$，轮齿之外的结构尺寸见图，试按规定画法完成两视图，并补全尺寸标注（比例为 1:2）。

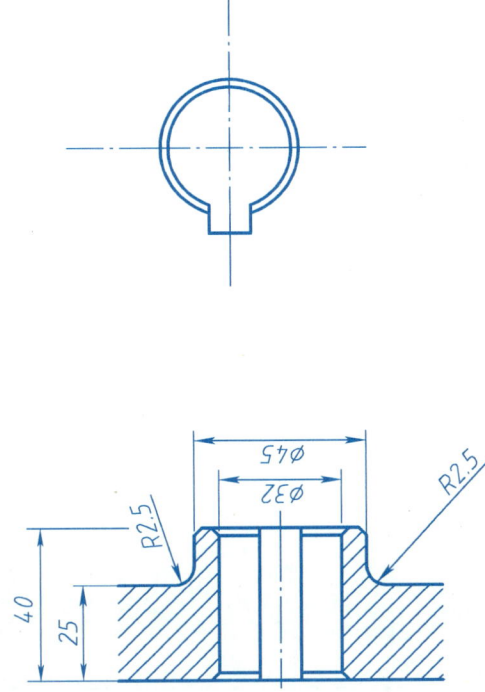

10.3－4　已知大齿轮 $m = 4$mm，$z = 40$，两轮中心距为 120mm，试计算大、小齿轮的基本尺寸并标注尺寸，同时完成啮合图（比例为 1:2）。

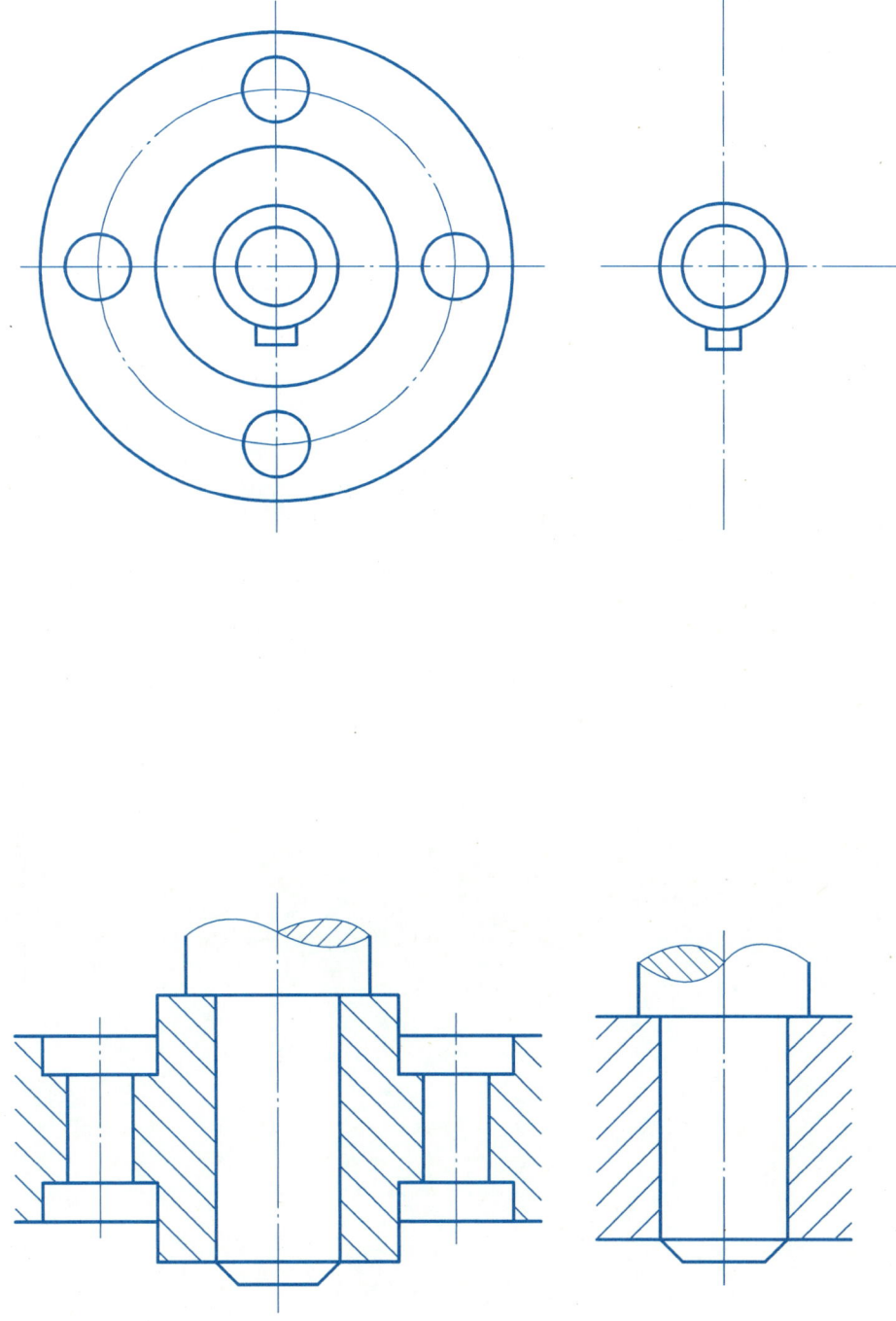

10.4 弹簧、滚动轴承的画法	班级	姓名	学号

10.4－1 已知圆柱螺旋压缩弹簧的材料直径为 6mm，弹簧中径为 60mm，节距为 12mm，有效圈数为 6，支承圈数为 2.5，右旋。画出弹簧的全剖视图，并标注尺寸。

10.4－2 说明以下滚动轴承基本代号的含义，并用规定画法画出轴和轴承的装配图。

（1）滚动轴承 6204 GB/T 276—2013：＿＿
＿＿。

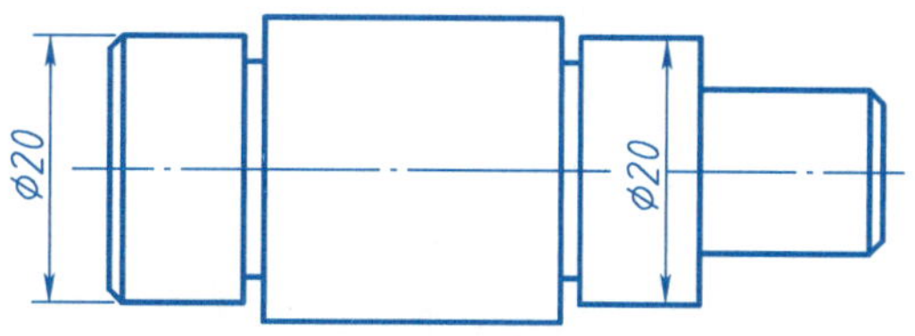

（2）滚动轴承 30305 GB/T 297—2015：
＿＿。

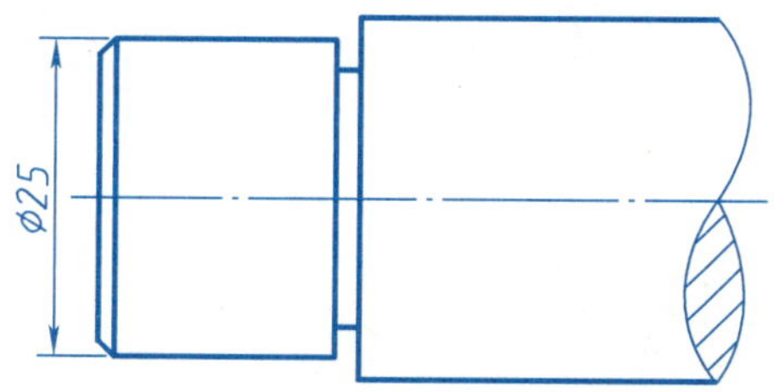

10.4－3 说明以下滚动轴承基本代号的含义，并写出规定标记。

（1）深沟球轴承 6003 GB/T 276—2013

规定标记：＿＿＿＿＿＿＿＿＿

（2）推力球轴承 5110 GB/T 301—2015

规定标记：＿＿＿＿＿＿＿＿＿

| 第 5 次制图大作业——螺纹紧固件连接 | 班级　　　　姓名　　　　学号 |

作业指示

1. 图名、图幅与比例

（1）图名：螺纹紧固件连接。

（2）图幅：A3。

（3）比例：1:1（习题集绘图采用 1:2 的比例）。

2. 目的、内容与要求

（1）目的：巩固螺纹连接件的相关知识，掌握螺纹近似画法的作图方法。

（2）内容：用近似画法画出螺栓连接的三视图和双头螺柱连接的两视图。

（3）要求：按给定条件，计算画图所需要的尺寸，合理布局，正确表达螺纹紧固件连接。

3. 绘图步骤及注意事项

（1）绘图步骤：

1）根据紧固件、螺母、垫圈的标记，在有关标准中，查出它们的全部尺寸。

2）确定公称长度。先计算，再查表，取最接近的标准值，再按国家标准规定的连接画法进行绘制。

（2）注意事项：

1）两零件的接触面画一条线，不接触面画两条线。

2）相邻两零件的剖面线应不同，要方向相反或间隔不等。但同一个零件在各个视图中的剖面线方向和间隔应一致。

3）在剖视图中，当剖切平面通过螺杆的轴线时，这些紧固件按不剖绘制。

（1）已知螺栓 M20（GB/T 5782—2016）、螺母 M20（GB/T 6170—2015）、弹簧垫圈 GB/T 93—1987 20，被连接件厚度分别为 20mm 和 30mm。画出螺栓连接的三视图。

（2）已知双头螺柱 M16（GB/T 899—1988）、螺母 M16（GB/T 6170—2015）、弹簧垫圈 GB/T 93—1987 16，被连接件厚度为 25mm，螺孔零件材料为铸铁。画出双头螺柱连接的两视图。

11.1 表面结构要求注法练习

11.1－1 检查表面结构要求注法上的错误，并在右图中正确标注。

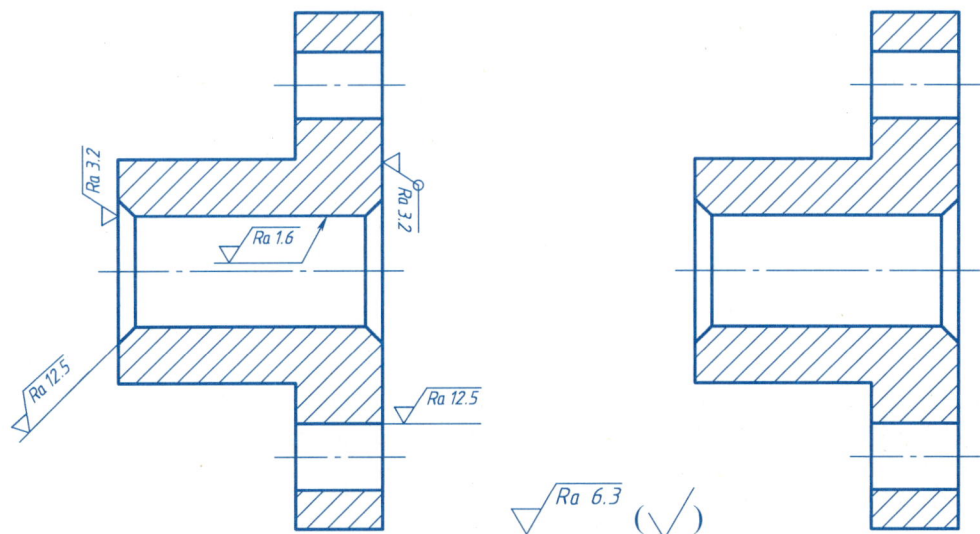

11.1－2 在图中标注各表面结构要求。

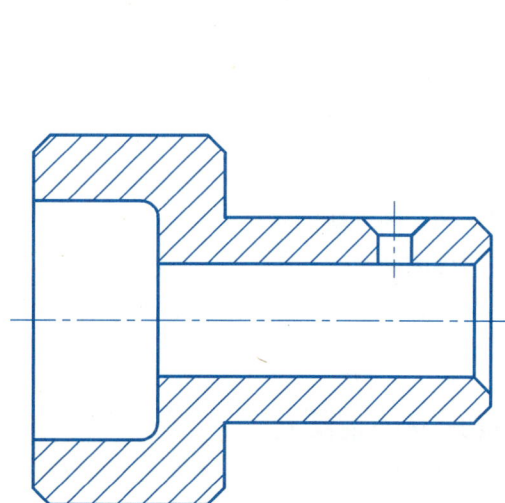

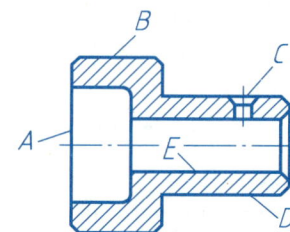

表面粗糙度

A 面为 $\sqrt{Ra\ 3.2}$ 　　其余面为 $\sqrt{Ra\ 25}$

B 面为 $\sqrt{Ra\ 6.3}$

C 面为 $\sqrt{Ra\ 12.5}$

D 面为 $\sqrt{Ra\ 1.6}$

E 面为 $\sqrt{Ra\ 1.6}$

11.2 极限与配合练习（1）

11.2－1 已知轴的公称尺寸为 $\phi30$mm，基本偏差代号为 g，标准公差等级为 IT7；孔的公称尺寸为 $\phi32$mm，基本偏差代号为 H，标准公差等级为 IT7。查表、计算并填空。

（1）轴的上极限偏差为＿＿＿＿＿，下极限偏差为＿＿＿＿＿，公差为＿＿＿＿＿。

（2）孔的上极限偏差为＿＿＿＿＿，下极限偏差为＿＿＿＿＿，公差为＿＿＿＿＿。

（3）将轴和孔的尺寸以极限偏差的形式标注。

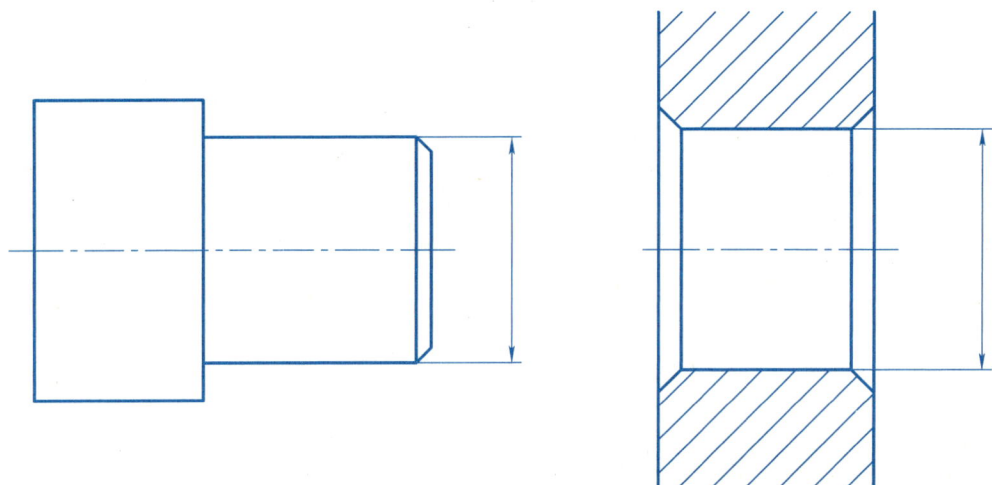

11.2－2 根据配合尺寸代号标明其代表的意义。

配合尺寸	$\phi20\frac{H8}{k7}$	$\phi30\frac{H7}{f6}$	$\phi10\frac{K8}{h7}$	$\phi50\frac{F8}{h7}$	$\phi24\frac{H8}{e8}$
公称尺寸					
孔的公差带代号					
轴的公差带代号					
孔的基本偏差代号					
轴的基本偏差代号					
孔的标准公差等级					
轴的标准公差等级					
孔的极限偏差					
轴的极限偏差					
配合制度					
配合种类					

| 11.2　极限与配合练习（2） | 班级　　　　姓名　　　　学号 |

11.2-3　根据零件图（1）、（2）、（3）的尺寸，标注装配图（4）的配合尺寸。

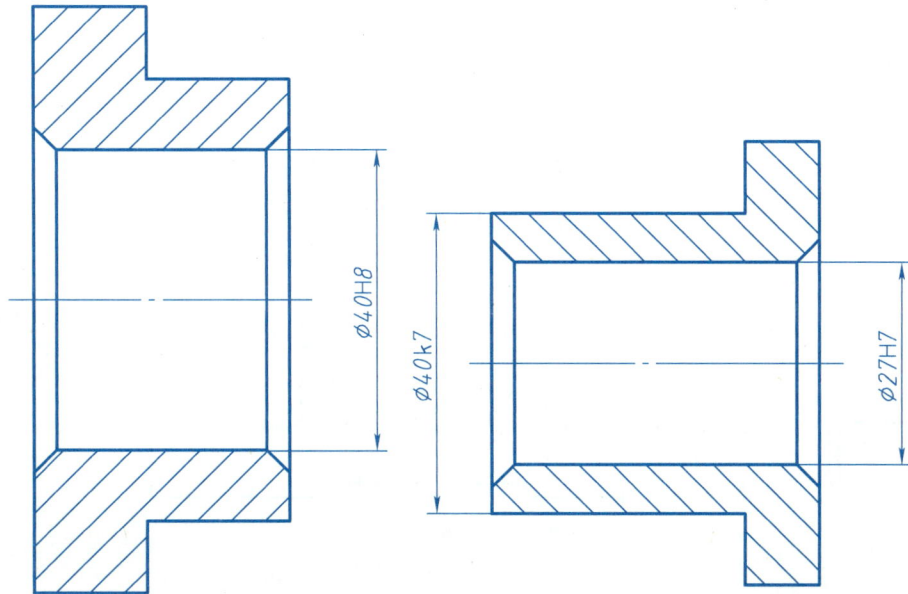

（1）　　　　　　　　　　　　　　　　　　　　（2）

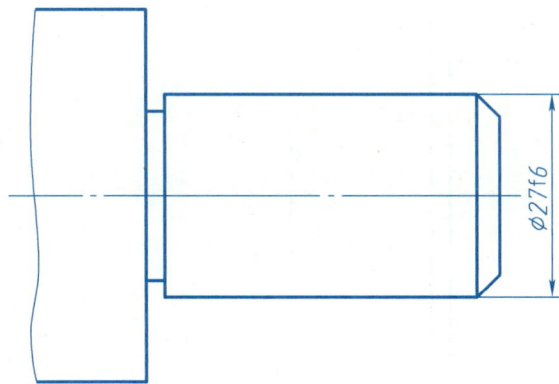
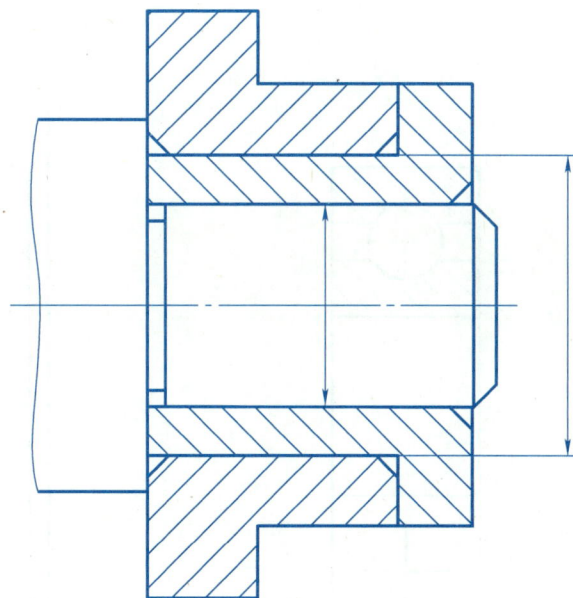

（3）　　　　　　　　　　　　　（4）

11.2-4　根据装配图上的配合尺寸，标出相应零件图的公差带代号和极限偏差。

（1）

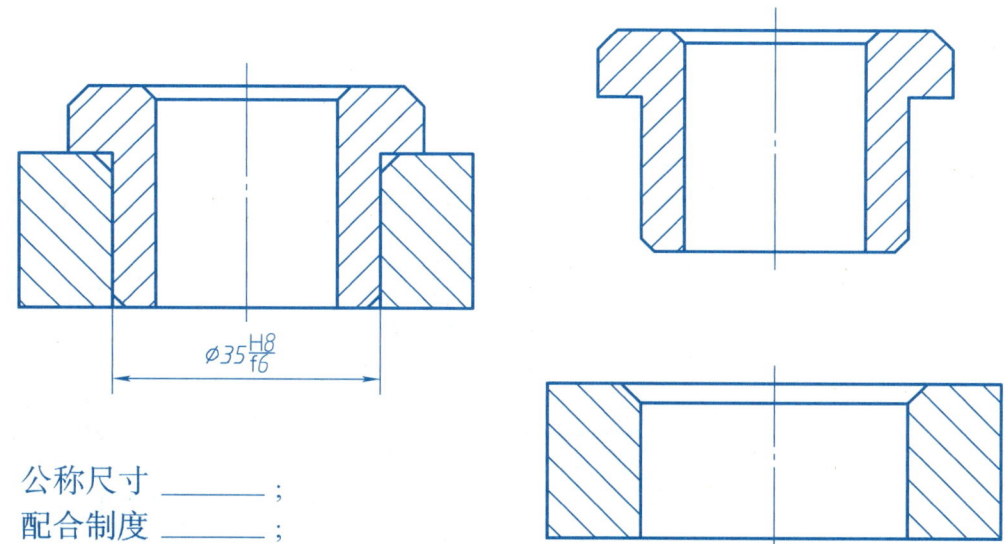

公称尺寸 _____ ；
配合制度 _____ ；
配合类型 _____ 。

（2）

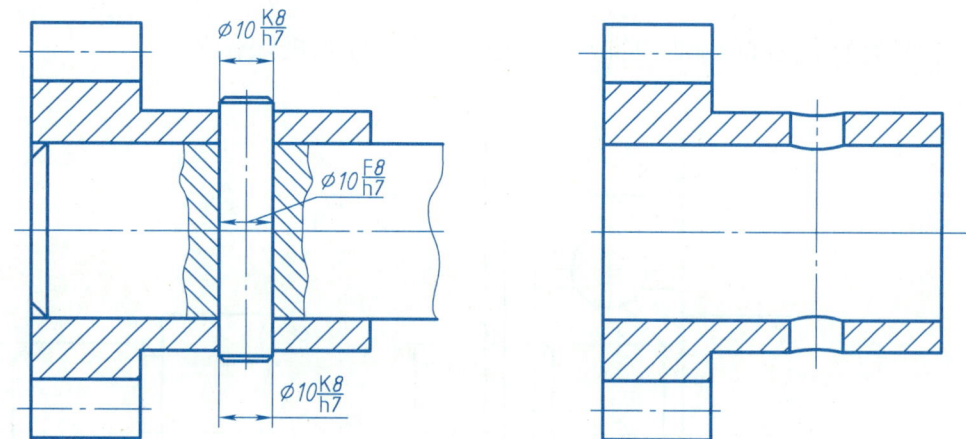

销与齿轮：	销与轴：
公称尺寸 _____ ；	公称尺寸 _____ ；
配合制度 _____ ；	配合制度 _____ ；
配合类型 _____ 。	配合类型 _____ 。

11.2 极限与配合练习（3）

11.2-5　根据装配图（1）中的配合尺寸，分别在零件图（2）、（3）、（4）上标注其公称尺寸、公差带代号及极限偏差。

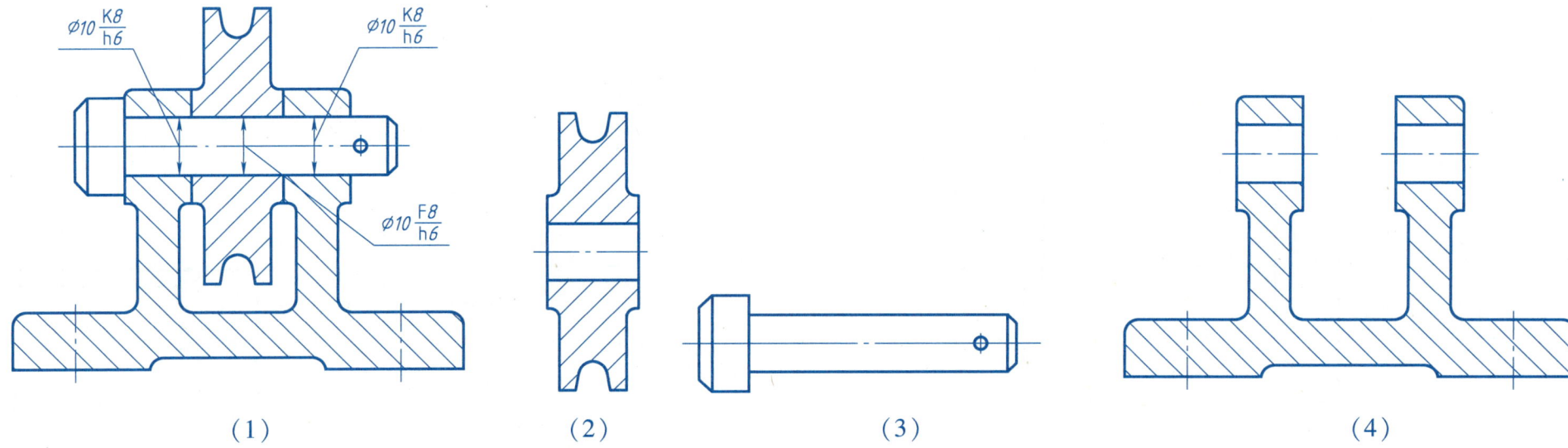

$\varnothing 10 \dfrac{K8}{h6}$　　$\varnothing 10 \dfrac{K8}{h6}$　　$\varnothing 10 \dfrac{F8}{h6}$

（1）　　　　　　（2）　　　　　　（3）　　　　　　（4）

11.2-6　根据配合代号标出轴和轴承孔的公差带代号和极限偏差。

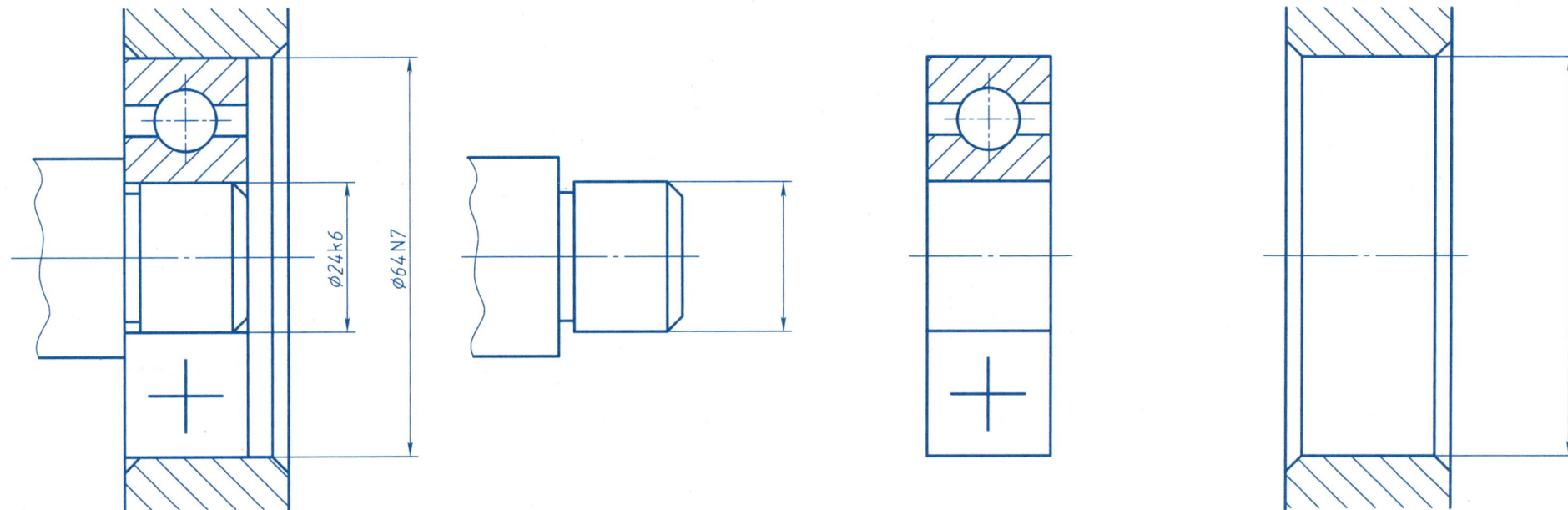

$\varnothing 24 k6$　　$\varnothing 64 N7$

11.3 几何公差标注练习

11.3−1 用代号标注下列几何公差。

（1）φ20g6 的圆柱度公差为 0.01mm。

（2）A 面对 B 面的垂直度公差为 0.05mm。

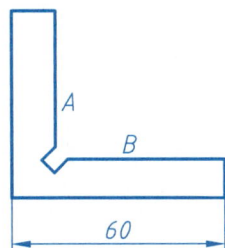

（3）φ20H7 轴线对底面的平行度公差为 0.02mm。

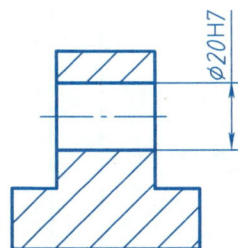

（4）顶面对底面的平行度公差为 0.02mm。

（5）φ30m6 轴线对 φ20H7 轴线的同轴度公差为 0.025mm。

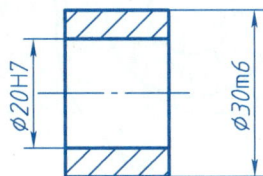

（6）端面 A 对 φ30h6 轴线的垂直度公差为 0.04mm。

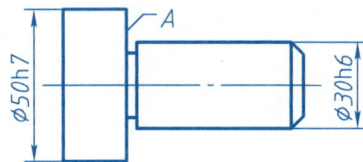

11.3−2 填空说明下图中各几何公差代号的意义。

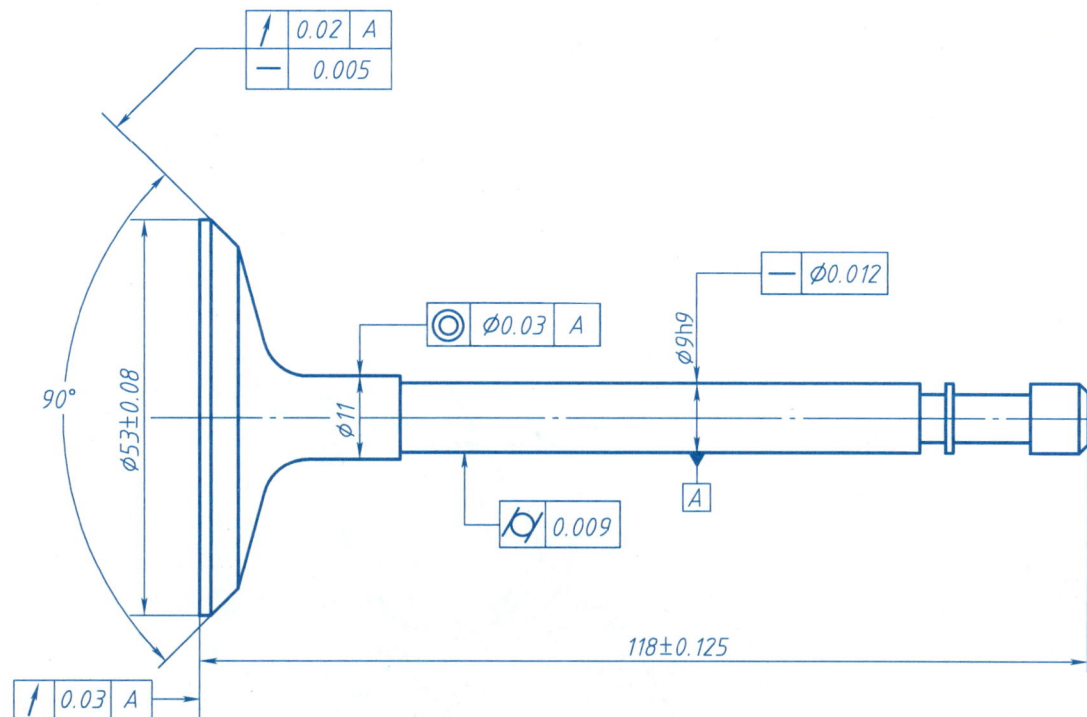

（1）⌀0.012 表示：被测要素为＿＿＿＿＿＿，公差项目为＿＿＿＿＿＿，公差值为＿＿＿＿＿。

（2）0.009 表示：被测要素为＿＿＿＿＿＿，公差项目为＿＿＿＿＿＿，公差值为＿＿＿＿＿。

（3）⌀0.03 A 表示：基准要素为＿＿＿＿＿＿，被测要素为＿＿＿＿＿，公差项目为＿＿＿＿＿，公差值为＿＿＿＿＿。

（4）0.005 表示：被测要素为＿＿＿＿＿＿，公差项目为＿＿＿＿＿，公差值为＿＿＿＿＿。

（5）0.02 A 表示：基准要素为＿＿＿＿＿＿，被测要素为＿＿＿＿＿，公差项目为＿＿＿＿＿，公差值为＿＿＿＿＿。

（6）0.03 A 表示：基准要素为＿＿＿＿＿＿，被测要素为＿＿＿＿＿，公差项目为＿＿＿＿＿，公差值为＿＿＿＿＿。

班级　　　姓名　　　学号

11.4　画零件图（1）

根据轴测图画出零件图（共 4 题，可根据情况选择）。

（1）A4 图纸作图，名称为轴，材料为 45。

$\sqrt{Ra\ 6.3}\ (\sqrt{\ })$

键槽：工3，宽5

$\phi 20J5$6

退刀槽2×1

$\phi 4H7$通孔
翻作

柱轴孔$\phi 4$
翻作

$\phi 15h7$

$\phi 26$

$\phi 15h8$

110

80

42

24

18

12

12

10

20

8

C1

C1

Ra 1.6

Ra 1.6

Ra 3.2

Ra 3.2

Ra 3.2

（2）A3 图纸作图，未注铸造圆角 R3。

$\sqrt[\nabla]{\ }(\sqrt{\ })$

R27.5

R24

32

A

A

Ra 3.2

Ra 6.3

Ra 3.2

Ra 6.3

R15

R25

R25

$\phi 55$

$\phi 32$

$\phi 48$

$\phi 26$

M10-7H

1:3

36

55

8

8

8

82

90

100

2×$\phi 14$

Ra 6.3

Ra 6.3

Ra 6.3

Ra 1.6

Ra 12.5

班级　　　　姓名　　　　学号

11.4　画零件图（2）

（3）A3 图纸作图，名称为压盖，材料为 HT200。

ϕ132
ϕ95
ϕ120
R4
ϕ40
45°
ϕ38
ϕ20
8
38
6
45
Ra 6.3
2
8
壁厚6，共4根EQS
6×ϕ9　Ra 12.5
ϕ18
Ra 6.3

$\sqrt{}$（$\sqrt{}$）

（4）A3 图纸作图，名称为阀体，材料为 HT150。

ϕ25H7
Ra 3.2
ϕ35$\bar{\bigtriangledown}$15
两端凸台ϕ50
3
11
15
10
120
6
Ra 3.2 ϕ25H7
ϕ52H7
15
壁厚8
2
ϕ50
ϕ35
R12
10
2×ϕ11
ϕ4.2
内腔ϕ4.2
4×ϕ18EQS（下面）
ϕ18通孔定位过圆
两端凸缘ϕ100
45
65
55
3
10

$\bigtriangledown = \bar{\bigtriangledown}$ $\sqrt{Ra\ 25}$

$\sqrt{}$（$\sqrt{}$）

79

11.5 读零件图（1）

11.5-1 读零件图并回答问题。

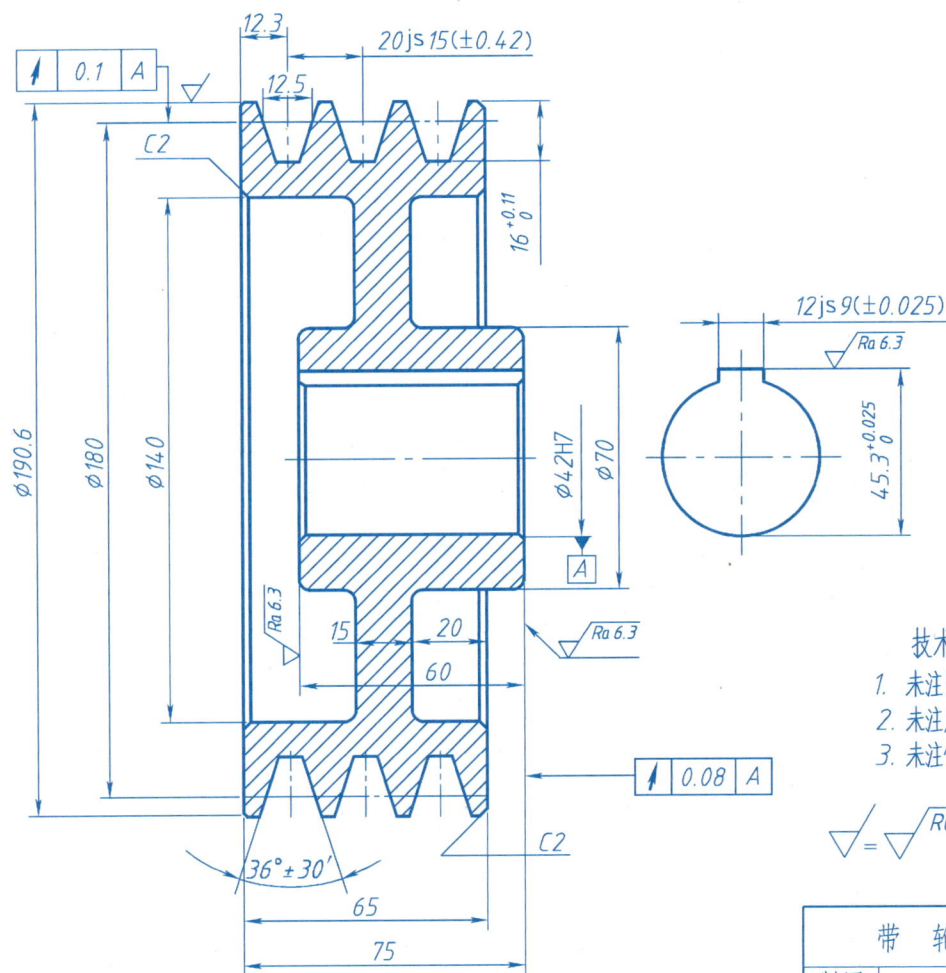

12.3

20js15(±0.42)

12.5

C2

16 +0.11 0

ϕ190.6

ϕ180

ϕ14.0

ϕ42H7

ϕ70

12js9(±0.025)

Ra6.3

45.3 +0.025 0

Ra6.3

15　20

60

Ra6.3

36°±30'

65

75

0.1 A

0.08 A

A

C2

技术要求
1. 未注圆角R3。
2. 未注尺寸公差按GB/T 1804-m。
3. 未注倒角C1.5。

$\sqrt{} = \sqrt{Ra3.2}$　　$\sqrt{}(\sqrt{})$

带轮		比例	1:2	图号	5
		材料	HT150	数量	3
制图			班号		学号
审核					

（1）零件的材料为_____，比例为_____，即零件实际尺寸是图形的_____倍。

（2）零件有_____个带轮槽。带轮的总体尺寸：总长为_____，总宽为_____，总高为_____。

（3）用指引线标注三个方向的尺寸基准。

（4）查表得孔ϕ42H7 的上极限偏差为_____，下极限偏差为_____，所以其上极限尺寸为_____，下极限尺寸为_____，公称尺寸为_____。

（5）带轮槽的最大极限角度为_____，最小极限角度为_____。

键槽尺寸12js9(±0.025) 加工后上极限尺寸为_____，下极限尺寸为_____，尺寸公差为_____。

（6）$\boxed{/ \ 0.08 \ A}$表示被测要素为零件的_____，基准要素为_____，公差项目为_____，公差数值为_____。

（7）零件的表面粗糙度分为_____种，其中最光滑的表面粗糙度 Ra 值为_____。

11.5-2 读零件图并回答问题。

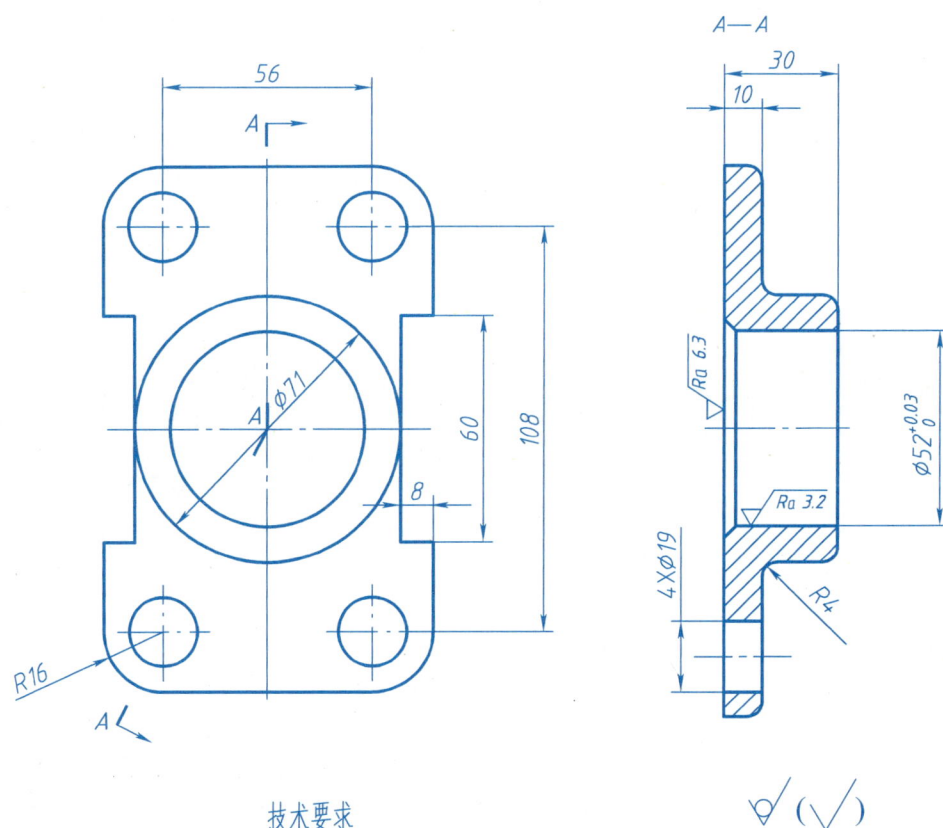

A—A

56

30

10

A

ϕ71

60

108

8

ϕ52 +0.03 0

Ra6.3

Ra3.2

4×ϕ19

R16

R4

A

A

技术要求
1. 铸造起模斜度不大于3°。
2. 未注圆角R3。

$\sqrt{}(\sqrt{})$

牵引钩支撑座		比例	1:2	图号	5
		材料	45	数量	3
制图			班号		学号
审核					

（1）零件的名称为_____，材料为_____，比例为_____。

（2）零件的主视图为_____图，左视图为_____图。采用的剖切方法为_____。

（3）零件长度方向基准为_____，宽度方向基准为_____，高度方向基准为_____。

（4）4×ϕ19 孔的定位尺寸有_____和_____，定形尺寸为_____。

（5）ϕ52$^{+0.03}_{0}$ 的上极限尺寸为_____，下极限尺寸为_____，公差为_____，其表面粗糙度 Ra 值为_____。

11.5 读零件图（2）

班级　　　　姓名　　　　学号

11.5-3　读零件图，回答问题，并画出右视外形图。

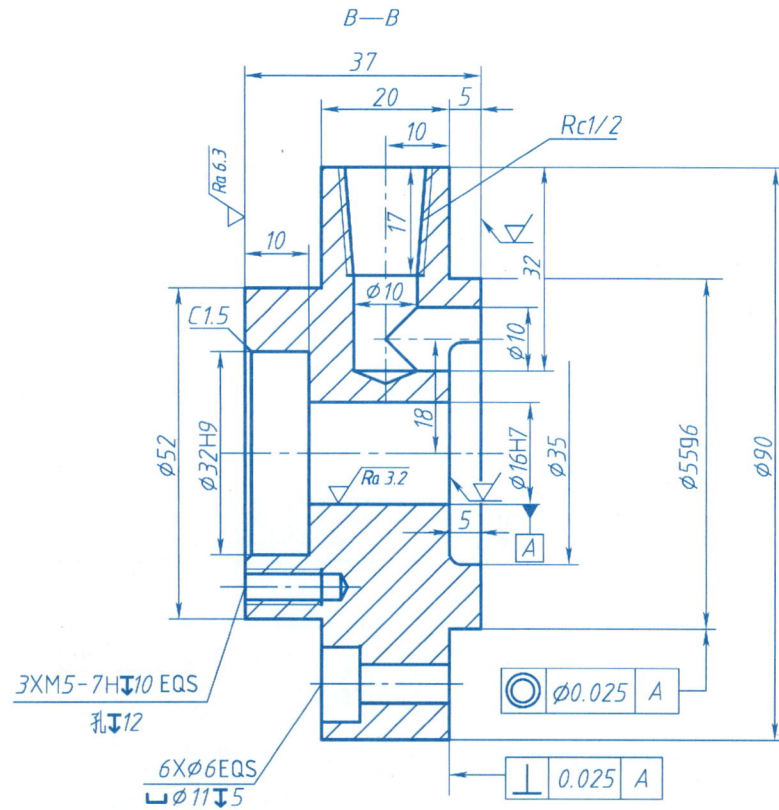

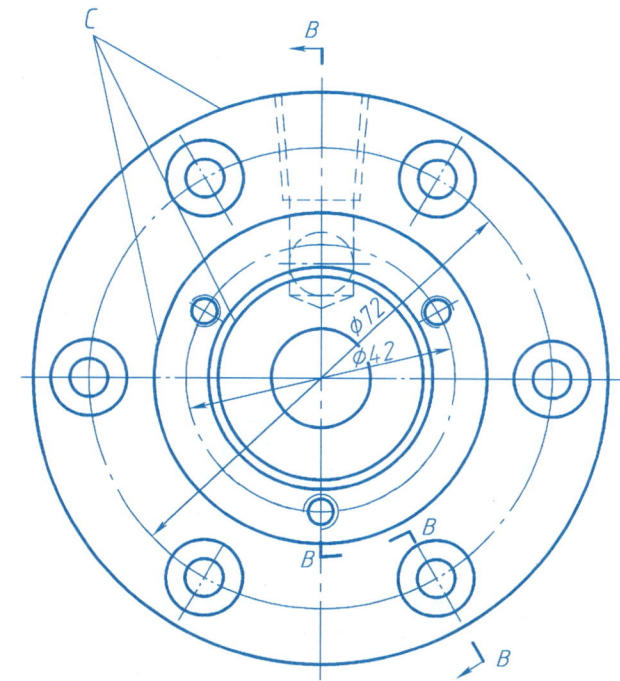

B—B

技术要求
1. 铸件不得有砂眼、裂纹。
2. 锐边倒角C1。
3. 全部螺纹均有C1.5的倒角。
4. 未注圆角R2。

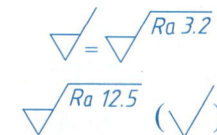

$\sqrt{} = \sqrt{Ra\ 3.2}$

$\sqrt{Ra\ 12.5}$ ($\sqrt{}$)

（1）B—B 图是采用_____剖切方法得到的全剖视图。

（2）3×M5-7H↧10 孔↧12 螺孔的定位尺寸为_____。

（3）6×φ6 沉孔 φ11↧5 的定位尺寸为_____。

（4）符号 ◎ φ0.025 A 的含义为_____。

（5）符号 ⊥ 0.025 A 的含义为_____。

（6）左视图中标有 C 的三个圆，它们的直径分别为_____、_____。

（7）尺寸 φ55g6 的公称尺寸为_____，标准公差等级为_____。

（8）φ90 外圆的表面粗糙度符号为_____。

（9）端盖最左和最右两端面的表面粗糙度符号分别为_____。

（10）符号 $\sqrt{Ra\ 3.2}$ 的含义为_____。

（11）符号 $\sqrt{Ra\ 12.5}$ ($\sqrt{}$)的含义为_____。

（12）该零件的技术要求为_____。

（13）端盖外圆 φ90 为未注公差尺寸，其极限偏差可按_____选取。

（14）端盖上共有_____个螺孔，其尺寸分别为_____、_____。

（15）主视图右上方孔内的交线属于_____线，是由两个_____圆孔相交所得的。

（16）画出右视外形图（只画可见轮廓线）。

端 盖		比例		图号	13-103
		材料	HT150	数量	1
制图			班号		学号
审核					

11.5　读零件图（3）	班级	姓名	学号

11.5-4　读零件图，填空，并画出 K 局部视图。

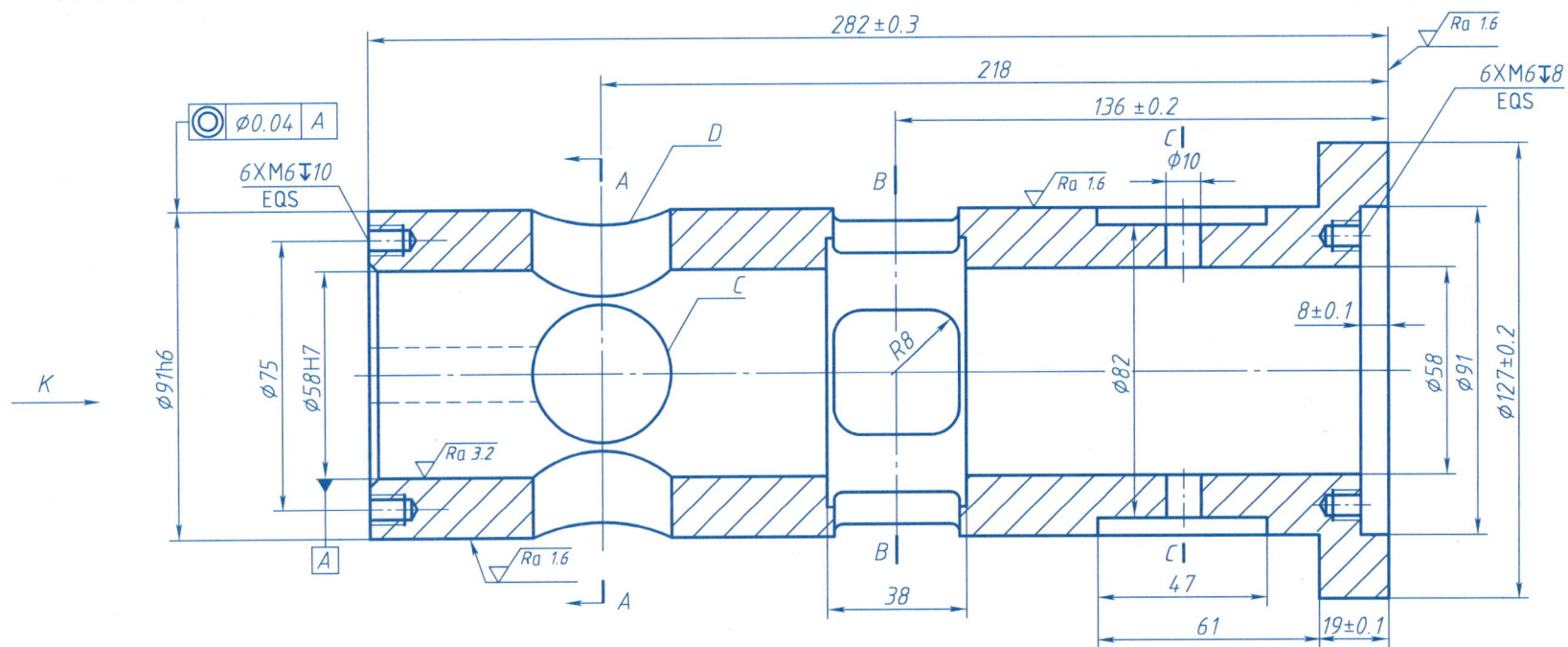

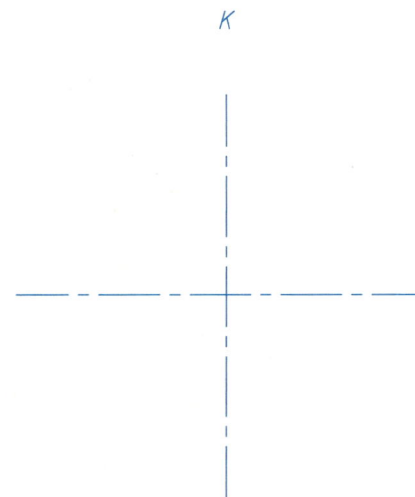

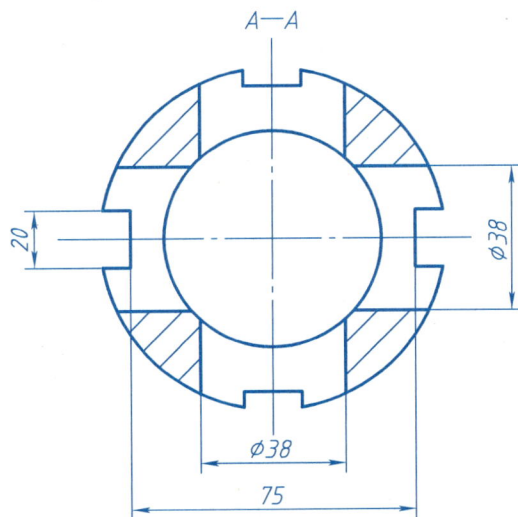

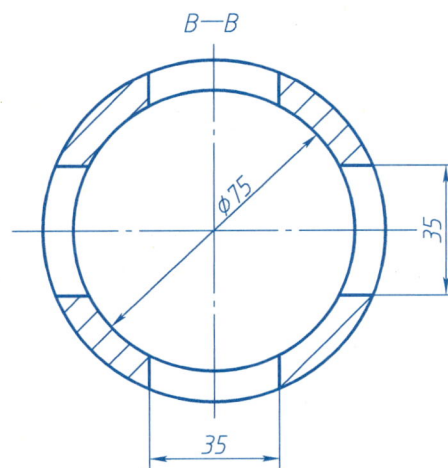

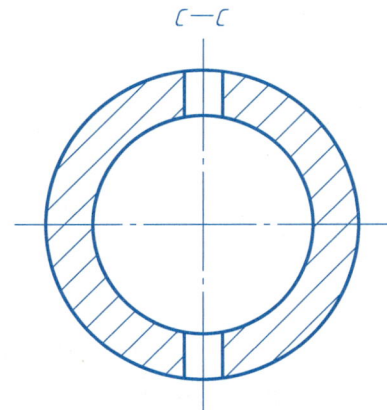

技术要求

1. 锐边除净毛刺。

2. 未注倒角 C2。

$\sqrt{Ra\ 6.3}$ ($\sqrt{}$)

（1）主视图中间两条细虚线间的距离为_____。

（2）⊚ ⌀0.04 A 的含义为_____。

（3）标有 C 的圆的直径为_____。

（4）套筒右端面的表面粗糙度符号为_____。

（5）φ127±0.2 的外圆最大可加工成_____，最小可加工成_____。

（6）图中标有 D 的图线是由_____与_____两圆柱形成的相贯线。

（7）画出 K 局部视图。

A—A

B—B

C—C

K

套　筒	比例	1:2	图号	5
	材料	45	数量	12

制图			班号	学号
审核				

班级　　　　姓名　　　　学号

11.5 读零件图（4）

11.5－5 读该零件图并回答问题。

(1) 该零件采用两个视图表达，主视图采用＿＿＿剖，左视图采用＿＿＿剖。主视图没有标注是因为＿＿＿。

(2) 表面 I 的表面粗糙度符号为＿＿＿，表面 II 的表面粗糙度符号为＿＿＿，表面 III 的表面粗糙度符号为＿＿＿。

(3) 尺寸 φ70d11，其公称尺寸为＿＿＿，基本偏差代号为＿＿＿，标准公差等级为＿＿＿。

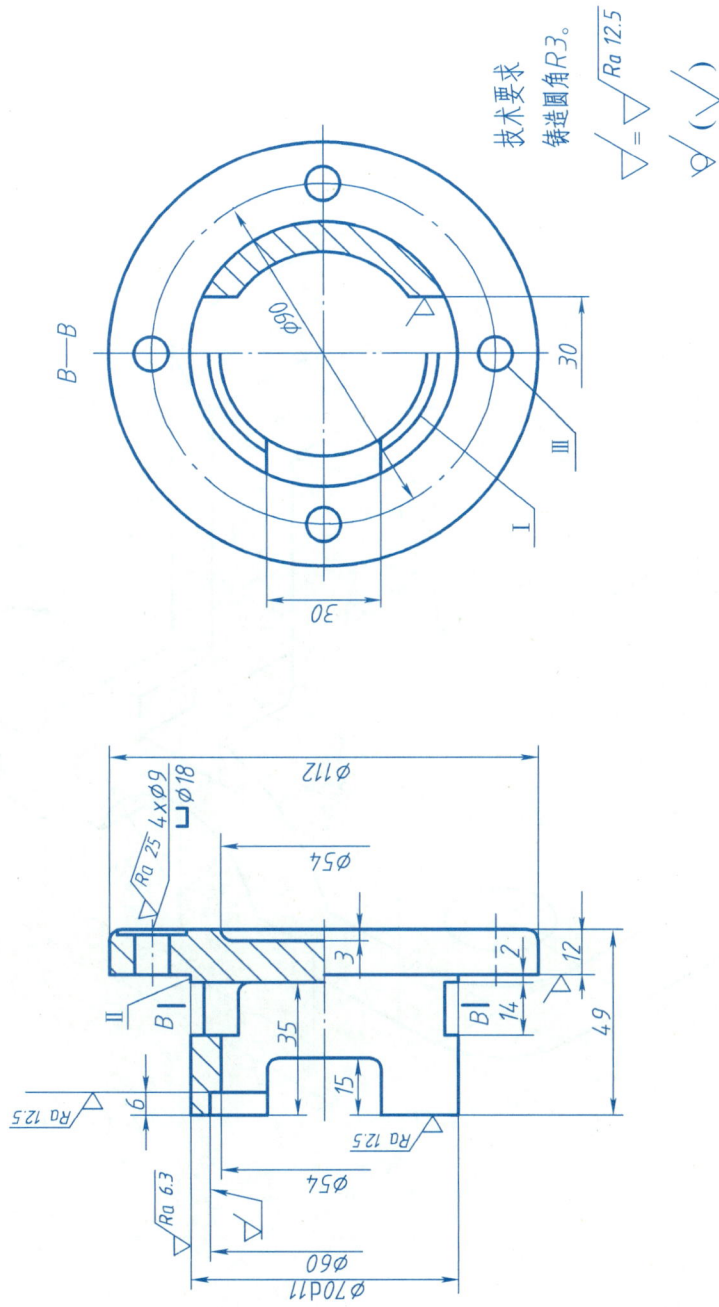

技术要求
铸造圆角 R3。

$\sqrt{} = \sqrt{Ra\ 12.5}$

$\sqrt{}(\sqrt{})$

			比例	1:2	图号	5
端 盖			材料	HT200	数量	1
制图			班号		学号	
审核						

11.5－6 看懂零件图，想象该零件的结构形状，并完成填空题。

(1) 该零件采用的表达方法有＿＿＿。

(2) 靠右侧的两处斜交细实线是＿＿＿符号。

(3) 键槽的定位尺寸是＿＿＿，长度为＿＿＿，宽度为＿＿＿，深度为＿＿＿。

(4) 说明尺寸 C2 中，C 表示＿＿＿，2 表示＿＿＿；22×22 中，22 表示＿＿＿；
φ7⌴3 中的 φ7 表示＿＿＿，3 表示＿＿＿。

(5) M22－6g 中，M22 表示＿＿＿，6g 表示＿＿＿。

(6) 符号 $\boxed{/\ 0.04\ A}$ 表示＿＿＿。

(7) $\phi32^{+0.025}_{-0.087}$ 的上极限尺寸为＿＿＿，下极限尺寸为＿＿＿。

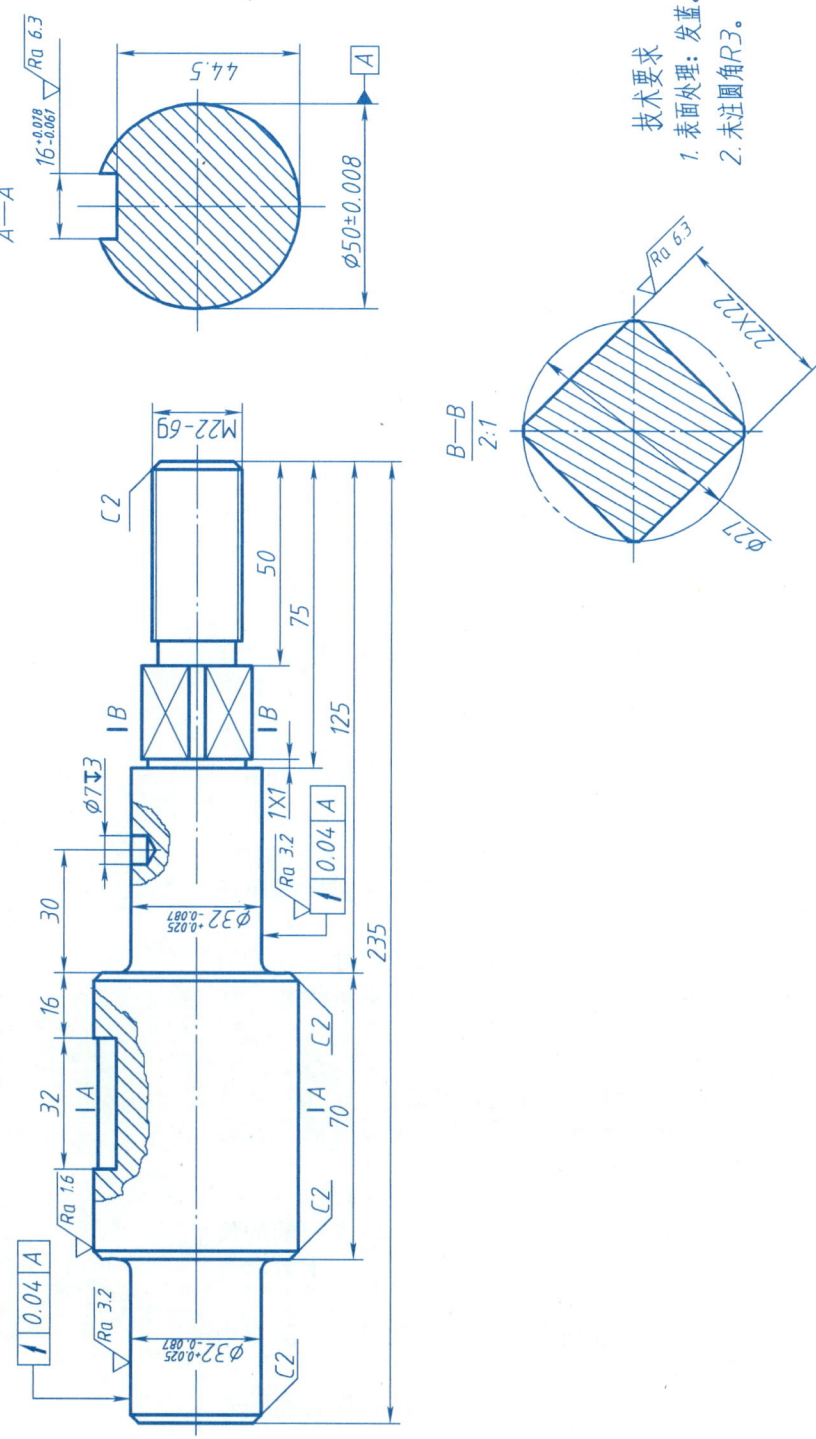

技术要求
1. 表面处理：发蓝。
2. 未注圆角 R3。

$\sqrt{Ra\ 12.5}\ (\sqrt{})$

			比例	1:2	图号	5
主 轴			材料	45	数量	1
制图			班号		学号	
审核						

第 6 次制图大作业——零件测绘　　　　班级　　　　姓名　　　　学号

作业指示

1. 图名、图幅与比例

(1) 图名：零件测绘。

(2) 图幅：自选。

(3) 比例：自选。

2. 目的、内容与要求

(1) 目的：学习尺寸基准的选择和尺寸标注方法；学习表面粗糙度和公差的标注方法；掌握测绘实物的基本技能和绘制零件工作图的方法；掌握一般的测量方法和测绘工具的使用方法；掌握运用视图、剖视图、断面图等表达零件形状的方法及轴类、盘类、箱体类、叉架类等典型零件的表达方法；学会典型结构的查表方法。

(2) 内容：

1) 测绘四类零件的草图。可由教师指定或自选上述四类零件中的两类进行测绘，也可选择右侧所示零件测绘，用坐标纸画出草图，也可以将草图画在白纸上。

2) 根据零件草图绘制零件工作图。

(3) 要求：

1) 绘制草图。①完整而清晰地表达零件的外部形状和内部结构，所选视图合适且符合国家标准规定；②尺寸完整清晰，符合国家标准规定；③正确地标注公差及表面粗糙度符号；④在徒手目测的条件下，尽可能做到线型合适、粗细分明、投影关系对应、布图匀称。

2) 绘制零件工作图。①确定主视图并考虑其他视图的数量，以简单明了、看图方便为原则；②绘图比例尽可能选用 1:1。

3. 绘图步骤及注意事项

(1) 绘图步骤：

1) 仔细观察零件的结构特点，了解零件的加工方法。

2) 确定零件的表达方案，合理地选择主视图及其他视图。

3) 估计零件各部分的比例关系及各视图所占面积，选择图纸幅面，进行布图。

4) 徒手目测绘制各视图。各视图之间要保持正确的投影关系，并留出标注尺寸的位置。

5) 视图画完后，选择尺寸基准，在草图上引出全部尺寸界线及尺寸线，然后由几个人组成一个测绘小组，统一测量并逐个记录尺寸，这样既快速又准确。

(2) 注意事项：

1) 对于重要尺寸应尽量优先注出。

2) 对于磨损较严重的孔、轴颈，测量后应圆整到接近的标准值。

3) 对于一些未加工表面的尺寸，往往制造误差较大，测量后应圆整成最接近的整数。

4) 对于零件上的倒角、退刀槽等标准结构要素，应查阅零件手册确定。

5) 测量时，要根据零件的尺寸精度选用相应的测量工具。对于精度较低的尺寸，可使用内外卡钳及钢直尺；对于精度较高的尺寸，应使用游标卡尺、千分尺等测量工具。

6) 测量时，要正确选择测量基准面，应由测量基准面开始测量尺寸。测量中要尽量避免尺寸换算，以减少差错。

7) 有些尺寸还要用计算校核其准确性，如两啮合齿轮的中心距、齿轮箱轴孔的中心距等。

8) 螺纹的螺距可用螺纹规测量，外螺纹大径用游标卡尺测量，按大径和螺距查阅手册，确定标准螺纹参数。对于螺孔，应先测出小径及螺距，然后查表确定大径及其他参数。

9) 标注表面粗糙度。有关表面粗糙度可参看教材或用类比法确定。

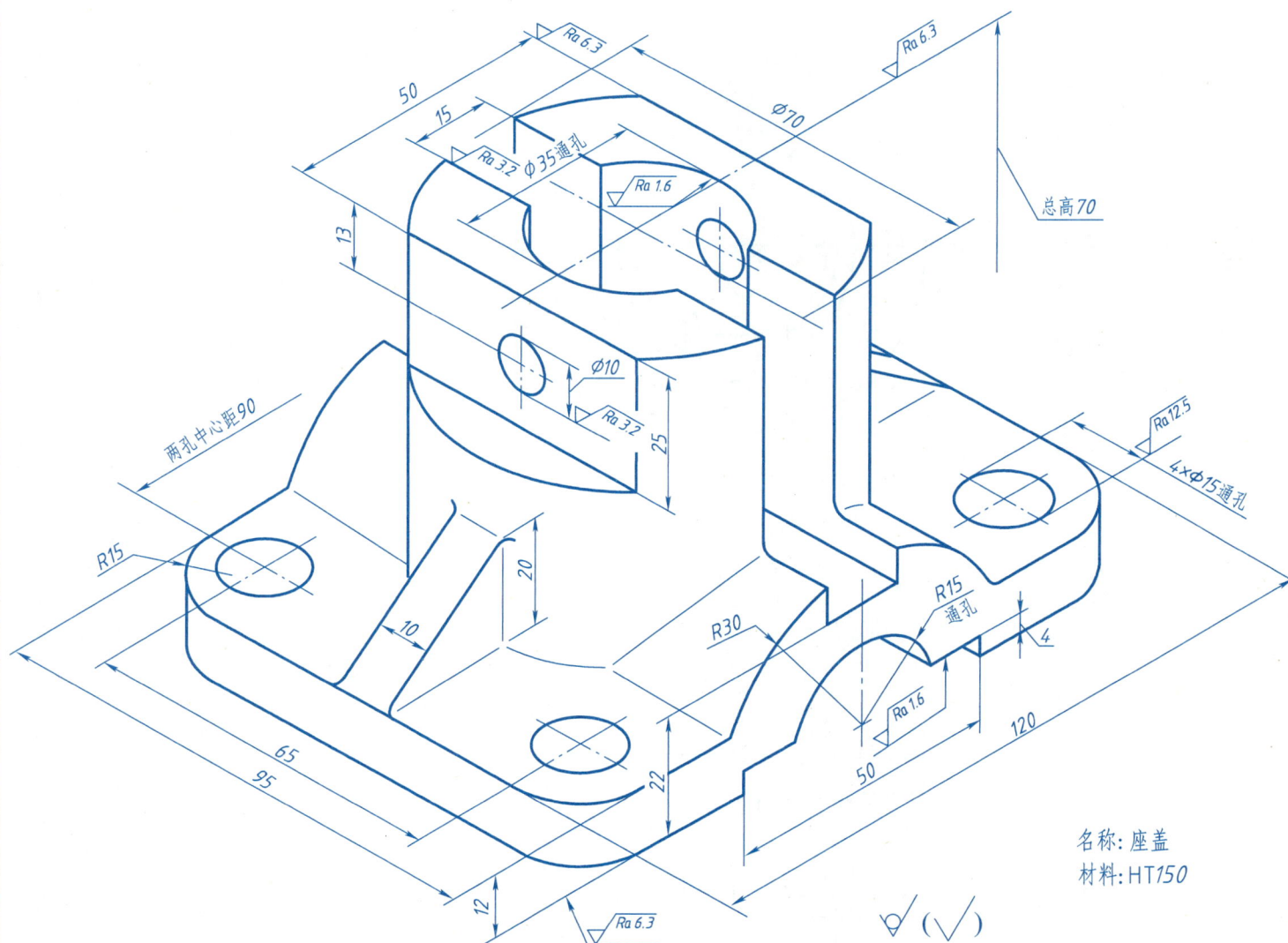

名称：座盖

材料：HT150

12.1 画装配图（1）

12.1-1 已知千斤顶的零件图，将其组装成装配图（比例为1:1）。

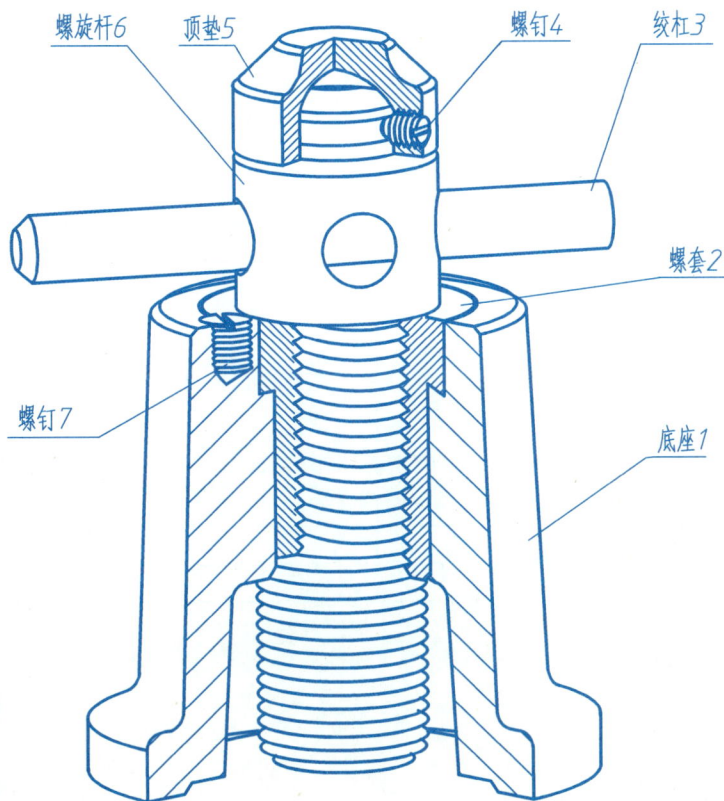

螺旋杆6　顶垫5　螺钉4　绞杠3

螺套2

螺钉7

底座1

千斤顶的工作原理：

千斤顶是利用螺旋转动来顶举重物的一种起重或顶压工具，常用于汽车修理及机械安装中。工作时，重物压于顶垫5之上，将绞杠3穿入螺旋杆6上部的孔中，旋动绞杠，因底座1及螺套2不动，则螺旋杆在做圆周运动的同时，靠螺纹的配合做上、下移动，从而顶起或放下重物。螺套镶在底座里，并用螺钉7定位，磨损后便于更换；顶垫套在螺旋杆顶部，其球面形成传递承重的配合面，由螺钉4锁定，使顶垫不至脱落且能与螺旋杆相对转动。

要求：

在下一页，由已知的千斤顶零件图，用1:1的比例拼画千斤顶的装配图（只画全剖的主视图）。

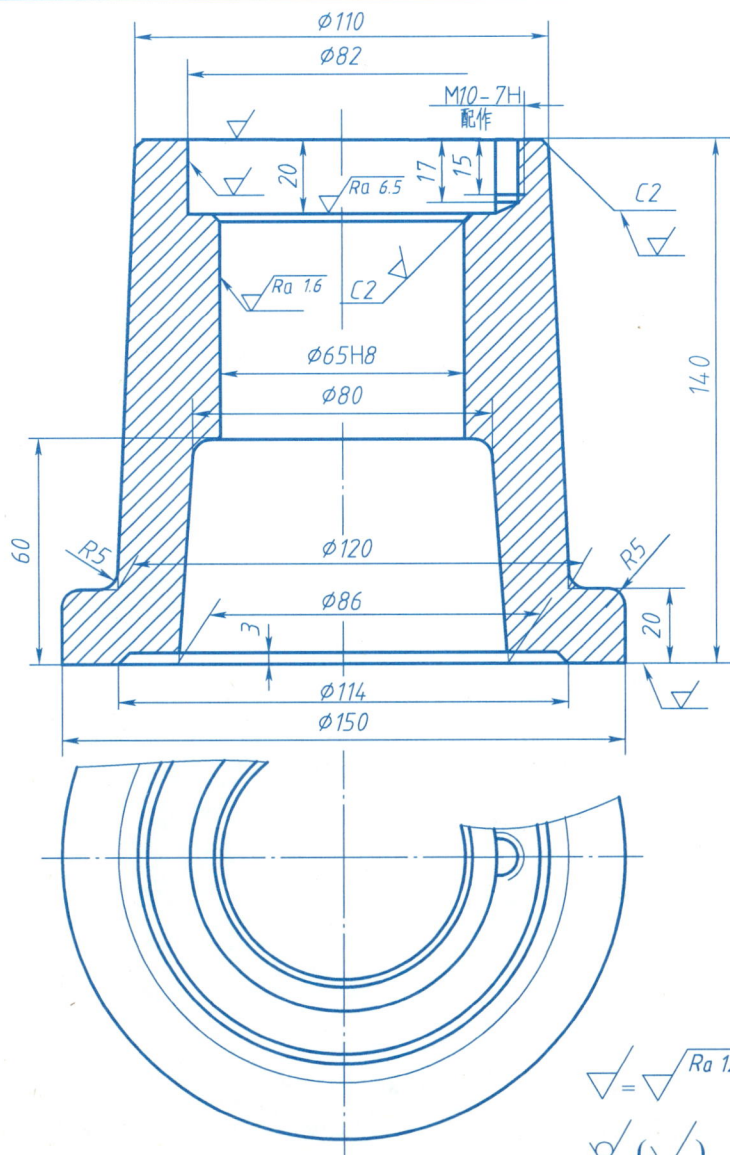

名称	底座	序号	1
数量	1	材料	HT200

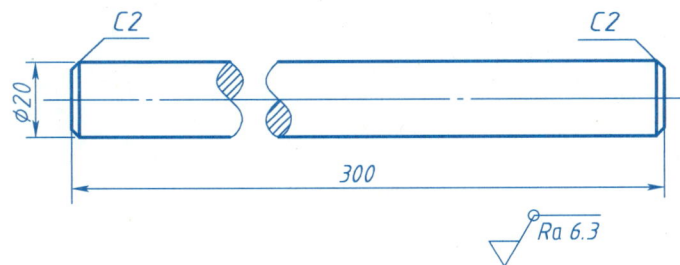

名称	绞杠	序号	3
数量	1	材料	Q215

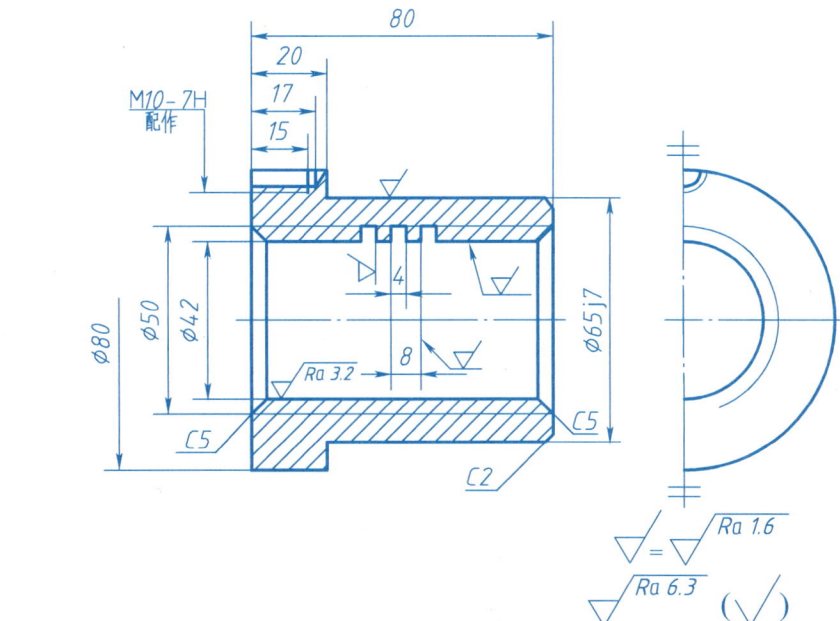

名称	螺套	序号	2
数量	1	材料	ZCuAl10Fe3

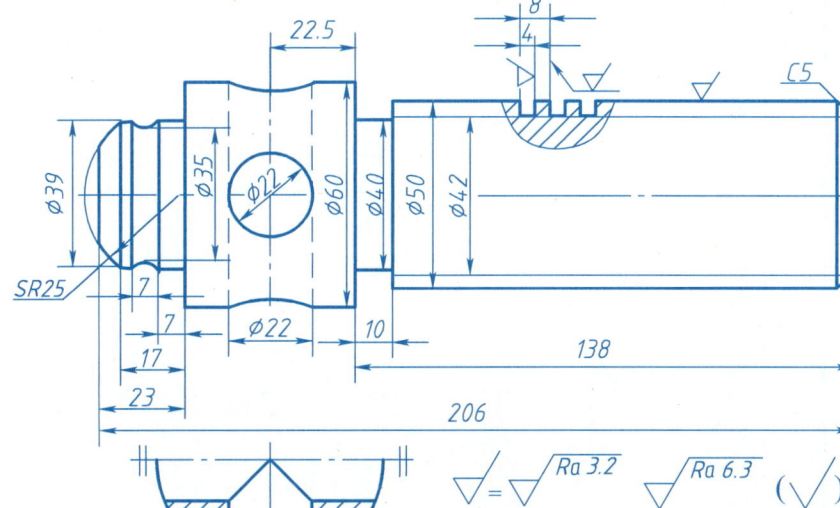

名称	螺旋杆	序号	6
数量	1	材料	Q275

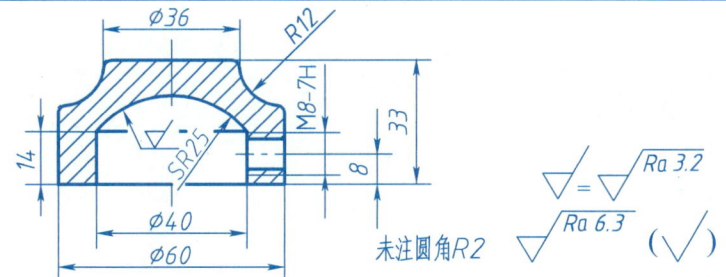

名称	顶垫	序号	5
数量	1	材料	Q275

12.1 画装配图

12.1-1 已知千斤顶的零件图，将其组装成装配图（比例为 1:1）。

画装配图（2）

序号	名 称	数量	材 料	备 注
7	螺钉 M10×16	1	45	GB/T 71—2018
6	螺旋杆	1	Q275	
5	顶垫	1	Q275	
4	螺钉 M8×12	1	45	GB/T 75—2018
3	绞杠	1	Q215	
2	螺套	1	ZCuAl10Fe3	
1	底座	1	HT200	

千 斤 顶

制图		比例 1:1	图号
审核		共 张 第 张	学号
		班号	

班级　　　　姓名　　　　学号

12.1　画装配图（3）

12.1－2　根据旋塞阀装配示意图拼画装配图（只画全剖的主视图）。

工作原理：

旋塞阀是安装在管路中控制液体流量的开关装置。图示为开通状态，液体从旋塞 2 和阀体 1 的通孔中流过，旋塞打开。将旋塞 2 通过手柄 7 转动 90°，关闭旋塞。

在阀体 1 和旋塞 2 之间装有填料 4。拧紧螺栓 6 通过填料压盖 5 将填料 4 压紧，起到密封作用。垫圈 3 用于减少旋塞旋转时的摩擦力。

自选绘图比例，绘在下一页。

序号	名　称	件数	材料	备　注
1	阀体	1	HT150	
2	旋塞	1	45	
3	垫圈	1	35	
4	填料	1	石棉绳	
5	填料压盖	1	35	
6	螺栓 M10×2.5	2	45	GB/T 5780
7	手柄	1	HT150	

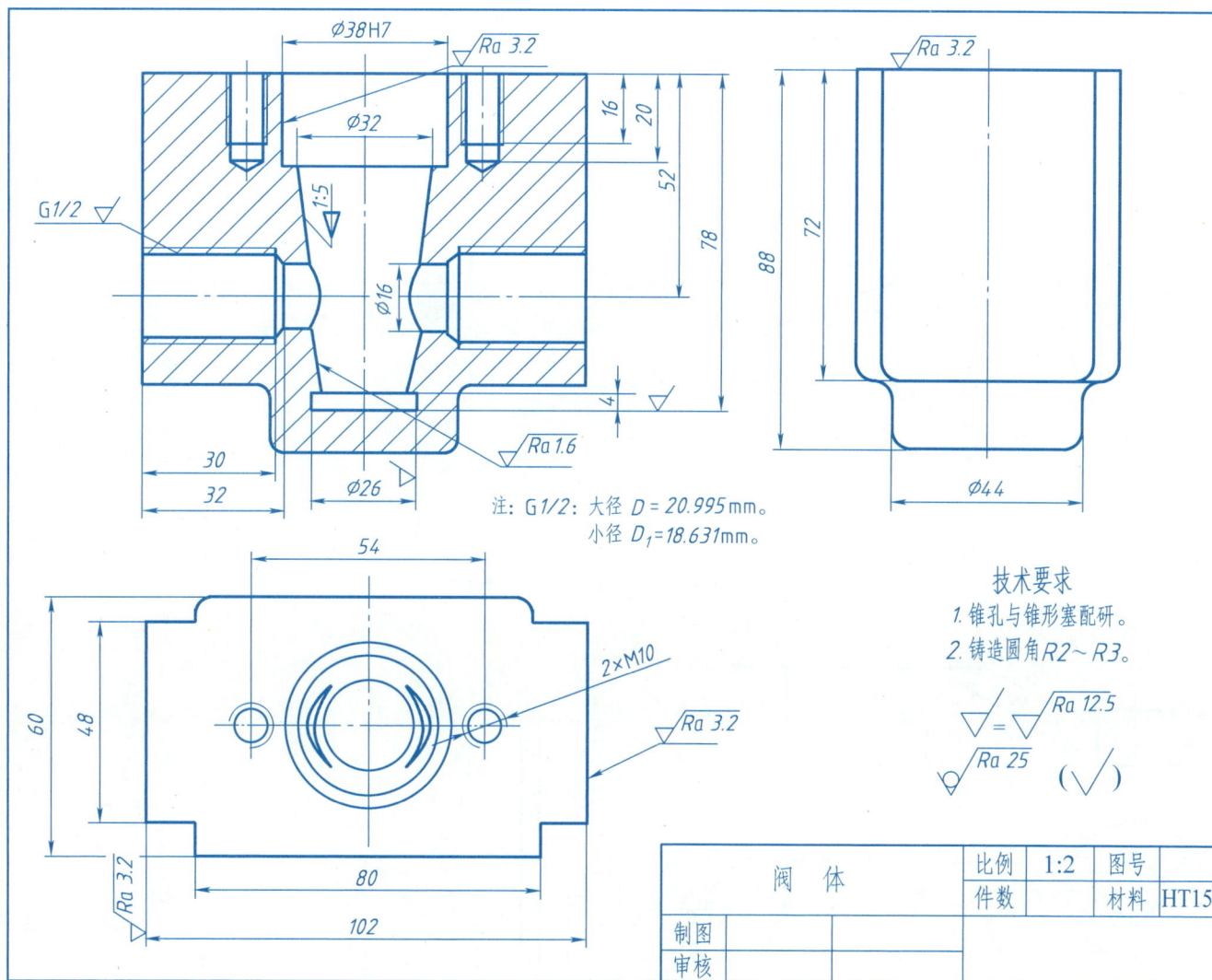

旋塞阀装配示意图

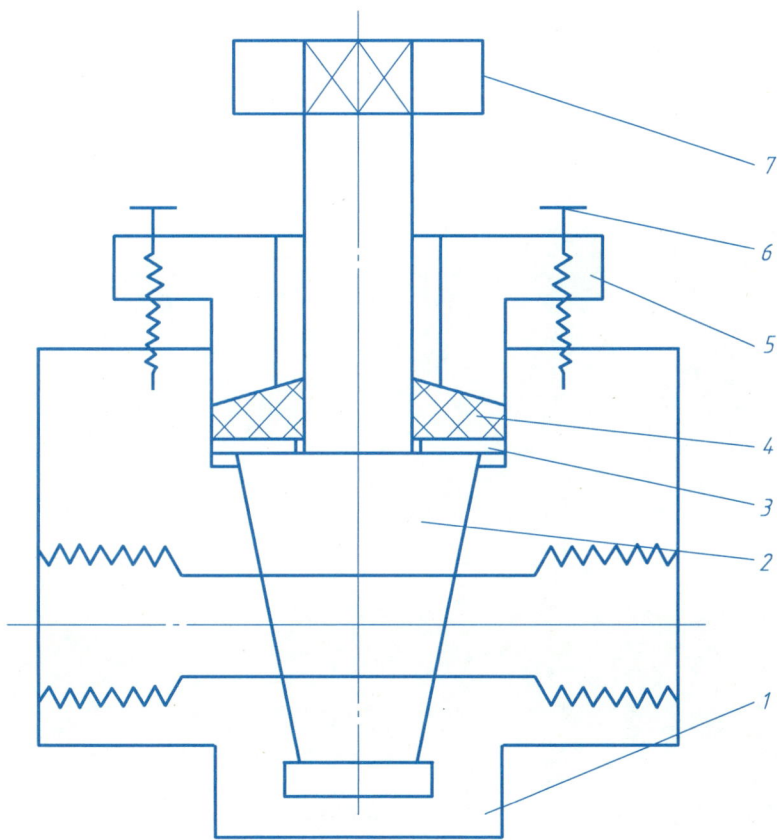

注：G1/2：大径 D = 20.995mm。
小径 D_1 = 18.631mm。

技术要求
1. 锥孔与锥形塞配研。
2. 铸造圆角 $R2 \sim R3$。

$\nabla = \sqrt{}Ra\ 12.5$

$\sqrt{}Ra\ 25$　（$\sqrt{}$）

阀　体		比例	1:2	图号	
		件数		材料	HT150
制图					
审核					

12.1 画装配图（4）

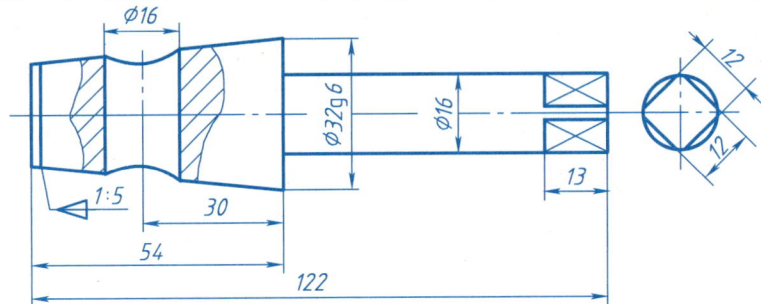

旋塞　图号2　比例1:2　倒角C1

填料压盖　图号5　1:2　材料35

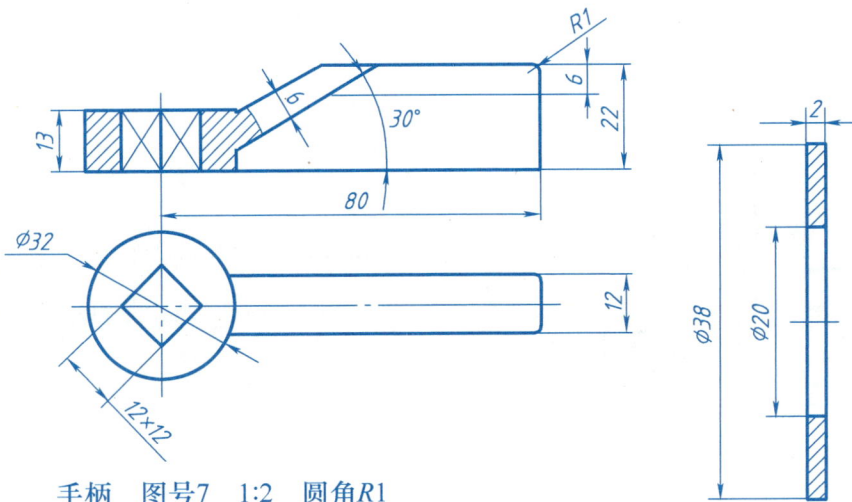

手柄　图号7　1:2　圆角R1

垫圈　图号3　1:1

12.1-2　根据旋塞阀装配示意图拼画装配图（只画全剖的主视图）。

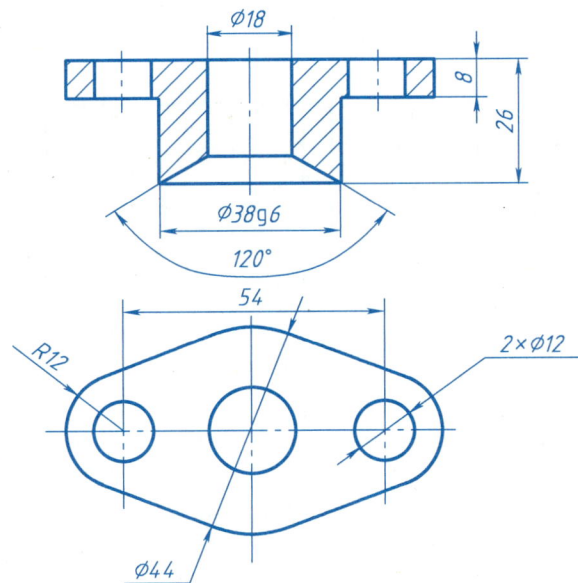

7	手柄	1	HT150	
6	螺栓 M10×2.5	2	45	GB/T 5780
5	填料压盖	1	35	
4	填料	1	石棉绳	
3	垫圈	1	35	
2	旋塞	1	45	
1	阀体	1	HT150	
序号	名称	件数	材料	备注

旋塞阀	比例		图号	
	件数		重量	
制图				
审核				

12.2 读装配图和由装配图拆画零件图（1）	班级	姓名	学号

12.2-1 读微动机构装配图，并拆画序号为 10 或序号为 8 的零件图。

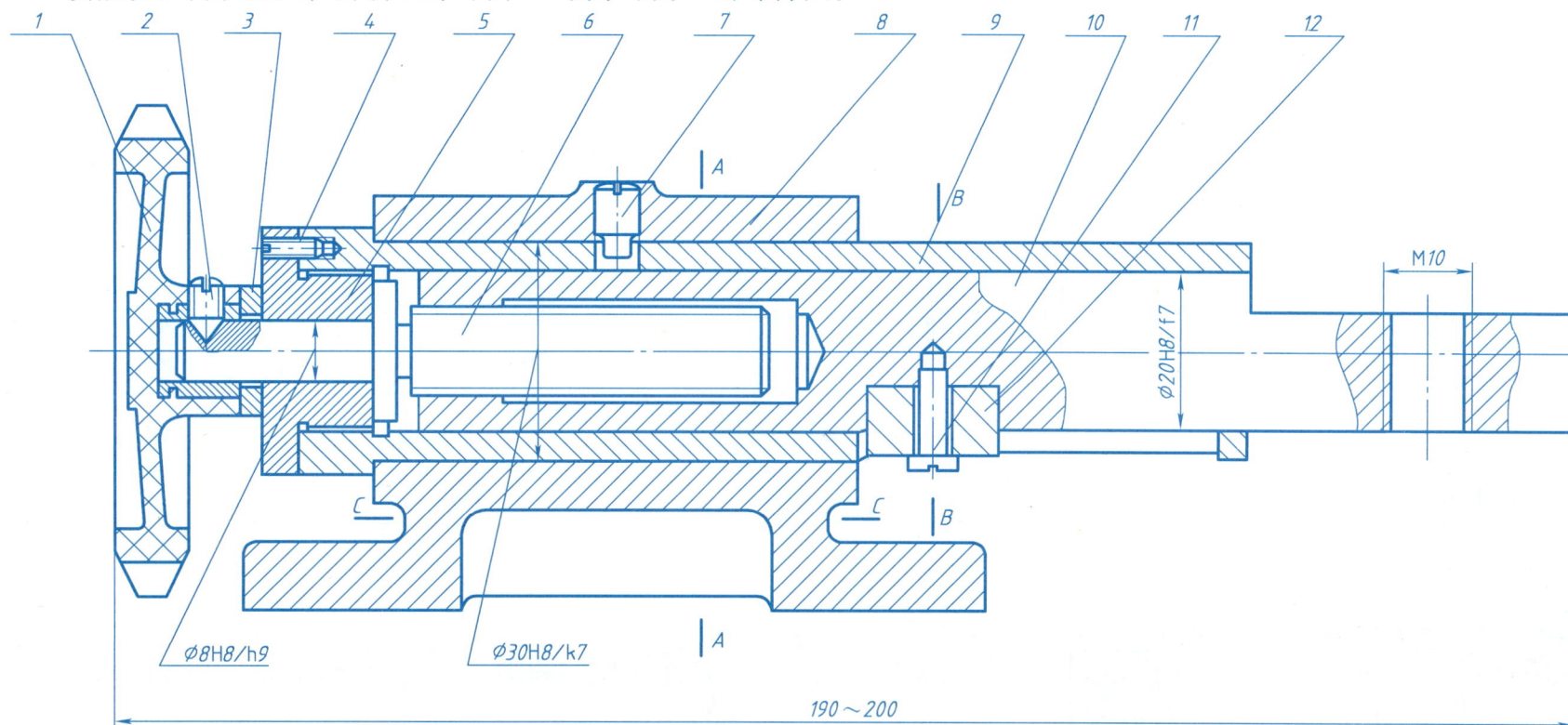

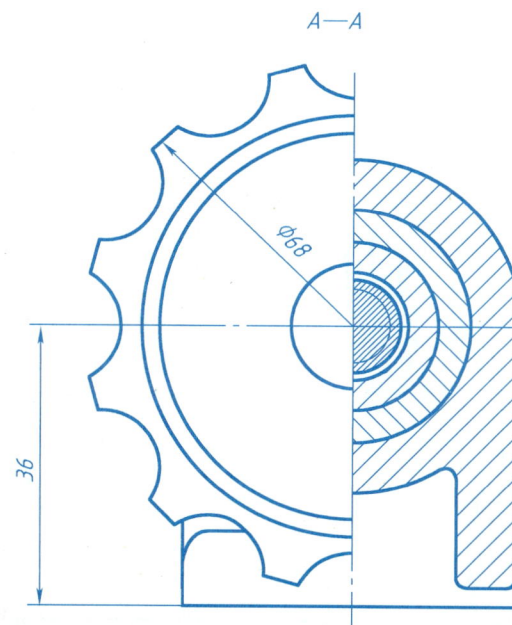

A—A

M10

Φ20H8/f7

36

Φ68

Φ8H8/h9

Φ30H8/k7

190~200

微动机构的工作原理：
转动手轮1，可使螺杆6做旋转运动，导杆10在导套9内做轴向移动，进行微动调整。

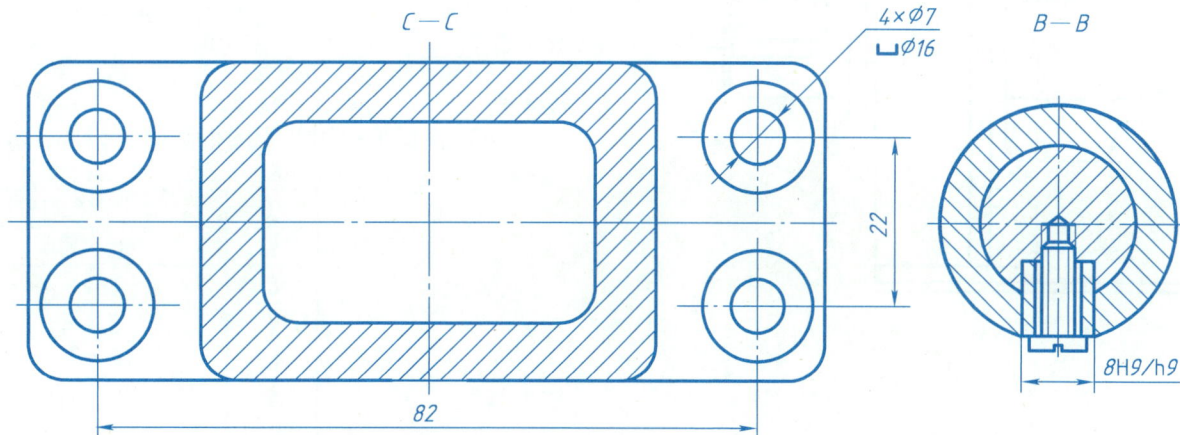

C—C

4×Φ7
⌴Φ16

B—B

22

82

8H9/h9

12	键 8×16	1	45	
11	螺钉 M3×4	1	Q235	GB/T 65
10	导杆	1	45	
9	导套	1	45	
8	支座	1	ZL102	
7	紧定螺钉 M6×12	1	Q235	GB/T 75
6	螺杆	1	45	
5	轴套	1	45	
4	紧定螺钉 M3×8	1	Q235	GB/T 73
3	垫圈	1	Q235	GB/T 97
2	紧定螺钉 M5×8	1	Q235	GB/T 71
1	手轮	1	酚醛塑料	JB 1352
序号	名称	数量	材料	备注

（1）装配体名称为_____，共由___种零件组成，其中标准件共___种。外形尺寸为_____，长度方向调节范围为_____，安装尺寸为_____，配合尺寸 φ20H8/f7 为基___制_____配合。

（2）主视图采用_____剖视图和_____视图，左视图采用___剖视图，C—C 俯视图为了表达___的结构。B—B 图称为_____图。

（3）M10 表示_____螺纹，公称直径为_____，螺距为_____。

微动机构	比例		图号	
	共 张		第 张	
制图		班号	学号	
审核				

12.2 读装配图和由装配图拆画零件图（2）

班级　　　　　　姓名　　　　　　学号

12.2－2 读平口钳装配图并回答问题。

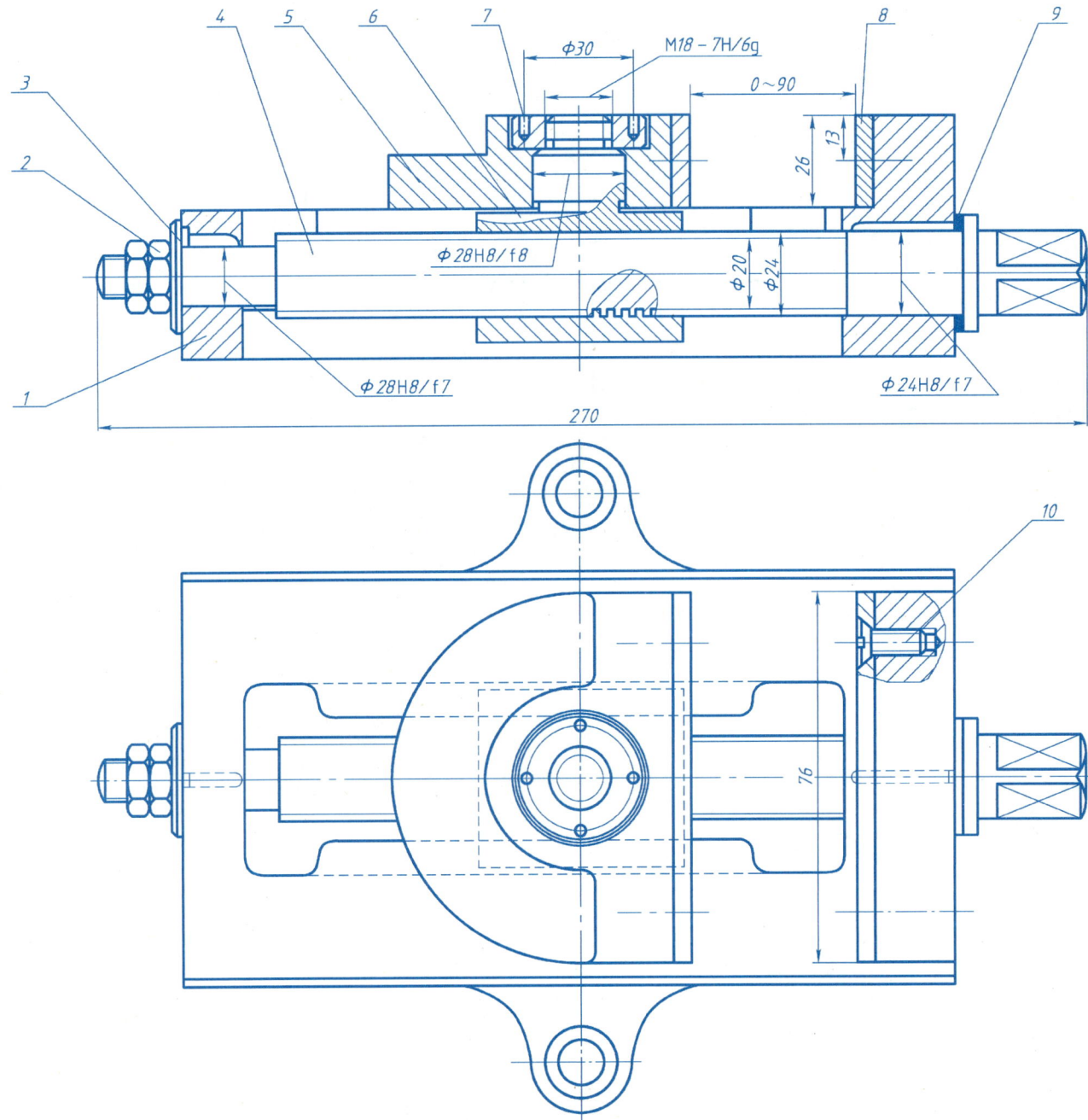

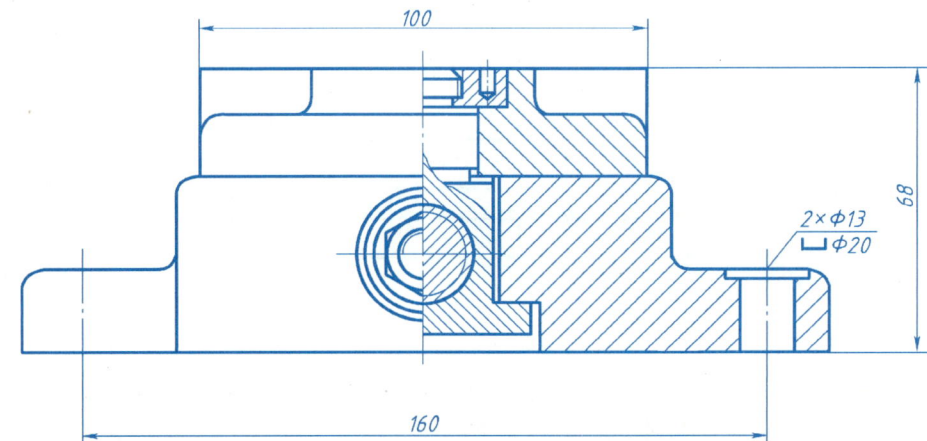

（1）从丝杠右端面看，顺时针转动丝杠 4，活动钳体 5 向何方运动？

（2）紧固螺母 7 上面的四个小孔有什么作用？

（3）垫圈 3 和 9 的作用是什么？

（4）下列尺寸各属于装配图中的何种尺寸？

0～90 属于＿＿＿＿＿尺寸，φ28H8/f8 属于＿＿＿＿＿尺寸，160 属于＿＿＿＿＿尺寸，270 属于＿＿＿＿＿尺寸。

（5）说明 φ24H8/f7 的含义：轴孔配合属于＿＿＿＿＿制，φ24 是＿＿＿＿＿尺寸，H8 是＿＿＿＿＿，f 是＿＿＿＿＿代号。

（6）根据平口钳装配图拆画固定钳体 1 零件图。

平口钳的工作原理：

转动丝杠 4 时，可使套螺母 6 随之向右或向左移动，从而带动活动钳体 5 左右移动，靠向或远离固定钳体 1，从而夹紧或松开工件。

10	螺钉 M6×18	4	Q235	GB/T 68
9	垫 圈	1	Q235	
8	钳口板	2	45	
7	螺 母	1	Q235	
6	套螺母	1	Q255	
5	活动钳体	1	HT300	
4	丝 杠	1	45	
3	垫圈 A18	1	Q235	GB/T 617
2	螺母 M12	2	Q235	GB/T 97
1	固定钳体	1	HT300	
序号	名称	数量	材料	备注

	平口钳	比例	1:1	图号	
		共 张		第 张	
制图			班号	学号	
审核					

12.2 读装配图和由装配图拆画零件图（3）

班级　　　　姓名　　　　学号

12.2-3　读齿轮减速箱装配图并回答问题。

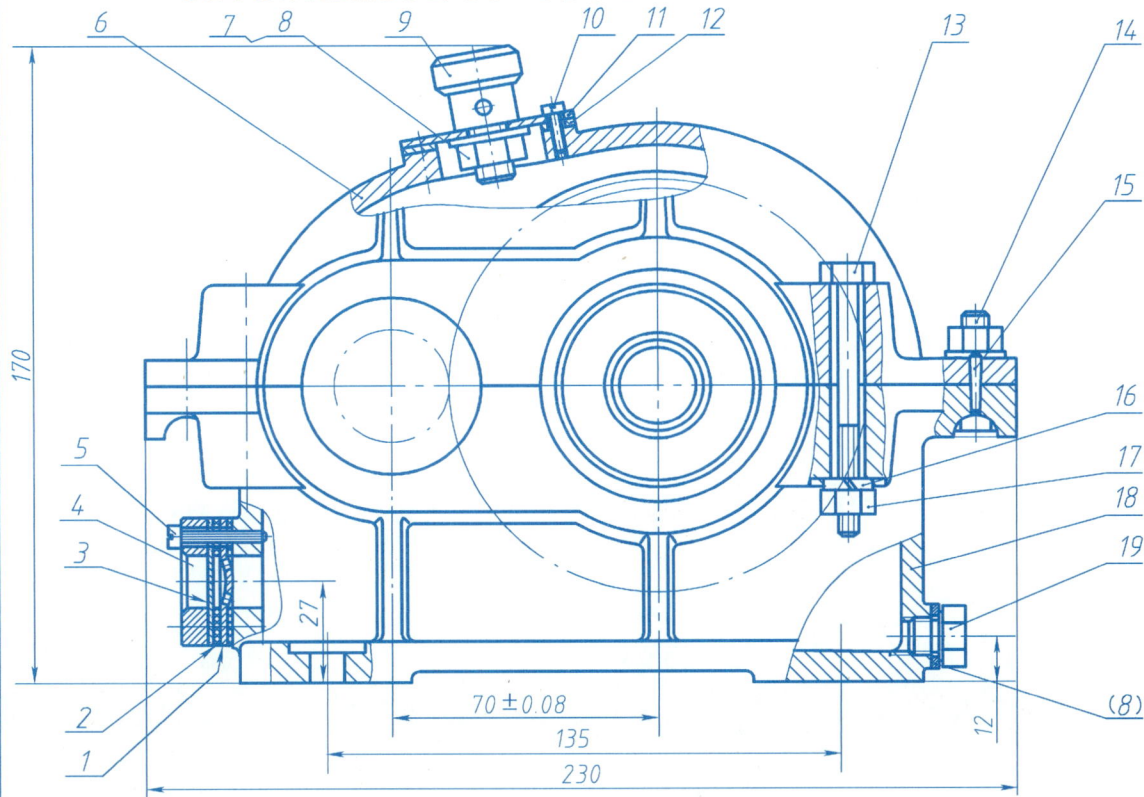

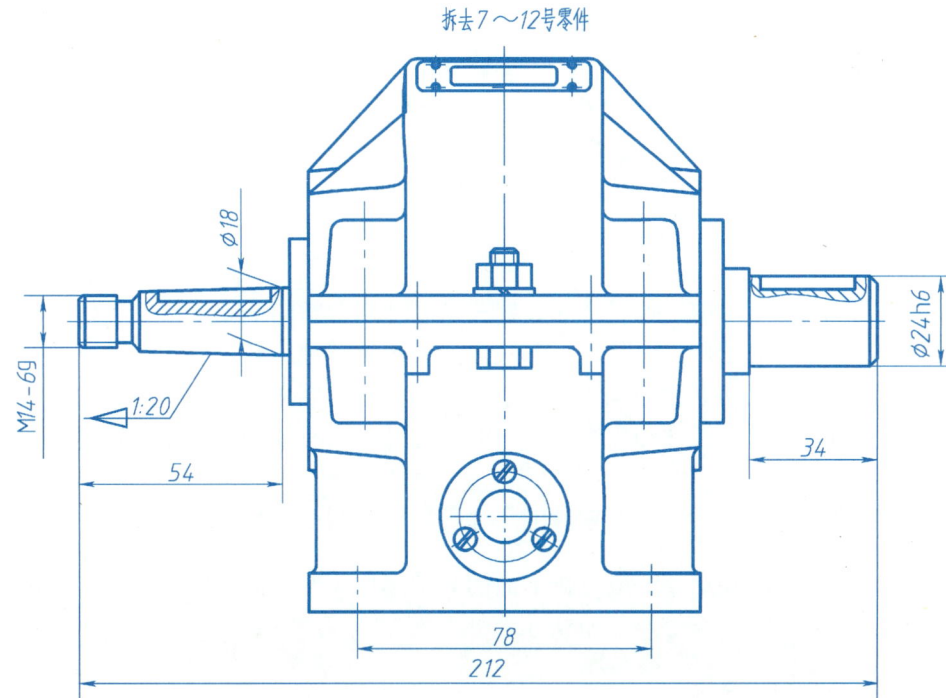

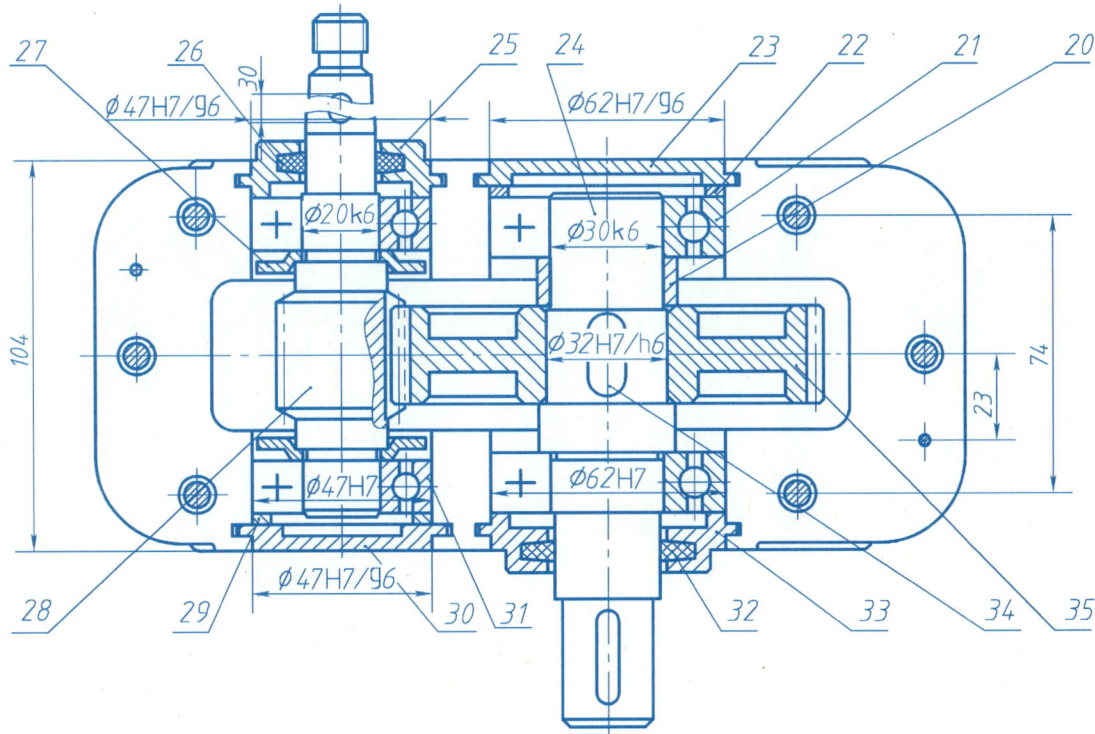

拆去7~12号零件

技术要求

1. 各零件装配前需去毛刺，并用煤油清洗干净。
2. 装配好后，向箱内注入工业用润滑油，使大齿轮的二倍齿高浸入油中。
3. 减速器外表面涂浅绿色漆，伸出轴涂黄油。

35		齿轮	1	45	$m=2, z=55$	15	GB/T 117—2000	圆锥销 A3×18	2	45	
34	GB/T 1096—2003	键 A10×22	1			14	GB/T 5782—2016	螺栓 M8×35	2	Q235—A	
33		端盖	1	HT150		13	GB/T 5782—2016	螺栓 M8×70	4	Q235—A	
32	JB/ZQ 4606—1997	毡圈 30	1	毛毡		12		垫片	1	压纸板	
31	GB/T 276—2013	滚动轴承 6204	2			11		小盖	1	HT200	
30		端盖	1	HT150		10	GB/T 65—2016	螺钉 M3×10	4		
29		调整环	1	Q235—A		9		通气塞	1	Q235—A	
28		主动齿轮轴	1	45	$m=2, z=15$	8	GB/T 97.1—2002	垫圈 10	2		
27		挡油环	2	Q235—A		7	GB/T 6170—2015	螺母 M10	1		
26	JB/ZQ 4606—1997	毡圈 20	1	毛毡		6		箱盖	1	HT200	
25		端盖	1	HT150		5	GB/T 65—2016	螺钉 M3×5	3		
24		轴	1	45		4		小盖	1	HT200	
23		端盖	1	HT150		3		油面指示片	1	赛璐珞	
22		调整环	1	Q235—A		2		垫片	2	毛毡	
21	GB/T 276—2013	滚动轴承 6206	2			1		反光片	1	铝	
20		套筒	1	Q235—A		序号	代号	名称	数量	材料	备注
19	JB/ZQ 4450—2006	螺塞 M10×1	1	Q235—A				齿轮减速箱		比例 1:2	图号
18		箱体	1	HT200						共 张	第 张
17	GB/T 6170—2015	螺母 M8	6	Q235—A		制图				班号	学号
16	GB/T 93—1987	垫圈 8	6	65Mn		审核					

12.2　读装配图和由装配图拆画零件图（4）

| | 班级 | 姓名 | 学号 |

回答问题：

（1）主视图共采用了六处_____剖视图，俯视图采用了_____特殊表达方法和_____画法。

（2）减速箱主动轴的序号为_____，从动轴的序号为_____。

（3）盖和壳体之间由_____个销定位，由_____个螺栓连接。

（4）装配图的总体尺寸是_____、_____和_____，安装尺寸是_____。

（5）图中 9 号零件的作用是_____，19 号零件的作用是_____，32 号零件的作用是_____。

（6）俯视图中 $\phi 32H7/h6$ 表示的是_____和_____的配合，配合性质是_____。

（7）拆出 24 号零件需要先拆下_____，然后拆下_____，再拆下_____才能取出该零件。

（8）拆画 28 号主动齿轮轴的零件图（画在本页下方）。

画减速箱主动齿轮轴零件图的要求：

1. 在看懂 12.2－3 齿轮减速箱装配体的工作原理、各零件的装配关系和结构形状的基础上按要求拆画出指定零件的零件图。

2. 零件的视图、表达方法的选择应由零件的结构、形状特征来决定，而不能单纯从装配图中的视图特征照搬过来（绘图比例为 1:1）。

3. 装配图中省略的工艺结构要给予恢复，有国家标准规定值的结构，如倒角、圆角、退刀槽等，必须查阅有关标准取标准值。

4. 画零件图时，零件尺寸除按装配图上标注的尺寸和明细栏给出的尺寸外，没有标明的尺寸应按比例从装配图中量取。制图者还可以根据零件的结构和作用对某些尺寸进行设计或在查阅有关手册后决定。

5. 标注尺寸时要注意与相关零件的尺寸保持一致，配合零件的尺寸公差要根据配合代号查出极限偏差数值并标注在图纸上。

6. 表面粗糙度值可按相关零件接触面的情况确定，一般可按下面的数值选取：配合面取 $\sqrt{Ra\,0.8}$，接触面取 $\sqrt{Ra\,3.2}$，自由面取 $\sqrt{Ra\,12.5}$，不加工面取 $\checkmark$。

减速箱主动齿轮轴	比例	1:1	图号	28
	材料	45	数量	1
制图			班号	学号
审核				

第 7 次制图大作业——画装配图（1）　　　　班级　　　　姓名　　　　学号

作业指示

1. 图名、图幅与比例
（1）图名：安全阀或铣刀头（任选其一）。
（2）图幅：A2。
（3）比例：1:1。

2. 目的、内容与要求
（1）目的：了解部件的装配顺序，练习画装配图。
（2）内容：根据安全阀或铣刀头的装配示意图、零件图，拼画安全阀或铣刀头的装配图。
（3）要求：画装配图的要求请参看教材有关章节。

3. 绘图步骤及注意事项
（1）看懂装配示意图，了解工作原理和各零件的装配关系。
（2）选择表达方案，注意突出装配主干线。
（3）画出图框、标题栏和明细栏的轮廓线，画出定位线。
（4）画主要零件（阀门和阀体）。
（5）画其他结构。画图时应遵循先主后次、先大后小、先总体后细节的原则。
（6）检查、加深图线。按照先曲线后直线、先上后下、先左后右的顺序加深图线。
（7）标注尺寸、零件序号，编写技术要求，填写标题栏、明细栏，完成全图。

（1）已知安全阀的装配示意图和零件图，拼画其装配图。

安全阀的工作原理：

安全阀是一种安装在供油管路中的安全装置。正常工作时，阀门靠弹簧压力处于关闭位置，油从阀体左端孔流入，经下端孔流出。当油压超过允许压力时，阀门被顶开，过量油就从阀体和阀门开启后的缝隙间经阀体右端孔管道流回油箱，从而使管路中的油压保持在允许范围内，起到安全保护作用。

调整螺杆可调整弹簧压力。为防止螺杆松动，其上端用螺母锁紧。

安全阀装配示意图

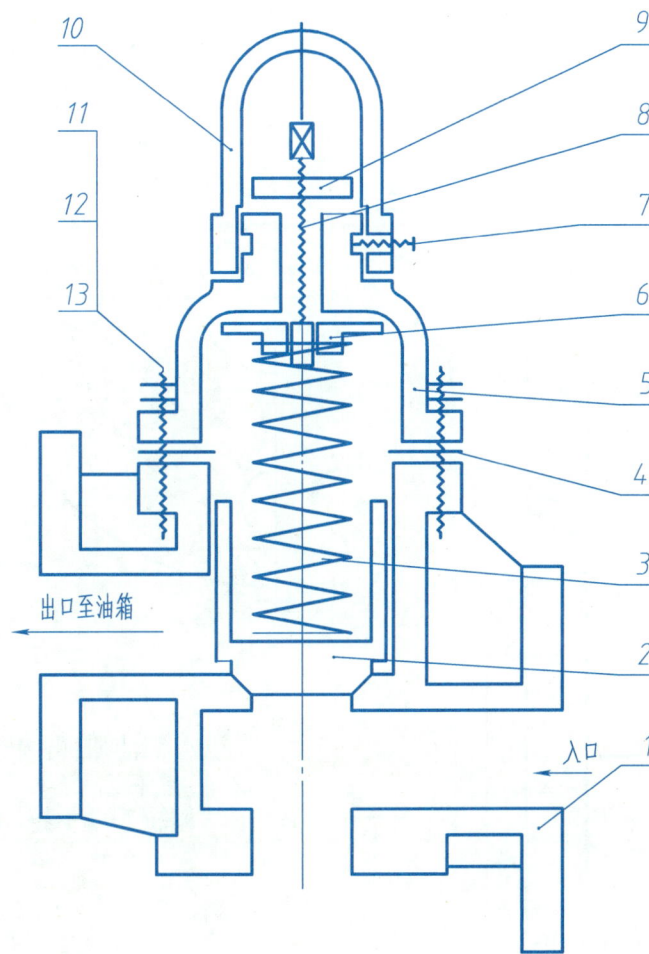

零件目录				
序号	名　称	数　量	材　料	附注及标准
1	阀体	1	ZL102	
2	阀门	1	45	
3	弹簧	1	65Mn	
4	垫片	1	纸	
5	阀盖	1	ZL102	
6	托盘	1	45	
7	紧定螺钉 M5×8	1	Q235	GB/T 75—2018
8	螺杆	1	Q235	
9	螺母 M10	1	Q235	GB/T 6170—2015
10	罩盖	1	ZL102	
11	螺母 M6	4	Q235	GB/T 6170—2015
12	垫圈 6	4	Q235	GB/T 97.1—2002
13	螺柱 M6×16	4	Q235	GB/T 899—1988

第 7 次制图大作业——画装配图（2）　　班级　　　姓名　　　学号

技术要求

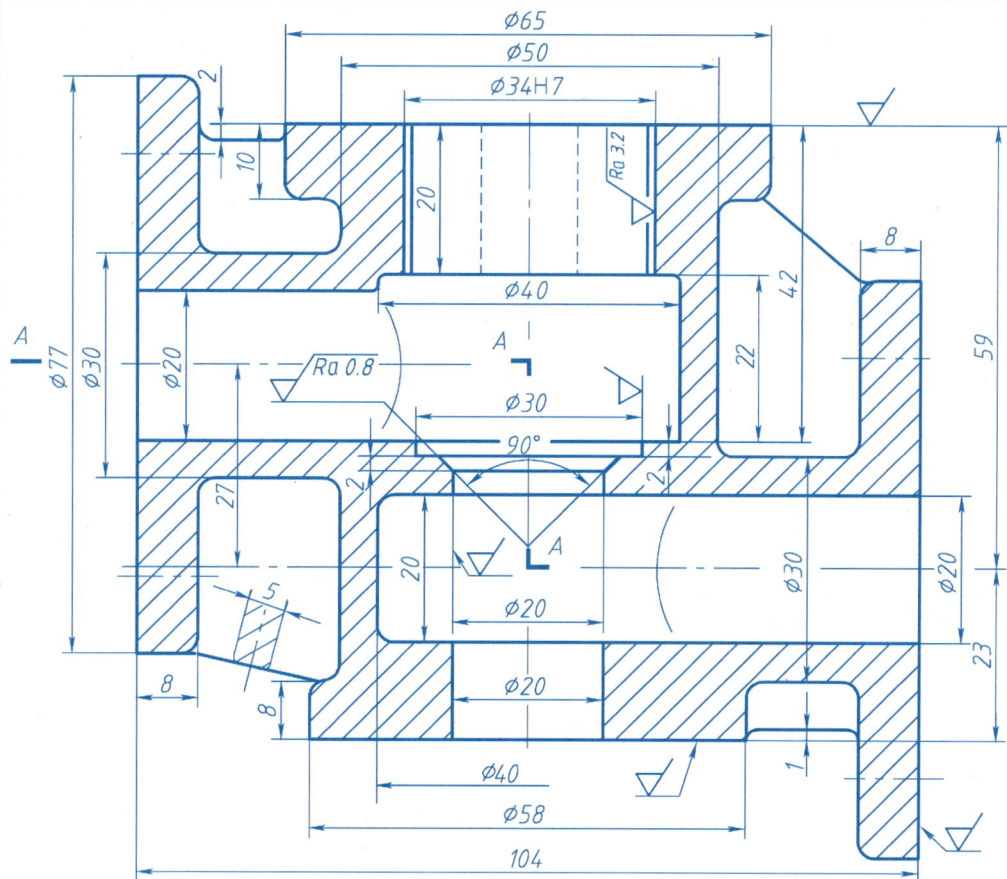

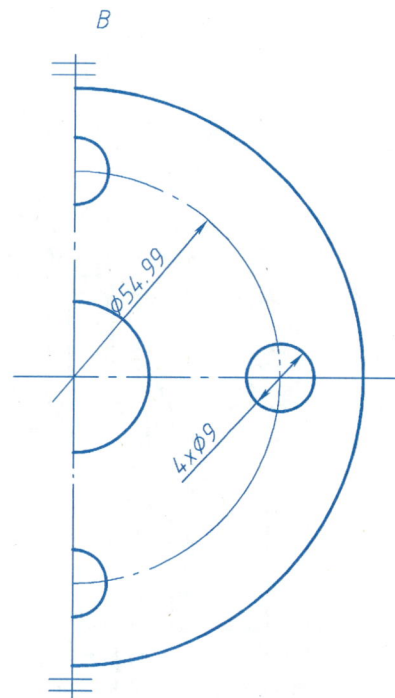

1. 90°锥面与阀门零件对研。
2. 未注圆角R2。
3. 非机械加工表面喷绿色油漆。

$$\sqrt{} = \sqrt{Ra\,12.5}$$

$\sqrt{}\ (\sqrt{})$

技术要求

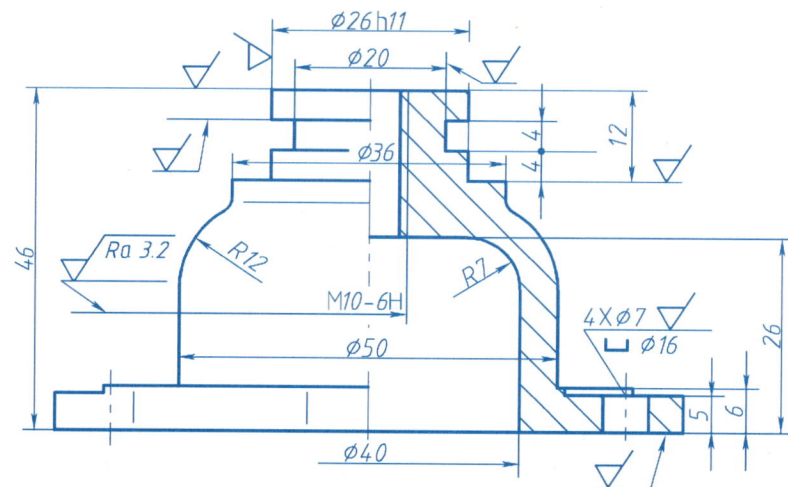

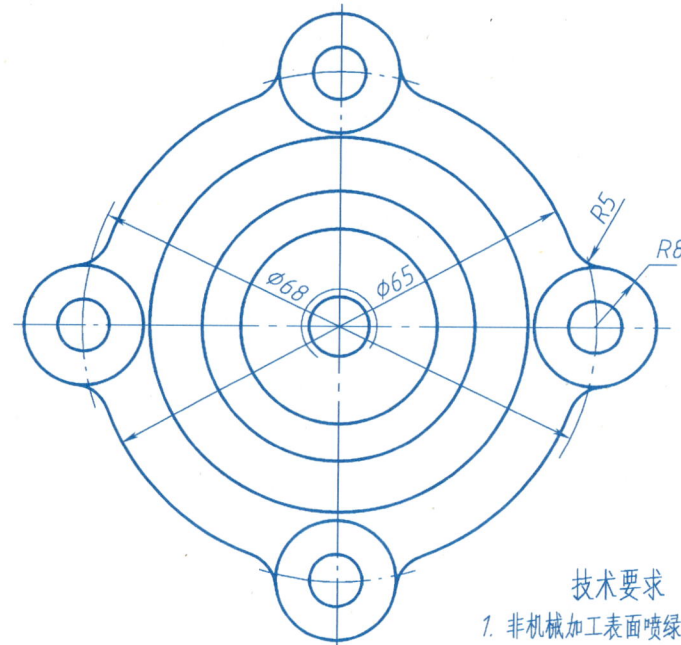

1. 非机械加工表面喷绿色油漆。
2. 未注圆角R2。

$$\sqrt{} = \sqrt{Ra\,12.5}$$

$\sqrt{}\ (\sqrt{})$

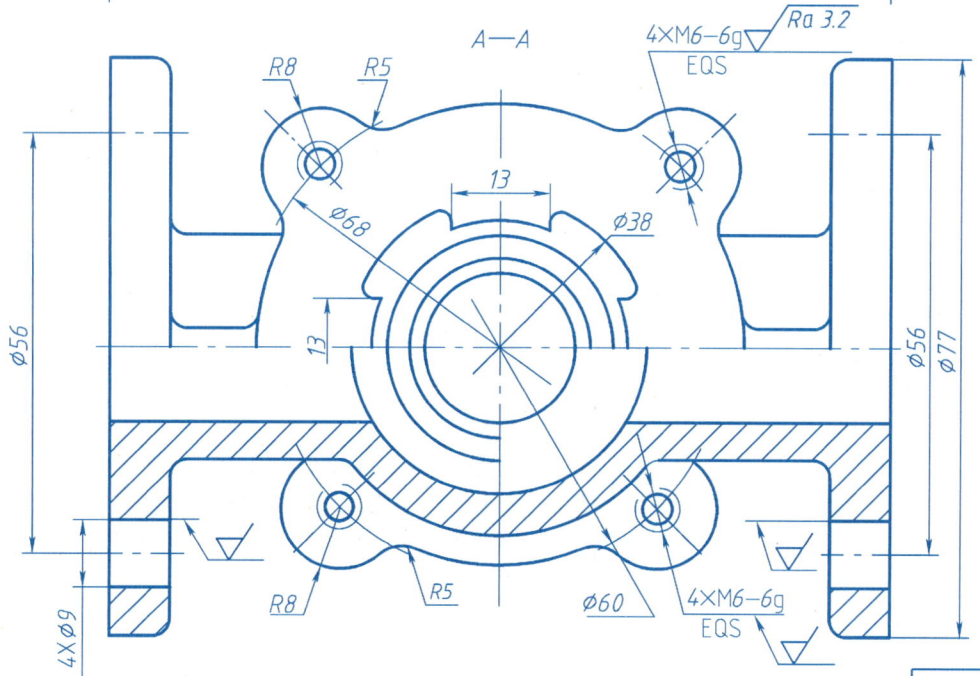

阀 体	比例	1:2	图号	1
	材料	ZL102	数量	1
制图		班号　　学号		
审核				

阀 盖	比例	1:2	图号	5
	材料	ZL102	数量	1
制图		班号　　学号		
审核				

第 7 次制图大作业——画装配图（3）	班级	姓名	学号

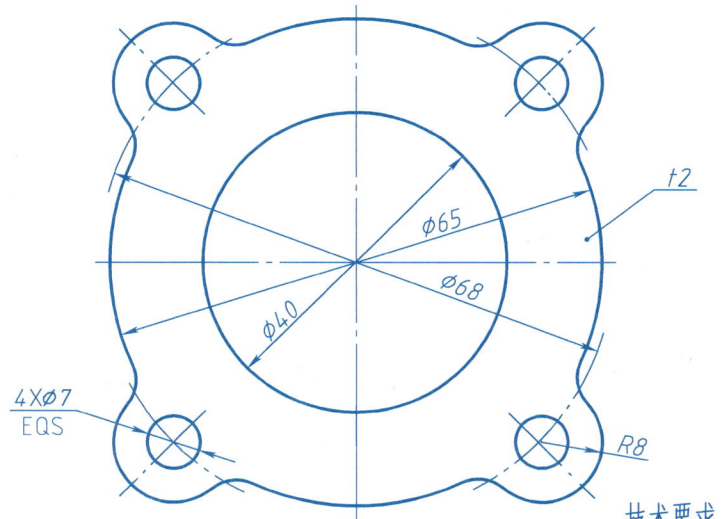

技术要求

未注圆角R5。

垫 片		比例	1:2	图号	4
		材料	纸	数量	1
制图		班号		学号	
审核					

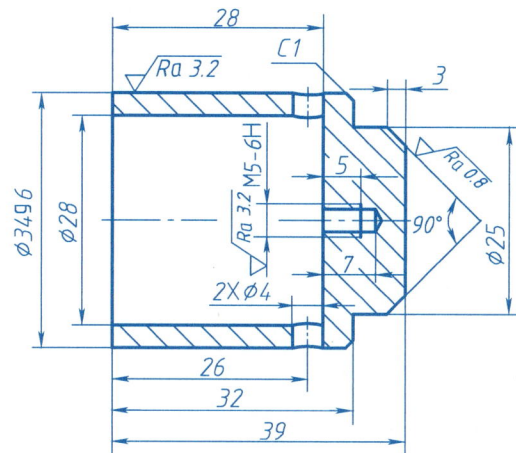

技术要求

90°锥面与阀体1对研。

$\sqrt{Ra\ 12.5}$ ($\sqrt{}$)

阀 门		比例	1:2	图号	2
		材料	45	数量	1
制图		班号		学号	
审核					

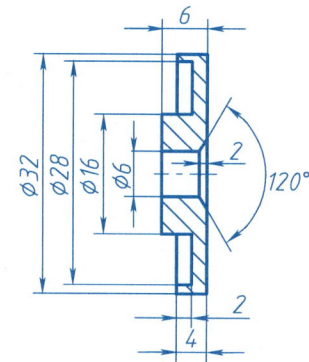

$\sqrt{Ra\ 6.3}$

托 盘		比例	1:2	图号	6
		材料	45	数量	1
制图		班号		学号	
审核					

展开长度	548
旋向	右旋
有效圈数	$n = 7$
总圈数	$n_1 = 8.5$

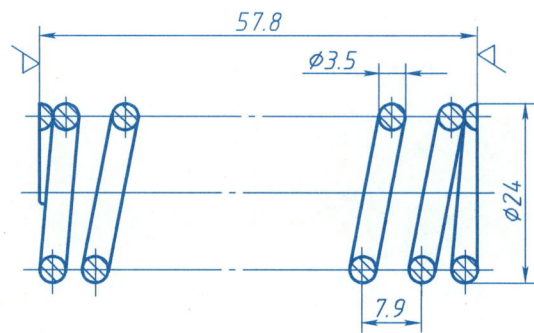

技术要求

热处理：45HRC。

$\sqrt{} = \sqrt{Ra\ 12.5}$

$\sqrt{}$ ($\sqrt{}$)

弹 簧		比例	1:2	图号	3
		材料	65Mn	数量	1
制图		班号		学号	
审核					

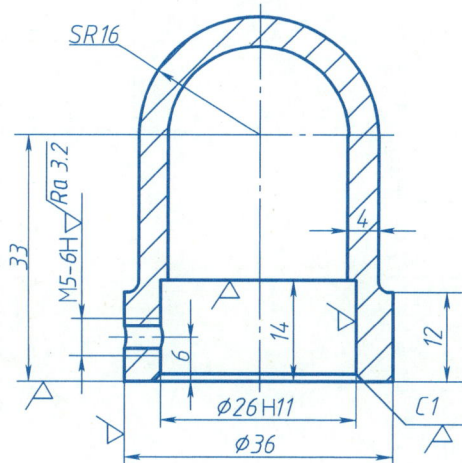

技术要求

1. 非机械加工表面喷绿色油漆。
2. 未注圆角R2。

$\sqrt{} = \sqrt{Ra\ 12.5}$

$\sqrt{}$ ($\sqrt{}$)

罩 盖		比例	1:2	图号	10
		材料	ZL102	数量	1
制图		班号		学号	
审核					

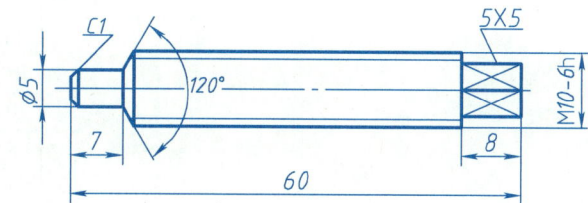

$\sqrt{Ra\ 6.3}$

螺 杆		比例	1:2	图号	8
		材料	Q235	数量	1
制图		班号		学号	
审核					

（2）已知铣刀头的装配示意图和零件图，拼画其装配图（A2 图纸）。
要求和注意事项与画安全阀装配图相同。

铣刀头装配示意图

12	毡圈	2	羊毛毡	
11	端盖	2	HT200	
10	螺钉 M8	12	35	GB/T 70.1—2008
9	调整环	1	35	
8	座体	1	HT200	
7	轴	1	45	
6	轴承 30307	1	GCr15	GB/T 297—2015
5	键 8×24	1	45	GB/T 1096—2003
4	带轮 A 型	1	HT150	
3	销 3×12	1	35	GB/T 119.1—2000
2	螺钉 M6×18	1	35	GB/T 68—2016
1	挡圈	1	35	GB/T 891—1986
序号	名 称	数量	材料	备 注

铣刀头 比例 1:2 图号
共 张 第 张
制图
审核 班号 学号

技术要求

未注圆角R2~R4。

带轮 比例 1:2 图号 4
材料 HT150 数量 1
制图
审核 班号 学号

第7次制图大作业——画装配图（5）　　　班级　　　姓名　　　学号

215

⊥ 0.02 B

⊥ 0.02 C

C

6xM8-7H↧20
孔↧22

C2

Ra 3.2

$\phi 80^{+0.009}_{-0.021}$

$\phi 96$

$\phi 80^{+0.009}_{-0.021}$

$\phi 115$

40

40

Ra 3.2

Ra 1.6

Ra 1.6

B

115

⊘ $\phi 0.03$ B
／ 0.02 A

10

15

Ra 12.5

C2

C2 Ra 12.5

R95

R110

Ra 6.3

6

160

A

D

D

R20

115

$\phi 98$

96

120

30

100

140

180

5

4×ϕ11 Ra 12.5
⊔ϕ22

Ra 12.5

18

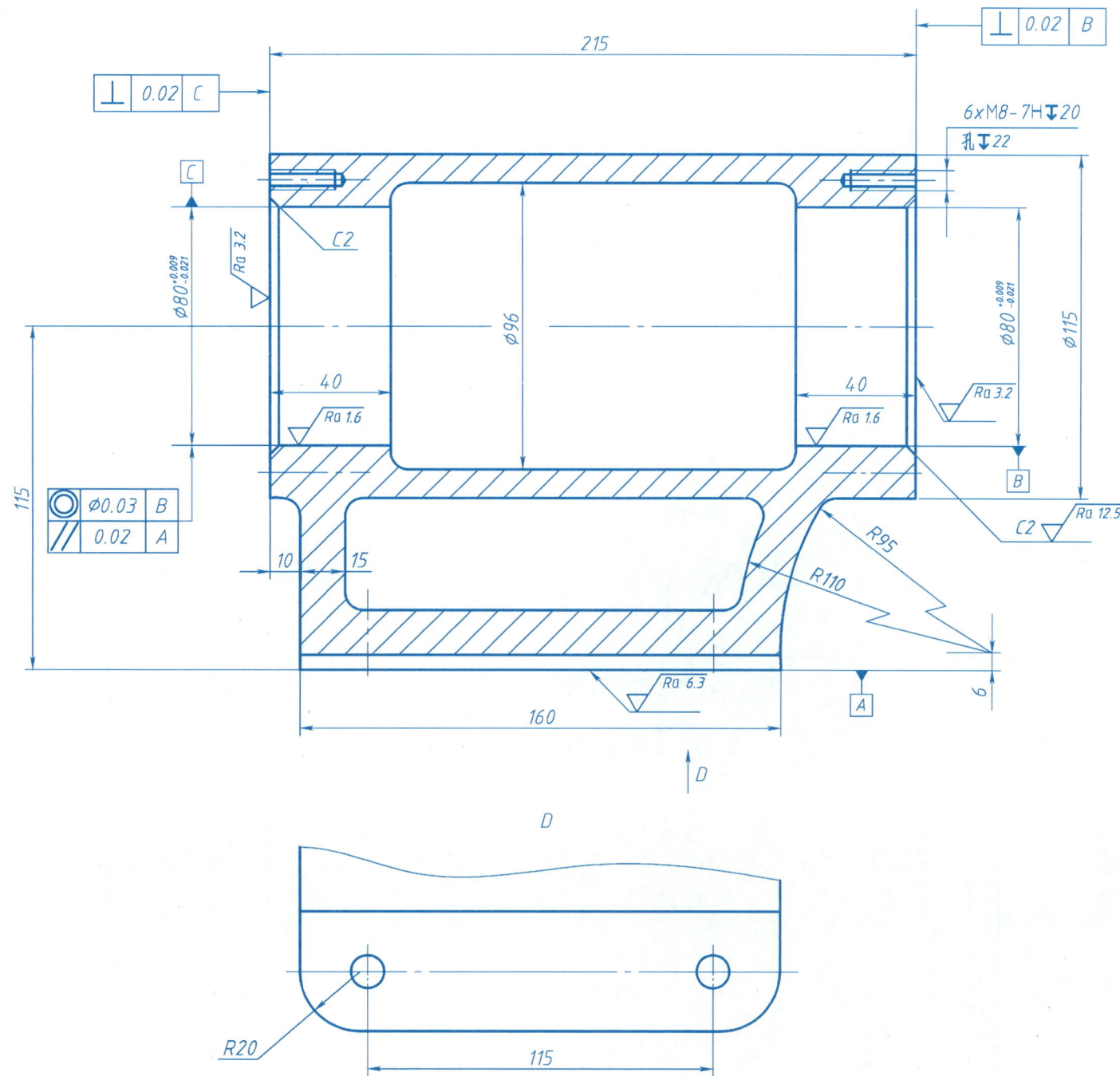

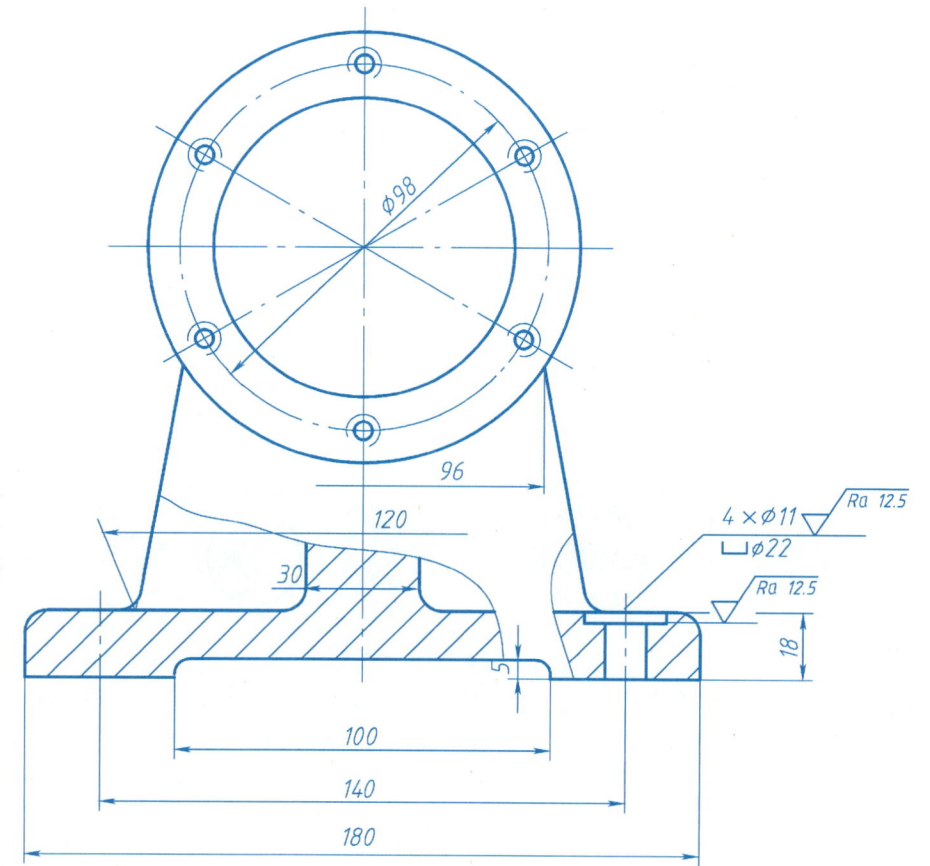

技术要求
未注圆角R2~R5。

√̸(√)

		比例	1:2	图号	8
座 体		材料	HT200	数量	1
制图					
审核			班号	学号	

第 7 次制图大作业——画装配图（6）　　班级　　姓名　　学号

轴

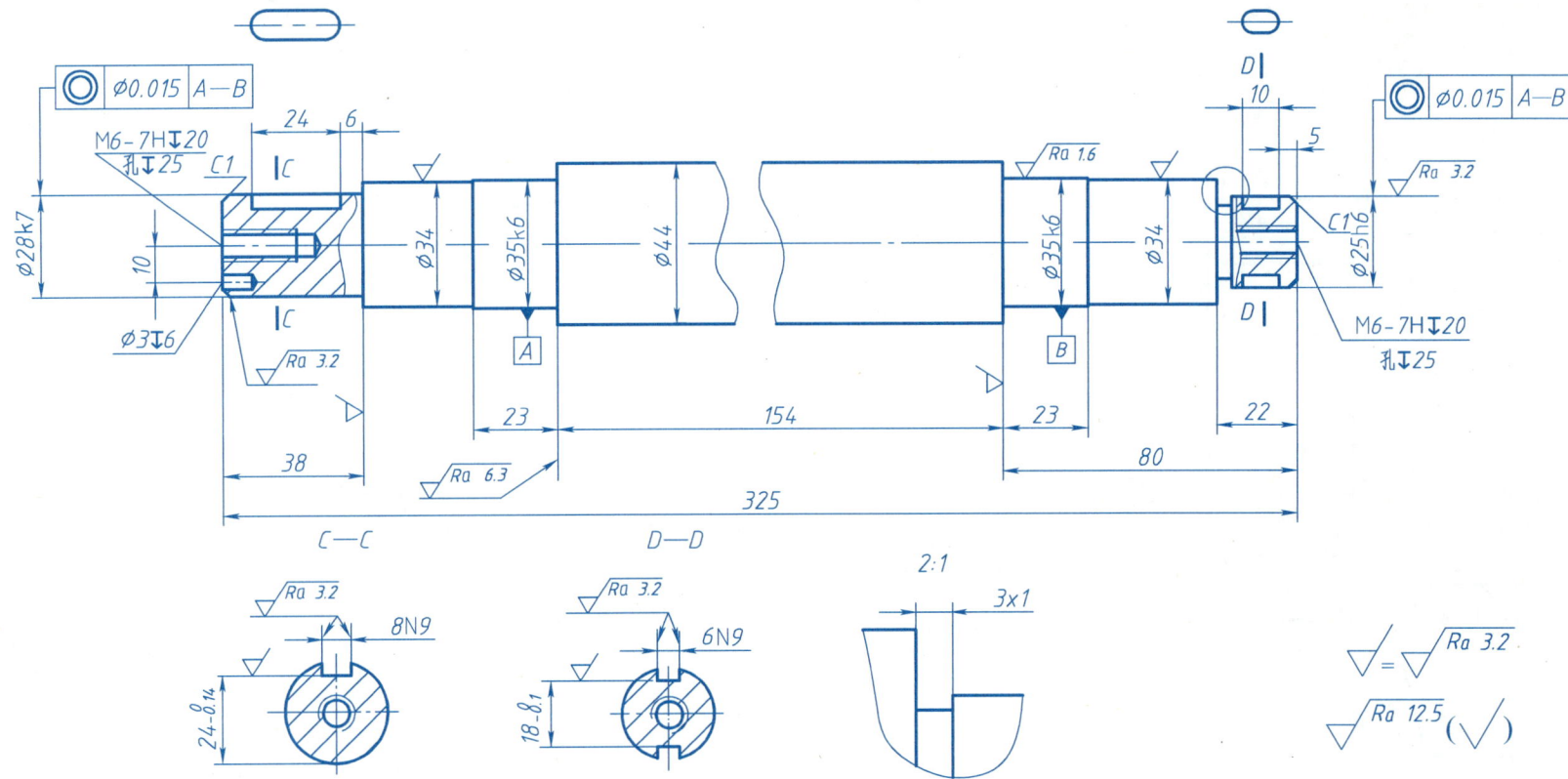

轴		比例	1:2	图号	7
		材料	45	数量	1
制图		班号		学号	
审核					

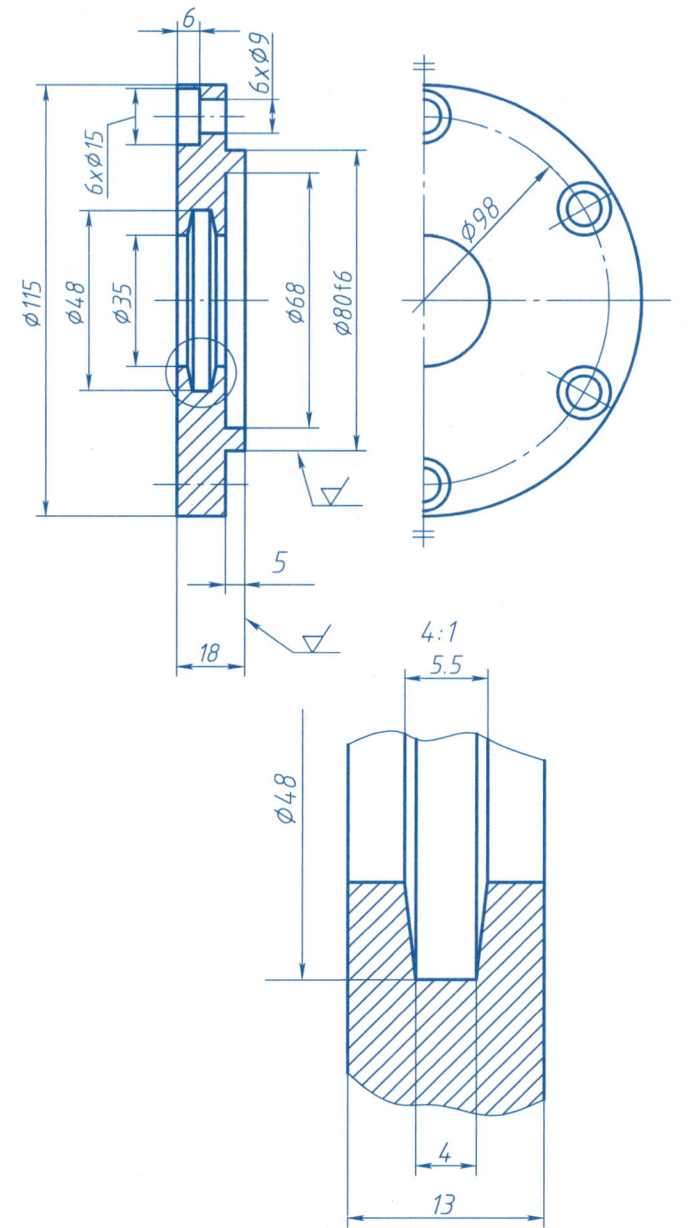

调整环

调整环		比例	1:2	图号	9
		材料	35	数量	1
制图		班号		学号	
审核					

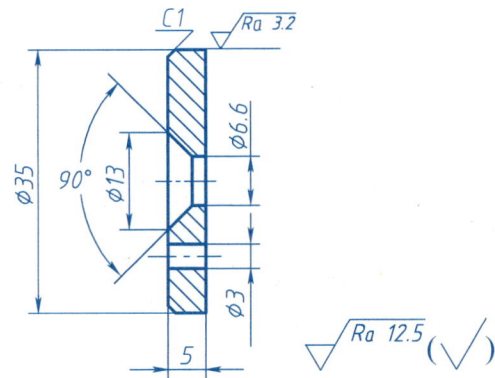

挡圈

挡圈		比例	1:2	图号	1
		材料	35	数量	1
制图		班号		学号	
审核					

端盖

端盖		比例	1:2	图号	11
		材料	HT200	数量	2
制图		班号		学号	
审核					

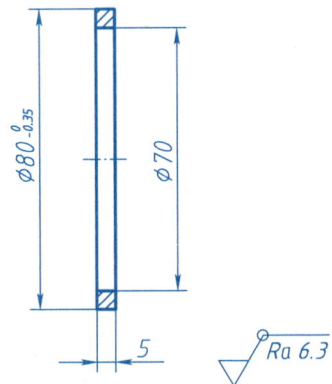

| 13.1　表面展开图 | 班级　　　　　姓名　　　　　学号 |

13.1-1 按图画出直角圆管弯头的表面展开图。

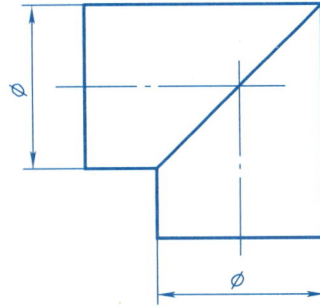

13.1-2 按图画出等径正交三通管的展开图。

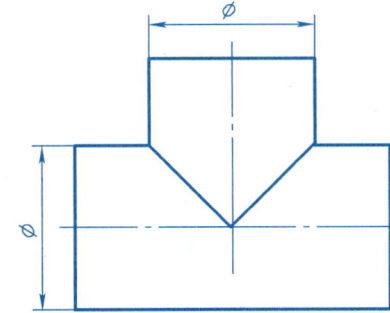

13.1-3 按图画出漏水管的表面展开图。

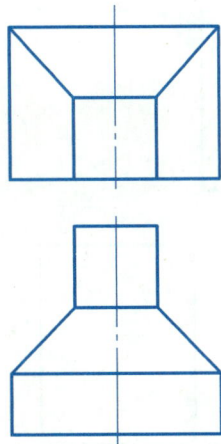

13.1-4 按图画出矩形口斜漏斗的表面展开图。

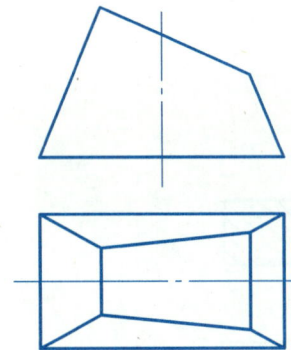

13.2　焊接图	班级	姓名	学号

13.2－1　写出下列焊接接头和焊缝形式的名称。

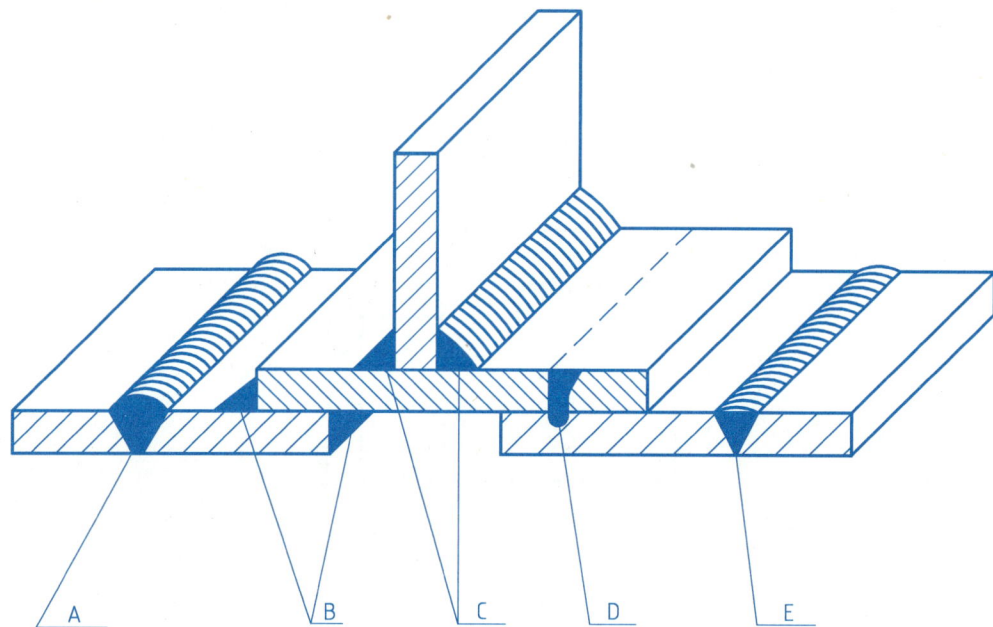

A _____　　　　D _____

B _____　　　　E _____

C _____

13.2－2　看图标注下列焊缝符号（用指引线标注）。

(1)

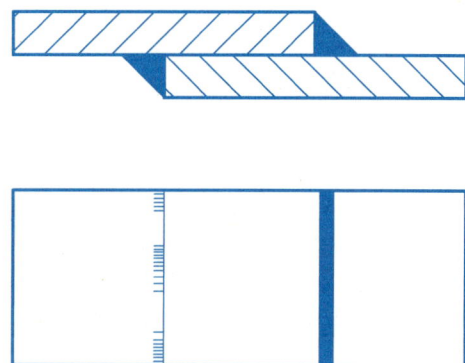

(2)

(3)

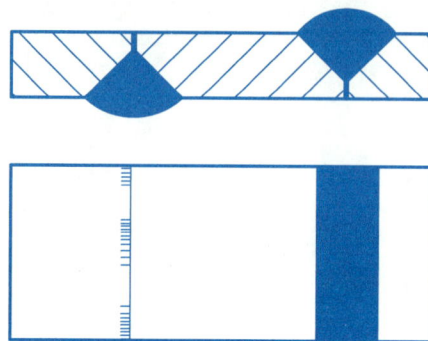

(4)

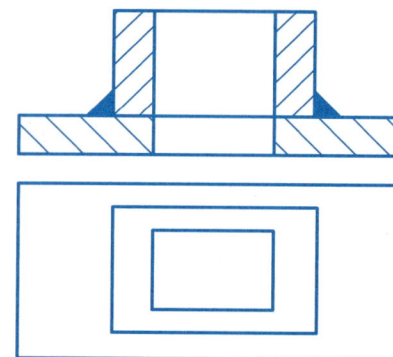

(5)

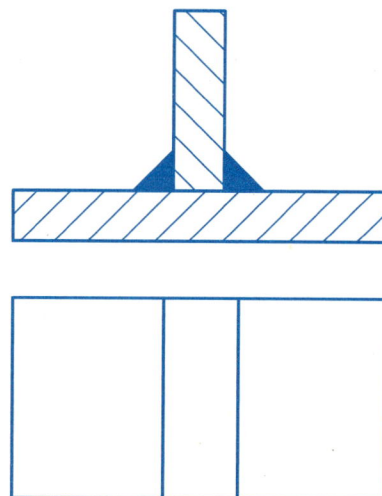

(6)

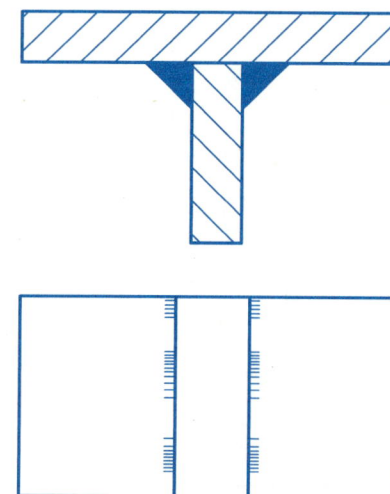

参 考 文 献

[1] 朱辉，曹桃，唐保宁，等．画法几何及工程制图习题集［M］．6 版．上海：上海科学技术出版社，2007．

[2] 钱可强，何铭新，徐祖茂．机械制图习题集［M］．7 版．北京：高等教育出版社，2015．

[3] 丁一，钮志红．机械制图习题集［M］．北京：高等教育出版社，2012．

[4] 钱可强，何铭新．机械制图习题集［M］．6 版．北京：高等教育出版社，2010．

[5] 叶玉驹，焦永和，张彤．机械制图手册［M］．5 版．北京：机械工业出版社，2012．

[6] 王巍．机械制图习题集［M］．2 版．北京：高等教育出版社，2009．

[7] 杨慧英．机械制图习题集［M］．4 版．北京：清华大学出版社，2018．

[8] 钱可强．机械制图习题集［M］．3 版．北京：高等教育出版社，2011．

[9] 何玉林，沈荣辉，贺元成．机械制图习题集［M］．重庆：重庆大学出版社，2000．

[10] 赵大兴．工程制图习题集［M］．2 版．北京：高等教育出版社，2009．

[11] 胥北澜，等．画法几何及机械制图习题集［M］．北京：高等教育出版社，2008．

[12] 邹宜侯．机械制图习题集［M］．6 版．北京：清华大学出版社，2012．

[13] 孙培先，等．画法几何与工程制图习题集［M］．北京：机械工业出版社，2004．

[14] 许纪倩，万静．机械制图习题集［M］．2 版．北京：清华大学出版社，2016．